FABRICATION DES ALCOOLS

TABLES D'AUGMENTATION

ET DE RÉDUCTION

BIBLIOTHÈQUE DES ACTUALITÉS INDUSTRIELLES, N° 63.

MANUEL

DE

FABRICATION DES ALCOOLS

2° PARTIE

TABLES

D'AUGMENTATION ET DE RÉDUCTION

DES DEGRÉS ALCOOLIQUES

PAR

Philippe DUSSERT

DISTILLATEUR

PARIS

Librairie Bernard TIGNOL

PUBLICATIONS DE LA
LIBRAIRIE DE L'ÉCOLE CENTRALE DES ARTS & MANUFACTURES
53 *bis*, Quai des Grands-Augustins, 53 *bis*

PRÉFACE

On n'avait pas encore publié un recueil de tables
analogues à celles que nous présentons aujourd'hui
au public. Les liquoristes d'autrefois, comme ceux
de nos jours, faisaient les calculs nécessaires pour
la manipulation de leurs eaux-de-vie, au fur et à
mesure que les besoins se présentaient sans recourir
aux tables leur indiquant rapidement la quantité
exacte de trois-six ou d'eau qu'il faut ajouter à une
quantité d'eau-de-vie pour la mettre à un degré
voulu.

Ce livre est destiné particulièrement aux distilla-
teurs-liquoristes, aux commerçants d'eaux-de-vie en
gros et en détail, aux ménages qui confectionnent
eux-mêmes ces liquides, et en général à toute per-
sonne appelée à manipuler des eaux-de-vie.

Nous sommes persuadé que dans ce recueil de

tables nous avons été aussi exact que la matière l'exigeait, et si nous pouvons rendre quelques services à nos confrères, fabricants d'alcools ou distillateurs, nos vœux seront accomplis

J Philippe Dussert.

INTRODUCTION

USAGE DES TABLES

Nous avons réuni dans ce volume tous les nombres de litres d'alcool, à 95 degrés, qu'il faut employer pour augmenter de degré une quantité d'eau-de-vie depuis 20 jusqu'à 60 degrés inclusivement, et tous les nombres de litres d'eau à employer pour réduire de degré une quantité d'eau-de-vie depuis 90 jusqu'à 40 degrés inclusivement ; on voit donc qu'il contient l'augmentation par l'alcool à 95 degrés, et la réduction, par l'eau, de tous les degrés usuels.

Nous avons exprimé tous nos calculs jusqu'à un dixième de litre près, et par défaut, quand le nombre exprimait les centièmes par une fraction plus petite que 0.08.

Pendant l'été, sous l'influence de la chaleur, l'eau-de-vie se dilate ; alors elle prend un degré apparent, plus élevé que le degré réel. Pendant l'hiver, le même phénomène se passe, mais inversement.

Le degré de température auquel correspond un degré constant de force alcoolique est 10 degrés : c'est à ce degré que nos tables sont faites.

La première colonne horizontale indique la quantité d'eau-de-vie qu'il faut augmenter ou diminuer en degrés : la première colonne verticale indique les divers degrés que marque le spiritueux.

Les autres nombres expriment la quantité, en litres, d'alcool à 95° centésimaux (39° 5/8 de l'aréomètre Cartier), qu'il faut ajouter à la quantité donnée d'eau-de-vie pour la mettre au degré voulu.

Si, par exemple, on veut porter à **40** degrés **225** litres d'une eau-de-vie qui accuse **25** degrés, on commencera par chercher dans la Table I (40°), colonne horizontale le chiffre **225** (voir page 6) en descendant verticalement la même colonne, en face du nombre **25**, qui représente les degrés, on trouvera à la rencontre des deux colonnes, le nombre cherché qui est ici : 61 litres 3/10.

La Table II donne (page **11**) le chiffre demandé par **41** degrés ; la Table III pour **42** degrés et ainsi de suite jusqu'au 60° degré.

L'usage de la Table de réduction est aussi simple ; les chiffres qui, dans la Table d'augmentation, donnent la quantité d'alcool à ajouter, indiquent ici la quantité d'eau nécessaire pour ramener une quantité quelconque d'alcool au degré voulu.

Enfin, et en tête des autres, nous plaçons une table de conversion des degrés centésimaux en Cartier, pour venir en aide à ceux qui ne sont pas au courant de la relation des alcoomètres de Gay-Lussac et de Cartier.

Table de conversion des degrés centésimaux en Cartier.

Centésimaux	Cartier	Centésimaux	Cartier.	Centésimaux	Cartier	Centésimaux	Cartier
1	10.17	26	14.07	51	19.55	76	28.94
2	10.35	27	14.24	52	19.85	77	29.40
3	10.52	28	14.41	53	20.15	78	29.85
4	10.72	29	14.58	54	20.45	79	30.30
5	10.87	30	14.75	55	20.75	80	30.75
6	11.05	31	14.94	56	21.09	81	31.25
7	11.22	32	15.13	57	21.43	82	31.75
8	11.40	33	15.32	58	21.77	83	32.25
9	11.57	34	15.51	59	22.11	84	32.75
10	11.75	35	15.70	60	22.45	85	33.25
11	11.90	36	15.89	61	22.81	86	33.82
12	12.05	37	16.08	62	23.17	87	34.40
13	12.20	38	16.27	63	23.53	88	34.97
14	12.35	39	16.46	64	23.89	89	35.54
15	12.45	40	16.65	65	24.25	90	36.10
16	12.56	41	16.89	66	24.65	91	36.82
17	12.72	42	17.13	67	25.05	92	37.54
18	12.88	43	17.37	68	25.45	93	38.26
19	13.04	44	17.61	69	25.85	94	38.98
20	13.20	45	17.85	70	26.25	95	39.70
21	13.34	46	18.13	71	26.70	96	40.60
22	13.48	47	18.41	72	27.15	97	41.50
23	13.62	48	18.69	73	27.60	98	42.40
24	13.76	49	18.97	74	28.05	99	43.30
25	13.90	50	19.25	75	28.50	100	44.20

TABLE D'AUGMENTATION DES DEGRÉS
Table Première

	10	15	20	25	30	35	40	45	50	55
20	3.6	5.4	7.2	9.0	10.9	12.7	14.5	16.3	18.2	20.0
21	3.4	5.1	6.9	8.6	10.3	12.1	13.8	15.5	17.2	19.0
22	3.2	4.9	6.5	8.1	9.8	11.4	13.1	14.7	16.3	18.0
23	3.1	4.6	6.2	7.8	9.2	10.8	12.3	13.9	15.4	17.0
24	2.9	4.3	5.8	7.2	8.7	10.2	11.6	13.1	14.5	16.0
25	2.7	4.1	5.4	6.8	8.2	9.5	10.9	12.2	13.6	15.0
26	2.5	3.8	5.1	6.3	7.6	8.9	10.2	11.4	12.7	14.0
27	2.3	3.5	4.7	5.9	7.1	8.2	9.4	10.6	11.8	13.0
28	2.2	3.2	4.3	5.4	6.5	7.6	8.7	9.8	10.9	12.0
29	2.0	3.0	4.0	5.0	6.0	7.0	8.0	9.0	10.0	11.0
30	1.8	2.7	3.6	4.5	5.4	6.3	7.2	8.2	9.1	10.0
31	1.6	2.4	3.2	4.1	4.9	5.7	6.5	7.3	8.2	9.0
32	1.4	2.2	2.9	3.6	4.3	5.1	5.8	6.5	7.2	8.0
33	1.2	1.9	2.5	3.2	3.8	4.4	5.1	5.7	6.3	7.0
34	1.1	1.6	2.2	2.7	3.2	3.8	4.3	4.9	5.4	6.0
35	0.9	1.3	1.8	2.2	2.7	3.2	3.6	4.1	4.5	5.0
36	0.7	1.1	1.4	1.8	2.2	2.5	2.9	3.2	3.6	4.0
37	0.5	0.8	1.1	1.3	1.6	1.9	2.2	2.4	2.7	3.0
38	0.3	0.5	0.7	0.9	1.1	1.2	1.4	1.6	1.8	2.0
39	0.2	0.2	0.3	0.4	0.5	0.6	0.7	0.8	0.9	1.0
40	0.0	0.0	0.0	0.0	0.0	0.0	0.0	0.0	0.0	0.0

Pour ne pas répéter à chaque page la manière de se servir de ces tables, nous allons en donner la définition une fois pour toutes.

La première colonne horizontale indique la quantité d'eau-de-vie qu'il faut augmenter ou diminuer de degrés : la première colonne verticale à gauche, indique les divers degrés que marque le spiritueux :

Tous les autres nombres expriment les litres d'alcool à 95° centésimaux ou 39° 5 8 de l'aréomètre Cartier, qu'il faut ajouter à la quantité donnée d'eau-de-vie, pour la mettre au degré voulu.

Exemple. — On a 225 litres d'eau-de-vie qui accuse 25 degrés centésimaux ou 13 7 8 Cartier. Combien de litres d'alcool faut-il y ajouter pour l'élever à 40° ?

TABLE D'AUGMENTATION DES DEGRÉS
Table Première

	60	65	70	75	80	85	90	95	100	105
20	21.8	23.6	25.4	27.2	29.1	30.9	32.7	34.5	36.3	38.2
21	20.7	22.4	24.1	25.9	27.6	29.3	31.1	32.8	34.5	36.2
22	19.6	21.2	22.9	24.5	26.1	27.8	29.4	31.1	32.7	34.3
23	18.5	20.1	21.6	23.1	24.7	26.2	27.8	29.3	30.9	32.4
24	17.4	18.9	20.3	21.8	23.2	24.7	26.2	27.6	29.1	30.5
25	16.3	17.7	19.0	20.4	21.8	23.2	24.5	25.9	27.2	28.6
26	15.2	16.5	17.8	19.0	20.3	21.6	22.9	24.2	25.4	26.7
27	14.2	15.3	16.5	17.7	18.9	20.1	21.2	22.4	23.6	24.8
28	13.0	14.2	15.2	16.3	17.4	18.5	19.6	20.7	21.8	22.9
29	12.0	13.0	14.0	15.0	16.0	17.0	18.0	19.0	20.0	21.0
30	10.9	11.8	12.7	13.6	14.5	15.4	16.3	17.2	18.2	19.1
31	9.8	10.6	11.4	12.2	13.1	13.9	14.7	15.5	16.3	17.2
32	8.7	9.4	10.1	10.9	11.6	12.3	13.1	13.8	14.5	15.2
33	7.6	8.2	8.9	9.5	10.1	10.8	11.4	12.1	12.7	13.3
34	6.5	7.1	7.6	8.1	8.7	9.2	9.8	10.3	10.9	11.4
35	5.4	5.9	6.3	6.8	7.2	7.7	8.2	8.6	9.0	9.5
36	4.3	4.7	5.1	5.4	5.8	6.2	6.5	6.9	7.2	7.6
37	3.2	3.5	3.8	4.1	4.3	4.6	4.9	5.2	5.4	5.7
38	2.1	2.3	2.5	2.7	2.9	3.1	3.2	3.4	3.6	3.8
39	1.1	1.2	1.3	1.3	1.4	1.5	1.6	1.7	1.8	1.9
40	0.0	0.0	0.0	0.0	0.0	0.0	0.0	0.0	0.0	0.0

Je commence par chercher le nombre 225 dans la première colonne horizontale ; il se trouve dans la 6e page ; ensuite je descends verticalement par la même colonne jusqu'en face du nombre 25 qui se trouve dans la première colonne verticale à gauche : la rencontre des deux colonnes indique le nombre cherché, qui est ici, 61 litres 3/10.

Remarque. — Pour la correspondance des degrés de l'alcoomètre de Gay-Lussac avec ceux de Cartier, voir page **1** du présent volume.

Depuis 20° jusqu'à 40°

TABLE D'AUGMENTATION DES DEGRÉS
Table Première

	110	115	120	125	130	135	140	145	150	155
20	40.0	41.8	43.6	45.4	47.2	49.1	50.9	52.7	54.5	56.3
21	38.0	39.7	41.4	43.1	44.9	46.7	48.3	50.0	51.8	53.5
22	36.0	37.6	39.2	40.9	42.5	44.2	45.8	47.4	49.1	50.7
23	34.0	35.5	37.1	38.6	40.1	41.7	43.2	44.8	46.3	47.9
24	32.0	33.4	34.9	36.3	37.8	39.2	40.7	42.1	43.6	45.1
25	30.0	31.3	32.7	34.0	35.4	36.8	38.2	39.5	40.9	42.3
26	28.0	29.2	30.5	31.8	33.1	34.3	35.6	36.9	38.2	39.4
27	26.0	27.2	28.3	29.5	30.7	31.8	33.1	34.2	35.4	36.6
28	24.0	25.1	26.2	27.2	28.3	29.4	30.5	31.6	32.7	33.8
29	22.0	23.0	24.0	25.0	26.0	27.0	28.0	29.0	30.0	31.0
30	20.0	20.9	21.8	22.7	23.6	24.5	25.4	26.3	27.2	28.2
31	18.0	18.8	19.6	20.4	21.2	22.1	22.9	23.7	24.5	25.3
32	16.0	16.7	17.4	18.1	18.9	19.6	20.3	21.1	21.8	22.5
33	14.0	14.6	15.2	15.9	16.5	17.2	17.8	18.4	19.1	19.7
34	12.0	12.5	13.1	13.6	14.2	14.7	15.2	15.8	16.3	16.9
35	10.0	10.4	10.9	11.3	11.8	12.3	12.7	13.2	13.6	14.1
36	8.0	8.3	8.7	9.1	9.4	9.8	10.2	10.5	10.9	11.2
37	6.0	6.2	6.5	6.8	7.1	7.3	7.6	7.9	8.2	8.4
38	4.0	4.2	4.3	4.5	4.7	4.9	5.1	5.2	5.4	5.6
39	2.0	2.1	2.2	2.2	2.3	2.4	2.5	2.6	2.7	2.8
40	0.0	0.0	0.0	0.0	0.0	0.0	0.0	0.0	0.0	0.0

Depuis 20° jusqu'à 40°

TABLE D'AUGMENTATION DES DEGRES
Table Première

	160	165	170	175	180	185	190	195	200	205
20	58.2	60.0	61.8	63.6	65.4	67.2	69.1	70.9	72.7	74.5
21	55.2	57.0	58.2	60.4	62.1	63.9	65.6	67.3	69.1	70.8
22	52.3	54.0	55.6	57.2	58.9	60.5	62.2	63.8	65.4	67.1
23	49.4	51.0	52.5	54.1	55.6	57.2	58.7	60.2	61.8	63.3
24	46.5	48.0	49.4	50.9	52.3	53.8	55.2	56.7	58 1	59.6
25	43.6	45.0	46.3	47.7	49.1	50.4	51.8	53.1	54.5	55.9
26	40.7	42.0	43.2	44.5	45.8	47.1	48.3	49.6	50.9	52.2
27	37.8	39.0	40.2	41.3	42.5	43.7	44.9	46.1	47.2	48.4
28	34.9	36.0	37.1	38.2	39.2	40.4	41.5	42.5	43.6	44.7
29	32.0	33.0	34.0	35.0	36.0	37.0	38.0	39.0	40.0	41.0
30	29.1	30.0	30.9	31.8	32.7	33.6	34.5	35.4	36.3	37.3
31	26.2	27.0	27.8	28.6	29.4	30.3	31.1	31.9	32.7	33.5
32	23.2	24.0	24.7	25.4	26.2	26.9	27.6	28.3	29.0	29.8
33	20.3	21.0	21.6	22.2	22.9	23.5	24.2	24.8	25.4	26.1
34	17.4	18.0	18.5	19.0	19.6	20.2	20.7	21.3	21.8	22.3
35	14.5	15.0	15.4	15.9	16.3	16.8	17.3	17.7	18.1	18.6
36	11.6	12.0	12.3	12.7	13.1	13.4	13.8	14.2	14.5	14.9
37	8.7	9.0	9.2	9.5	9.8	10.1	10.3	10.6	10.9	11.2
38	5.8	6.0	6.2	6.3	6.5	6.7	6.9	7.1	7.3	7.4
39	2.9	3.0	3.1	3.2	3.2	3.3	3.4	3.5	3.6	3.7
40	0.0	0.0	0.0	0.0	0.0	0.0	0.0	0.0	0.0	0.0

Depuis 20° jusqu'à 40°

TABLE D'AUGMENTATION DES DEGRÉS
Table Première

	210	215	220	225	230	235	240	245	250	
20	76.4	78.2	80.0	81.8	83 6	85.4	87.2	89.1	90.9	
21	72.5	74.3	76.0	77.7	79.4	81.2	82.9	84.6	86.3	
22	68.7	70.3	72.0	73.6	75.2	76.9	78.5	80.2	81.8	
23	64.9	66.4	68.0	69.5	71.1	72.6	74.1	75.7	77.2	
24	61.1	62.5	64.0	65.4	66.9	68.3	69.8	71.3	72.7	
25	57.3	58.6	60.0	61.3	62.7	64.1	65.4	66.8	68.2	
26	53.4	54.7	56.0	57.2	58 5	59.8	61.1	62.3	63.6	
27	49.6	50.8	52.0	53.2	54.3	55.5	56.7	57.9	59.1	
28	45.8	46.9	48.0	49.1	50.1	51.2	52.3	53.4	54.5	
29	42.0	43.0	44.0	45.0	46.0	47.0	48.0	49.0	50.0	
30	38.2	39.1	40.0	40.9	41.8	42.7	43.6	44.5	45.4	
31	34.3	35.2	36.0	36.8	37.6	38.4	39.3	40.1	40.9	
32	30.5	31.3	32.0	32.7	33.4	34.2	34.9	35.6	36.3	
33	26.7	27.3	28.0	28.6	29.2	29.9	30.5	31.2	31.8	
34	22.9	23 4	24.0	24.5	25.1	25.6	26.2	26.7	27.3	
35	19.1	19.5	20.0	20.4	20.9	21.3	21.8	22.3	22.7	
36	15.3	15.6	16.0	16.3	16 7	17.1	17.4	17.8	18.2	
37	11.4	11.7	12.0	12.2	12.5	12.8	13.1	13.3	13.6	
38	7.6	7.8	8.0	8.2	8.4	8.4	8.7	8.9	9.1	
39	3.8	3.9	4.0	4.1	4.2	4.2	4.3	4.4	4.5	
40	0.0	0.0	0.0	0.0	0.0	0.0	0.0	0.0	0.0	

Depuis 20º jusqu'à 40º

TABLE D'AUGMENTATION DES DEGRÉS
Table II

	10	15	20	25	30	35	40	45	50	55
20	3.9	5.8	7.7	9.7	11.6	13.6	15.5	17.5	19.4	21.3
21	3.7	5.5	7.4	9.2	11.1	13.0	14.8	16.6	18.5	20.3
22	3.6	5.2	7.0	8.8	10.5	12.3	14.0	15.8	17.6	19.3
23	3.4	5.0	6.6	8.3	10.0	11.7	13.3	15.0	16.6	18.3
24	3.2	4.7	6.3	7.9	9.4	11.1	12.5	14.2	15.7	17.3
25	3.1	4.4	5.9	7.4	8.9	10.4	11.5	13.3	14.8	16.3
26	2.9	4.1	5.5	6.9	8.3	9.8	11.8	12.5	13.9	15.3
27	2.7	3.9	5.2	6.5	7.8	9.1	10.9	11.7	12.9	14.3
28	2.5	3.6	4.8	6.0	7.2	8.5	9.5	10.8	12.0	13.2
29	2.3	3.3	4.4	5.5	6.6	7.8	8.8	10.0	11.1	12.1
30	2.1	3.0	4.0	5.1	6.1	7.2	8.0	9.2	10.2	11.1
31	1.9	2.8	3.7	4.6	5.5	6.5	7.3	8.3	9.2	10.1
32	1.7	2.5	3.3	4.1	5.0	5.9	6.5	7.5	8.3	9.1
33	1.5	2.2	2.9	3.7	4.4	5.3	5.8	6.6	7.4	8.1
34	1.4	1.9	2.5	3.2	3.9	4.6	5.1	5.8	6.5	7.1
35	1.2	1.7	2.2	2.7	3.4	3.9	4.3	5.0	5.5	6.0
36	1.0	1.4	1.8	2.3	2.9	3.3	3.6	4.1	4.6	5.0
37	0.8	1.1	1.4	1.8	2.3	2.7	2.8	3.3	3.7	4.0
38	0.6	0.8	1.1	1.4	1.7	2.0	2.1	2.4	2.8	3.0
39	0.4	0.5	0.7	0.9	1.2	1.4	1.4	1.6	1.8	2.0
40	0.2	0.3	0.4	0.5	0.6	0.7	0.7	0.8	0.9	1.0
41	0.0	0.0	0.0	0.0	0.0	0.0	0.0	0.0	0.0	0.0

Depuis 20° jusqu'à 41°

TABLE D'AUGMENTATION DES DEGRÉS
Table II

	60	65	70	75	80	85	90	95	100	105
20	23.3	25.2	27.2	29.1	31.1	33.0	35.0	36.9	38.8	40.8
21	22.2	24.0	25.9	27.7	29.6	31.4	33.3	35.1	37.0	38.8
22	21.1	22.8	24.6	26.4	28.1	29.9	31.6	33.3	35.1	36.9
23	20.0	21.6	23.3	25.0	26.6	28.3	30.0	31.5	33.3	34.9
24	18.9	20.4	22.0	23.6	25.2	26.7	28.3	29.8	31.4	33.0
25	17.8	19.2	20.7	22.2	23.7	25.2	26.6	28.0	29.6	31.1
26	16.6	18.0	19.4	20.8	22.0	23.6	25.0	26.3	27.7	29.1
27	15.5	16.8	18.1	19.4	20.7	22.0	23.3	24.5	25.9	27.2
28	14.4	15.6	16.8	18 0	19.2	20.4	21.6	22.7	24.1	25.2
29	13.3	14.4	15.5	16.6	17.8	18.9	20.0	21.0	22.2	23.3
30	12.2	13.2	14.2	15.3	16.3	17.3	18.3	19.2	20.4	21.4
31	11.1	12.0	12.9	13.9	14.8	15.7	16.6	17.5	18.5	19.4
32	10.0	10.8	11.6	12.5	13.3	14.1	15.0	15.7	16.6	17.4
33	8.9	9.6	10.4	11.1	11.8	12.6	13.3	13.9	14.8	15.5
34	7.8	8.4	9.1	9.7	10.3	11.0	11.7	12.2	12.9	13.6
35	6.7	7.2	7.8	8.3	8.9	9.4	10.0	10.4	11.1	11.6
36	5.5	6.0	6.5	7.0	7.4	7.8	8.3	8.7	9.2	9.7
37	4.4	4.8	5.2	5.6	5.9	6.3	6.7	6.9	7.4	7.8
38	3.3	3.6	3.9	4.2	4.4	4.7	5.0	5.3	5.5	5.8
39	2.2	2.4	2.6	2.8	2.9	3.1	3.3	3.5	3.7	3.9
40	1.0	1.2	1.3	1.4	1.5	1.6	1.7	1.8	1.8	1.9
41	0.0	0.0	0.0	0.0	0.0	0.0	0.0	0.0	0.0	0.0

Depuis 20º jusqu'à 41º

TABLE D'AUGMENTATION DES DEGRÉS
Table II

	110	115	120	125	130	135	140	145	150	155
20	42.7	44.7	46.6	48.6	50.5	52.5	54.4	56.4	58.3	60.3
21	40.7	42.6	44.4	46.3	48.1	50.0	51.8	53.7	55.5	57.4
22	38.7	40.4	42.2	43.9	45.7	47.5	49.2	51.0	52.8	54.5
23	36.7	38.3	40.0	41.6	43.3	45.0	46.6	48.5	50.0	51.6
24	34.7	36.2	37.7	39.3	40.9	42.5	44.0	45.6	47.2	48.8
25	32.6	34.0	35.5	37.0	38.5	40.0	41.5	42.9	44.4	45.9
26	30.6	31.9	33.3	34.7	36.1	37.5	38.9	40.5	41.7	43.0
27	28.6	29.8	31.1	32.4	33.7	35.0	36.3	37.6	38.9	40.2
28	26.5	27.7	28.8	30.1	31.3	32.5	33.7	34.9	36.1	37.3
29	24.5	25.5	26.6	27.7	28.9	30.0	31.1	32.2	33.4	34.4
30	22.5	23.4	24.4	25.4	26.5	27.5	28.5	29.5	30.6	31.6
31	20.4	21.3	22.2	23.1	24.1	25.0	25.9	26.8	27.8	28.7
32	18.4	19.2	20.0	20.8	21.6	22.5	23.3	24.1	25.0	25.8
33	16.4	17.0	17.7	18.5	19.2	20.0	20.7	21.4	22.3	22.9
34	14.3	14.9	15.5	16.2	16.8	17.5	18.1	18.8	19.5	20.1
35	12.3	12.8	13.3	13.9	14.4	15.0	15.5	16.1	16.7	17.2
36	10.3	10.6	11.1	11.6	12.0	12.5	12.9	13.4	13.9	14.3
37	8.2	8.5	8.8	9.3	9.6	10.0	10.3	10.7	11.2	11.5
38	6.2	6.4	6.6	6.9	7.2	7.5	7.6	8.0	8.4	8.6
39	4.1	4.2	4.4	4.6	4.8	5.0	5.1	5.3	5.6	5.7
40	2.0	2.1	2.2	2.3	2.4	2.5	2.6	2.7	2.8	2.8
41	0.0	0.0	0.0	0.0	0.0	0.0	0.0	0.0	0.0	0.0

Depuis 20° jusqu'à 41°

TABLE D'AUGMENTATION DES DEGRÉS
Table II

	160	165	170	175	180	185	190	195	200	205
20	62.2	64.1	66.1	68 0	70.0	72.0	73.8	75.8	77.7	79.7
21	59.2	61.1	62.9	64.8	66.6	68.5	70.3	72.2	74.0	75.9
22	56.3	58.0	59.8	61.5	63 3	65.1	66.8	68.6	70.3	72.1
23	53 3	55.0	56.6	58.3	60.0	61.6	63.3	65.0	66.6	68.3
24	50.3	52.0	53.5	55.1	56.6	58.2	59.8	61.4	62.9	64 5
25	47.4	48.9	50.3	51.8	53.3	54.8	56.3	57.8	59.2	60.7
26	44.4	45.8	47.2	48.6	50.0	51.4	52.7	54.1	55.5	56.9
27	41.5	42.7	44.1	45.3	46.6	47.9	49.2	50.5	51.8	53.4
28	38.5	39.7	40.9	42.1	43.3	44.5	45.7	46.9	48.1	49.3
29	35.5	36.6	37.7	38.9	40.0	41.1	42.2	43.3	44.4	45.5
30	32.6	33.6	34.6	35.6	36 6	39.7	38.7	39.7	40.7	41.7
31	29.6	30.5	31.5	32.4	33.3	34.2	35.2	36.1	37.0	37.9
32	26.6	27.5	28.3	29.1	30.0	30.8	31.6	32.5	33.3	34.1
33	23.7	24.4	25.2	25.9	26.6	27.4	28.1	28.8	29.6	30.3
34	20 7	21.3	22.0	22.7	23.3	23.9	24.6	25.2	25.9	26.6
35	17.7	18.3	18.9	19.4	20.0	20.5	21.1	21.6	22.2	22.8
36	14.8	15.2	15.7	16.2	16.6	17.1	17.6	18.0	18.5	19.0
37	11.8	12.2	12.6	12.9	13.3	13.7	14.0	14.4	14.8	15.2
38	8.9	9.1	9.5	9.7	10.0	10.2	10.5	10.8	11.1	11.4
39	5.9	6.1	6.3	6.5	6.6	6.8	7.0	7.2	7.4	7.6
40	2.9	3.0	3.1	3.2	3.3	3 4	3.5	3.6	3.7	3.8
41	0.0	0.0	0.0	0.0	0.0	0.0	0.0	0.0	0.0	0.0

Depuis 20° jusqu'à 41°

TABLE D'AUGMENTATION DES DEGRÉS
Table II

	210	215	220	225	230	235	240	245	250
20	81.6	83.6	85.5	87.5	89.4	91.3	93.3	95.2	97.2
21	77.8	79.6	81.5	83.3	85.2	87.0	88.8	90.7	92.6
22	73.9	75.6	77.4	79.1	80.9	82.6	84.4	86.2	87.9
23	70.0	71 6	73.3	75.0	76.6	78.3	80.0	81.6	83.3
24	66.1	67.6	69.3	70.8	72.4	73.9	75.5	77.1	78.7
25	62.2	63.6	65.2	66.6	68.1	69.6	71.1	72.5	74.1
26	58.3	59.7	61.2	62.5	63.9	65.2	66.6	68.0	69.4
27	54.4	55.7	57.0	58.3	59.6	60.9	62.2	63.5	64.8
28	50.5	51.7	53.0	54.1	55.4	56.6	57.7	58.9	60.2
29	46.6	47.7	48.9	50.0	51.1	52.2	53.3	54.4	55.5
30	42.7	43.7	44.8	45.8	46.9	47.8	48.8	49.9	50.8
31	39.0	39.8	40.8	41.6	42.6	43.5	44.4	45.3	46.2
32	35.0	35.8	36.7	37.5	38.3	39.1	40.0	40.8	41.6
33	31.7	31.8	32.6	33.3	34.1	34.8	35.5	36.3	39.9
34	27.2	27.8	28.5	29.1	29.8	30.4	31.1	31.7	32.4
35	23.3	23.8	24.4	25.0	25.5	26.1	26.6	27.2	27.8
36	19.4	19.9	20.4	20.8	21.3	21.7	22.2	22.6	23.2
37	15.5	15.9	16.3	16.6	17.0	17.4	17.7	18.1	18.5
38	11.6	11.9	12.2	12.5	12.8	13.0	13.3	13.6	13 9
39	7.7	7.9	8.1	8.3	8.5	8.7	8.8	9.1	9.2
40	3.9	4.0	4.0	4.1	4.2	4.3	4.4	4.5	4.6
41	0.0	0.0	0.0	0.0	0.0	0.0	0.0	0.0	0.0

Depuis 20° jusqu'à 41°

TABLE D'AUGMENTATION DES DEGRÉS
Table III

	10	15	20	25	30	35	40	45	50	55
20	4.1	6.2	8.3	10.3	12.4	14.5	16.6	18.6	20.7	22.8
21	3.9	5.9	7.9	9.9	11.8	13.8	15.8	17.8	19.8	21.8
22	3.7	5.6	7.5	9.4	11.3	13.2	15.1	16.9	18.8	20.7
23	3.6	5.3	7.1	8.9	10.7	12.5	14.3	16.1	17.9	19.7
24	3.4	5.1	6.8	8.4	10.2	11.8	13.5	15.2	16.9	18.7
25	3.2	4.8	6.4	8.0	9.6	11.2	12.8	14.4	16 0	17.6
26	3.0	4.5	6.0	7.5	9.0	10.5	12.0	13.6	15.1	16.6
27	2.8	4.2	5.6	7.0	8.5	9.8	11.3	12.7	14.1	15.5
28	2.6	3.9	5.2	6.6	7.9	9.2	10.5	11.9	13.2	14.5
29	2.4	3.7	4.9	6.1	7.3	8.5	9.8	11.0	12.2	13.5
30	2.3	3.4	4.5	5.6	6.8	7.9	9.0	10.2	11.3	12.4
31	2.1	3.1	4.1	5.1	6.2	7.2	8.3	9.3	10.3	11.4
32	1.9	2.8	3.7	4.7	5.6	6.5	7.5	8.5	9.4	10.4
33	1.7	2.5	3.4	4.2	5.1	5.9	6.7	7.6	8.5	9.3
34	1.5	2.2	3.0	3.7	4.5	5.2	6.0	6.8	7.5	8.3
35	1.3	1.9	2.6	3.3	3.9	4.6	5.2	5.9	6.6	7.3
36	1.1	1.7	2.2	2.8	3.4	3.9	4.5	5.1	5.6	6.2
37	0.9	1.4	1.9	2.3	2.8	3.2	3.7	4.2	4.7	5.2
38	0.7	1.1	1.5	1.8	2.2	2.6	3.0	3.4	3.7	4.2
39	0.6	0.8	1.1	1.4	1.7	1.9	2.2	2.5	2.8	3.1
40	0.4	0.5	0.7	0.9	1.1	1.3	1.5	1.7	1.9	2.1
41	0.2	0.3	0.3	0.4	0.5	0.6	0.7	0.8	0.9	1.0
42	0.0	0.0	0.0	0.0	0.0	0.0	0.0	0.0	0.0	0.0

Depuis 20⁰ jusqu'à 42⁰

TABLE D'AUGMENTATION DES DEGRÉS
Titre III

	60	65	70	75	80	85	90	95	100	105
20	24.9	27.0	29.0	31.1	33.2	35.3	37.3	39.4	41.5	43.6
21	23.7	25.8	27.7	29.7	31.7	33.7	35.6	37.6	39.6	41.6
22	22.6	24.6	26.4	28.3	30.2	32.1	33.9	35.8	37.7	39.6
23	21.5	23.4	25.0	26.8	28.6	30.5	32.2	34.0	35.8	37.6
24	20.3	22.1	23.7	25.4	27.1	28.8	30.5	32.2	33.9	35.6
25	19.2	20.9	22.4	24.0	25.6	27.2	28.8	30.4	32.0	33.6
26	18.1	19.7	21.1	22.6	24.1	25.6	27.1	28.6	30.2	31.7
27	16.9	18.4	19.8	21.2	22.6	24.0	25.4	26.8	28.3	29.7
28	15.8	17.2	18.5	19.8	21.1	22.4	23.7	25.1	26.4	27.7
29	14.7	16.0	17.1	18.4	19.6	20.8	22.0	23.2	24.5	25.7
30	13.5	14.8	15.8	16.9	18.1	19.2	20.3	21.5	22.6	23.7
31	12.4	13.5	14.5	15.5	16.6	17.6	18.6	19.7	20.7	21.7
32	11.3	12.3	13.2	14.1	15.1	16.0	16.9	17.9	18.9	19.8
33	10.1	11.1	11.9	12.7	13.6	14.4	15.2	16.1	17.0	17.8
34	9.0	9.9	10.6	11.3	12.1	12.8	13.5	14.3	15.1	15.8
35	7.9	8.6	9.2	9.9	10.6	11.2	11.8	12.5	13.2	13.8
36	6.7	7.4	7.9	8.4	9.0	9.6	10.1	10.7	11.3	11.8
37	5.6	6.2	6.6	7.0	7.5	8.0	8.4	8.9	9.4	9.8
38	4.5	5.0	5.3	5.6	6.0	6.4	6.7	7.2	7.6	7.9
39	3.3	3.7	3.9	4.2	4.5	4.8	5.0	5.3	5.7	5.9
40	2.2	2.5	2.6	2.8	3.0	3.2	3.3	3.5	3.8	3.9
41	1.1	1.2	1.3	1.4	1.5	1.6	1.7	1.8	1.9	2.0
42	0.0	0.0	0.0	0.0	0.0	0.0	0.0	0.0	0.0	0.0

Depuis 20° jusqu'à 42°

TABLE D'AUGMENTATION DES DEGRÉS
Table III

	110	115	120	125	130	135	140	145	150	155
20	45.6	47.7	49.8	51.8	53.9	56.0	58.1	60.2	62.2	64.3
21	43.6	45.5	47.5	49.5	51.5	53.4	55.4	57.4	59.4	61.4
22	41.5	43.4	45.3	47.1	49.0	50.9	52.8	54.7	56.6	58.5
23	39.4	41.2	43.0	44.7	46.6	48.4	50.2	52.0	53.1	55.6
24	37.3	39.0	40.7	42.3	44.1	45.8	49.5	49.2	50.9	52.6
25	35.2	36.8	38.5	39.9	41.7	43.3	44.9	46.5	48.1	49.7
26	33.2	34.7	36.2	37.6	39.2	40.7	42.2	43.7	45.2	46.8
27	31.1	32.5	34.0	35.2	36.8	38.2	39.6	41.0	42.4	43.8
28	29.0	30.3	31.7	33.9	34.3	35.6	36.9	38.3	39.6	40.9
29	26.9	28.2	29.4	30.5	31.8	32.1	34.3	35.5	36.7	38.0
30	24.9	26.0	27.2	28.2	29.4	30.5	31.6	32.8	33.9	35.1
31	22.8	23.8	24.9	25.8	26.9	28.0	29.0	30.1	31.1	32.1
32	20.7	21.7	22.6	23.4	24.5	25.4	26.4	27.3	28.3	29.2
33	18.6	19.5	20.4	21.1	22.0	22.9	23.7	24.5	25.4	26.3
34	16.6	17.3	18.1	18.8	19.6	20.3	21.1	21.8	22.6	23.4
35	14.5	15.2	15.8	16.4	17.1	17.8	18.4	19.0	19.8	20.4
36	12.4	13.0	13.6	14.1	14.7	15.3	15.8	16.3	16.9	17.5
37	10.4	10.8	11.3	11.7	12.2	12.7	13.2	13.6	14.1	14.6
38	8.2	8.8	9.0	9.4	9.8	10.2	10.5	10.8	11.3	11.7
39	6.2	6.5	6.8	7.0	7.3	7.6	7.9	8.1	8.4	8.7
40	4.1	4.3	4.5	4.6	4.9	5.1	5.2	5.4	5.6	5.8
41	2.0	2.1	2.2	2.3	2.4	2.5	2.6	2.7	2.8	2.9
42	0.0	0.0	0.0	0.0	0.0	0.0	0.0	0.0	0.0	0.0

Depuis 20° jusqu'à 42°

TABLE D'AUGMENTATION DES DEGRÉS
Table III

	160	165	170	175	180	185	190	195	200	205
20	66.4	68.5	70.5	72.6	74.7	76.8	78.8	80.9	83.0	85.1
21	63.4	65.4	67.3	69.3	71.3	73.3	75.3	77.2	79.2	81.2
22	60.4	62.2	64.1	66.0	67.9	69.8	71.7	73.6	75.4	77.3
23	57.3	59.1	60.9	62.7	64.5	66.3	68.1	69.9	71.7	73.5
24	54.3	56.0	57.7	59.4	61.1	62.8	64.5	66.2	67.6	69.6
25	51.3	52.9	54.5	56.1	57.7	59.3	60.9	62.5	64.1	65.7
26	48.3	49.8	51.3	52.8	54.3	55.8	57.3	58.9	60.4	61.9
27	45.3	46.7	48.1	49.5	50.9	52.3	53.8	55.2	56.6	58.0
28	42.2	43.5	44.9	46.2	47.6	48.8	50.2	51.5	52.8	54.1
29	39.2	40.4	41.7	42.9	44.2	45.4	46.6	47.8	49.0	50.3
30	36.2	37.3	38.5	39.6	40.8	41.8	43.0	44.2	45.3	46.4
31	33.2	34.2	35.3	36.3	37.4	38.4	39.4	40.5	41.5	42.5
32	30.2	31.1	32.0	33.0	34.0	34.9	35.8	36.8	37.7	38.7
33	27.2	28.0	28.9	29.7	30.6	31.4	32.3	33.1	33.9	34.8
34	24.1	24.9	25.7	26.4	27.2	27.9	28.7	29.4	30.1	30.9
35	21.1	21.8	22.5	23.1	23.8	24.4	25.1	25.8	26.3	27.1
36	18.1	18.6	19.3	19.8	20.4	20.9	21.5	22.1	22.6	23.2
37	15.1	15.5	16.0	16.5	17.0	17.4	17.4	18.4	18.8	19.3
38	12.1	12.4	12.8	13.2	13.6	13.9	14.3	14.7	15.1	15.5
39	9.0	9.3	9.6	9.9	10.2	10.4	10.7	11.0	13.3	11.6
40	6.0	6.2	6.4	6.6	6.8	6.9	7.1	7.3	7.6	7.7
41	3.0	3.1	3.2	3.3	3.4	3.5	3.5	3.7	3.8	3.9
42	0.0	0.0	0.0	0.0	0.0	0.0	0.0	0.0	0.0	0.0

Depuis 20⁰ jusqu'à 42⁰

TABLE D'AUGMENTATION DES DEGRÉS
Table III

	210	215	220	225	230	235	240	245	250
20	87.1	89.2	91.3	93.4	95.4	97.5	99.6	101.7	103.7
21	83.2	85.2	87.1	89.1	91.1	93.1	95.1	97.0	99.0
22	79.2	81.1	83.0	84.9	86.8	88.6	90.6	92.4	94.3
23	75.2	77.1	78.8	80.6	82.4	84.2	86.0	87.8	89.6
24	71.3	73.0	74.7	76.4	78.1	79.8	81.5	83.2	84.9
25	67.3	68.9	70.5	72.2	73.7	75.4	77.0	78.6	80.2
26	63.3	64.9	66.4	67.9	69.4	70.9	72.5	73.9	75.5
27	59.4	60.8	62.2	63.7	65.1	66.5	67.9	69.3	70.7
28	55.4	56.8	58.0	59.4	60.7	62.0	63.4	64.7	66.0
29	51.5	52.7	53.9	55.2	56.4	57.6	58.9	60.1	61.3
30	47.5	48.6	49.7	50.9	52.0	53.2	54.3	55.5	56.6
31	43.5	44.6	45.6	46.7	47.7	48.8	49.8	50.8	51.9
32	39.6	40.5	41.4	42.4	43.4	44.3	45.3	46.2	47.1
33	35.6	36.5	37.3	38.2	37.0	39.9	40.8	41.6	42.4
34	31.7	32.4	33.1	34.0	34.7	35.5	36.2	37.0	37.7
35	27.7	28.4	29.0	29.7	30.3	31.0	31.7	32.4	33.0
36	23.7	24.3	24.8	25.5	26.0	26.6	27.2	27.7	28.3
37	18.8	20.3	20.7	21.2	21.7	22.1	22.6	23.1	23.6
38	15.8	16.2	16.5	17.0	17.3	17.7	18.1	18.5	18.8
39	11.8	12.2	12.4	12.7	13.3	13.3	13.6	13.8	14.1
40	7.9	8.1	8.2	8.5	8.7	8.8	9.1	9.2	9.4
41	3.9	4.0	4.1	4.2	4.3	4.4	4.5	4.6	4.7
42	0.0	0.0	0.0	0.0	0.0	0.0	0.0	0.0	0.0

Depuis 20° jusqu'à 42°

TABLE D'AUGMENTATION DES DEGRÉS
Table IV

	10	15	20	25	30	35	40	45	50	55
20	4.4	6.6	8.8	11.0	13.2	15.4	17.7	19.9	22.1	24.3
21	4.2	6.3	8.4	10.5	12.6	14.8	16.9	19.0	21.1	23.2
22	4.0	6.0	8.0	10.1	12.0	14.1	16.1	18.2	20.2	22.1
23	3.8	5.8	7.6	9.6	11.5	13.4	15.4	17.3	19.2	21.1
24	3.6	5.5	7.3	9.1	10.9	12.7	14.6	16.4	18.2	20.0
25	3.4	5.2	6.9	8.6	10.3	12.1	13.8	15.6	17.3	18.9
26	3.2	4.9	6.5	8.1	9.7	11.4	13.1	14.7	16.3	17.9
27	3.0	4.6	6.1	7.7	9.2	10.7	12.3	13.8	15.4	16.9
28	2.9	4.3	5.7	7.2	8.6	10.0	11.5	12.9	14.4	15.8
29	2.7	4.1	5.3	6.7	8.0	9.4	10.7	12.1	13.4	14.7
30	2.5	3.8	4.9	6.2	7.4	8.7	10.0	11.2	12.5	13.7
31	2.3	3.5	4.6	5.7	6.8	8.0	9.2	10.3	11.5	12.6
32	2.1	3.2	4.2	5.2	6.3	7.4	8.4	9.5	10.6	11.6
33	1.9	2.9	3.8	4.8	5.7	6.7	7.7	8.6	9.6	10.5
34	1.7	2.6	3.4	4.3	5.1	6.0	6.9	7.7	8.7	9.5
35	1.5	2.3	3.0	3.8	4.5	5.3	6.1	6.9	7.7	8.4
36	1.3	2.0	2.7	3.3	4.0	4.7	5.4	6.0	6.7	7.4
37	1.1	1.7	2.3	2.8	3.4	4.0	4.6	5.1	5.7	6.3
38	0.9	1.4	1.9	2.4	2.8	3.3	3.8	4.3	4.8	5.2
39	0.7	1.2	1.5	1.9	2.3	2.7	3.0	3.4	3.8	4.2
40	0.5	0.9	1.1	1.4	1.7	2.0	2.3	2.6	2.9	3.1
41	0.4	0.6	0.7	0.9	1.1	1.3	1.5	1.7	1.9	2.1
42	0.2	0.3	0.4	0.5	0.6	0.6	0.7	0.8	0.9	1.0
43	0.0	0.0	0.0	0.0	0.0	0.0	0.0	0.0	0.0	0.0

Depuis 20° jusqu'à 43°

TABLE D'AUGMENTATION DES DEGRES
Table IV

	60	65	70	75	80	85	90	95	100	105
20	26.5	28.7	31.0	33.1	35.4	37.6	39.8	41 9	44.2	46.4
21	25.3	27.5	29.6	31.7	33.8	35.9	38.0	40.1	42.3	44.4
22	24.2	26.2	28.3	30.3	32.3	34.3	36.3	38.3	40.4	42.4
23	23.0	25.0	26.9	28.8	30.7	32.7	34.6	36.5	38.4	40.3
24	21.9	23.7	25.6	27.4	29.2	31.0	32.9	34.7	36.5	38.3
25	20.7	22.5	24.2	25.9	27.6	29.4	31.1	32.8	34.6	36.3
26	19.6	21.2	22.9	24.5	26.1	27.7	29.4	31.0	32.7	34.3
27	18.4	20.0	21.5	23.1	24.6	26.1	27.7	29.2	30.7	32.3
28	17.3	18.7	20.2	21.6	23.0	24.5	25.9	27.4	28.8	30.3
29	16.1	17.5	18.8	20.2	21 5	22.8	24.4	25.5	26.9	28.2
30	15.0	16.2	17.5	18.7	20.0	21.2	22.5	23.7	25.0	26.2
31	13.8	15.0	16.1	17.3	18.4	19.6	20.7	21.9	23.1	24.2
32	12.7	13.7	14.8	15.9	16.9	18.0	19.0	20.0	21.2	22.2
33	11.5	12.5	13.4	14.4	15.4	16.3	17.3	18.2	19.2	20.2
34	10.4	11.2	12.1	13.0	13.8	14.7	15.5	16.4	17.3	18.1
35	9.2	10.0	10.7	11.5	12.3	13.1	13.8	14.6	15.4	16.1
36	8.1	8.7	9.4	10.1	10.7	11.4	12.1	12.8	13.4	14.1
37	6.9	7.5	8.0	8.6	9.2	9.8	10.4	10.9	11.5	12.1
38	5.7	6.2	6.7	7.2	7.7	8.1	8.6	9.1	9.6	10.0
39	4.6	5.0	5.3	5.7	6.1	6.5	6.9	7.3	7.7	8.0
40	3.4	3.7	4.0	4.3	4.6	4.9	5.2	5.5	5.7	6.0
41	2.3	2.5	2.7	2.9	3.0	3.2	3.4	3.6	3.8	4.0
42	1.1	1.2	1.3	1.4	1.5	1.6	1.7	1.8	1.9	2.0
43	0.0	0.0	0.0	0.0	0.0	0.0	0.0	0.0	0.0	0.0

Depuis 20⁰ jusqu'à 43⁰

TABLE D'AUGMENTATION DES DEGRÉS
Table IV

	110	115	120	125	130	135	140	145	150	155
20	48.7	50.8	53.0	55.3	57.5	59.7	61.9	64.1	66.3	68.5
21	46.6	48.6	50.7	52.8	55.0	57.1	59.2	61.3	63.5	65.5
22	44.5	46.4	48.4	50.4	52.5	54.5	56.5	58.5	60.6	62.6
23	42.3	44.2	46.1	48.0	50.0	51.9	53.8	55.7	57.7	59.6
24	40.2	42.0	43.8	45.6	47.5	49.3	51.1	52.9	54.8	56.6
25	38.1	39.8	41.5	43.2	45.0	46.7	48.4	50.1	51.9	53.6
26	36.0	37.6	39.2	40.8	42.5	44.1	45.7	47.3	49.0	50.6
27	33.9	35.4	36.9	38.4	40.0	41.5	43.0	44.5	46.1	47.7
28	31.7	33.1	34.6	36.0	37.5	38.9	40.3	41.7	43.3	44.7
29	29.6	30.9	32.3	33.6	35.0	36.3	37.6	38.9	40.4	41.7
30	27.5	28.7	29.9	31.2	32.5	33.7	34.9	36.2	37.5	38.7
31	25.4	26.5	27.6	28.8	30.0	31.1	32.3	33.4	34.6	35.7
32	23.3	24.3	25.3	26.4	27.5	28.5	29.6	30.6	31.7	32.7
33	21.1	22.1	23.0	24.0	25.0	25.9	26.9	27.9	28.8	29.8
34	19.0	19.9	20.7	21.6	22.5	23.3	24.2	25.1	25.9	26.8
35	16.9	17.7	18.4	19.2	20.0	20.7	21.5	22.3	23.1	23.8
36	14.8	15.5	16.1	16.8	17.5	18.1	18.8	19.5	20.2	20.8
37	12.7	13.3	13.8	14.4	15.0	15.5	16.1	16.7	17.3	17.9
38	10.5	11.0	11.5	12.0	12.5	12.9	13.4	13.9	14.4	14.9
39	8.4	8.8	9.2	9.6	10.0	10.3	10.7	11.1	11.5	11.9
40	6.3	6.6	6.9	7.2	7.5	7.8	8.0	8.3	8.6	8.8
41	4.2	4.4	4.6	4.8	5.0	5.2	5.4	5.5	5.7	5.9
42	2.1	2.2	2.3	2.4	2.5	2.6	2.7	2.8	2.9	3.0
43	0.0	0.0	0.0	0.0	0.0	0.0	0.0	0.0	0.0	0.0

Depuis 20° jusqu'à 43°

TABLE D'AUGMENTATION DES DEGRÉS
Table IV

	160	165	170	175	180	185	190	195	200	205
20	70.7	72.9	75.2	77.4	79.6	81.8	84.0	86.2	88.4	90.6
21	67.6	69.8	71.9	74.0	76.1	78.2	80.3	82.5	84.6	86.7
22	64.6	66.6	68.6	70.6	72.6	74.7	76.7	78.7	80.7	82.7
23	61.5	63.4	65.4	67.3	69.2	71.1	73.0	75.0	76.9	78.8
24	58.4	60.2	62.1	63.9	65.7	67.5	69.4	71.2	73.0	74.9
25	55.4	57.0	58.8	60.5	62.3	64.0	65.7	67.5	69.2	70.9
26	52.3	53.9	55.5	57.2	58.8	60.4	62.1	63.7	65.4	67.0
27	49.2	50.7	52.3	53.8	55.3	56.9	58.4	60.0	61.5	63.1
28	46.1	47.5	49.0	50.4	51.9	53.3	54.8	56.2	57.7	59.1
29	43.1	44.4	45.7	47.1	48.4	49.8	51.1	52.5	53.8	55.2
30	40.0	41.2	42.4	43.7	45.0	46.2	47.4	48.7	50.0	51.2
31	36.9	38.0	39.2	40.3	41.5	42.6	43.8	45.0	46.1	47.3
32	33.8	34.8	35.9	37.0	38.0	39.1	40.1	41.2	42.3	43.4
33	30.7	31.7	32.6	33.6	34.6	35.5	36.5	37.5	38.4	39.4
34	27.7	28.5	29.4	30.3	31.1	32.0	32.8	33.7	34.6	35.5
35	24.6	25.3	26.1	26.9	27.7	28.4	29.2	30.0	30.7	31.5
36	21.5	22.2	22.8	23.5	24.2	24.9	25.5	26.2	26.9	27.6
37	18.4	19.0	19.6	20.2	20.7	21.3	21.9	22.5	23.0	23.6
38	15.3	15.8	16.3	16.8	17.3	17.7	18.2	18.7	19.2	19.7
39	12.3	12.7	13.0	13.4	13.8	14.2	14.6	15.0	15.3	15.7
40	9.2	9.5	9.8	10.1	10.4	10.6	10.9	11.2	11.5	11.8
41	6.1	6.3	6.5	6.7	6.9	7.1	7.3	7.5	7.7	7.9
42	3.0	3.1	3.2	3.3	3.4	3.5	3.6	3.7	3.8	3.9
43	0.0	0.0	0.0	0.0	0.0	0.8	0 0	0.0	0.0	0.0

Depuis 20° jusqu'à 43°

TABLE D'AUGMENTATION DES DEGRÉS
Table IV

	210	215	220	225	230	235	240	245	250
20	92.8	95.1	97.3	99.5	101.7	103.9	106.1	108.3	110.5
21	88.8	90.9	93.3	95.2	97.3	99.3	101.5	103.6	105.7
22	84.8	86.8	88.8	90.8	92.9	94.8	96.9	98.9	100.9
23	80.7	82.7	84.6	86.5	88.4	90.3	92.3	94.2	96.1
24	76.7	78.5	80.3	82.2	84.0	85.8	87.7	89.5	91.3
25	72.6	74.4	76.1	77.9	79.6	81.2	83.1	84.8	86.5
26	68.6	70.3	71.9	73.5	75.2	76.7	78.4	80.0	81.7
27	64.6	66.1	67.7	69.2	70.8	72.2	73.8	75.3	76.9
28	60.5	62.0	63.4	64.9	66.3	67.7	69.2	70.6	72.1
29	56.5	57.9	59.2	60.5	61.9	63.2	64.6	65.9	67.3
30	52.4	53.7	55.0	56.2	57.5	58.6	60.0	61.2	62.5
31	48.4	49.6	50.7	51.9	53.1	54.1	55.4	56.5	57.7
32	44.4	45.4	46.5	47.6	48.6	49.6	50.7	51.8	52.9
33	40.3	41.3	42.3	43.2	44.2	45.1	46.1	47.1	48.0
34	36.3	37.2	38.0	38.9	39.8	40.6	41.5	42.4	43.2
35	32.3	33.0	33.8	34.6	35.3	36.0	36.9	37.7	38.4
36	28.2	28.9	29.6	30.2	30.9	31.5	32.3	32.9	33.6
37	24.2	24.8	25.4	25.9	26.5	27.0	27.7	28.2	28.8
38	20.1	20.6	21.1	21.6	22.1	22.5	23.0	23.5	24.0
39	16.1	16.5	16.9	17.3	17.7	18.0	18.4	18.8	19.2
40	12.1	12.4	12.7	12.9	13.2	13.5	13.8	14.1	14.4
41	8.0	8.2	8.4	8.6	8.8	9.0	9.2	9.4	9.6
42	4.0	4.1	4.2	4.3	4.4	4.5	4.6	4.7	4.8
43	0.0	0.0	0.0	0.0	0.0	0.0	0.0	0.0	0.0

Depuis 20° jusqu'à 43°

TABLE D'AUGMENTATION DES DEGRÉS
Table V

	10	15	20	25	30	35	40	45	50	55
20	4.7	7.1	9.4	11.7	14.1	16.4	18.8	21.1	23.6	25.8
21	4.5	6.7	9.0	11.2	13.5	15.7	18.0	20.3	22.5	24.7
22	4.3	6.5	8.6	10.8	12.9	15.0	17.2	19.4	21.5	23.6
23	4.1	6.2	8.2	10.3	12.3	14.4	16.5	18.5	20.6	22.6
24	3.9	5.9	7.8	9.8	11.7	13.7	15.7	17.6	19.6	21.5
25	3.7	5.6	7.4	9.3	11.1	13.0	14.9	16.7	18.6	20.4
26	3.5	5.3	7.0	8.8	10.6	12.3	14.1	15.8	17.6	19.3
27	3.3	5.0	6.7	8.3	10.0	11.6	13.3	15.0	16.6	18.2
28	3.1	4.7	6.3	7.8	9.4	11.0	12.5	14.1	15.7	17.2
29	2.9	4.4	5.9	7.3	8.8	10.3	11.7	13.2	14.7	16.1
30	2.7	4.1	5.5	6.8	8.2	9.6	10.9	12.3	13.7	15.0
31	2.5	3.8	5.1	6.3	7.6	8.9	10.2	11.4	12.7	13.9
32	2.3	3.5	4.7	5.8	7.0	8.2	9.4	10.5	11.7	12.9
33	2.1	3.2	4.3	5.3	6.4	7.5	8.6	9.7	10.8	11.8
34	1.9	2.9	3.9	4.9	5.9	6.8	7.8	8.8	9.8	10.8
35	1.7	2.6	3.5	4.4	5.3	6.1	7.0	7.9	8.8	9.7
36	1.5	2.3	3.1	3.9	4.4	5.4	6.2	7.0	7.8	8.6
37	1.4	2.0	2.7	3.4	4.1	4.8	5.5	6.1	6.8	7.5
38	1.2	1.7	2.3	2.9	3.5	4.1	4.7	5.3	5.9	6.4
39	1.0	1.4	1.9	2.4	2.9	3.4	3.9	4.4	4.9	5.3
40	0.8	1.1	1.5	1.9	2.3	2.7	3.1	3.5	3.9	4.2
41	0.6	0.9	1.1	1.4	1.7	2.0	2.3	2.6	2.9	3.2
42	0.4	0.6	0.8	1.0	1.1	1.3	1.5	1.7	1.9	2.1
43	0.2	0.3	0.4	0.5	0.6	0.7	0.8	0.9	1.0	1.0
44	0.0	0.0	0.0	0.0	0.0	0.0	0.0	0.0	0.0	0.0

Depuis 20° jusqu'à 44°

TABLE D'AUGMENTATION DES DEGRES
Table V

	60	65	70	75	80	85	90	95	100	105
20	28.2	30.6	32.9	35.3	37.6	39.9	42.4	44.7	47.0	49.4
21	28.0	29.3	31.5	33.8	36.0	38.3	40.6	42.8	45.1	47.3
22	26.8	28.0	30.2	32.3	34.4	36.6	38.8	40.9	43.1	45.2
23	25.6	26.8	28.8	30.9	32.9	34.9	37.1	39.1	41.1	43.2
24	24.5	25.5	27.4	29.4	31.3	33.3	35.3	37.2	39.2	41.1
25	23.3	24.2	26.1	27.9	29.7	31.6	33.6	35.4	37.2	39.1
26	22.1	22.9	24.7	26.4	28.2	30.0	31.8	33.5	35.3	37.0
27	21.0	21.6	23.3	25.0	26.6	28.2	30.0	31.6	33.3	34.9
28	19.8	20.4	21.9	23.5	25.0	26.6	28.3	29.8	31.3	32.9
29	18.6	19.1	20.6	22.0	23.5	24.9	26.5	27.9	29.4	30.8
30	17.4	17.8	19.2	20.5	21.9	23.3	24.8	26.1	27.4	28.8
31	16.2	16.5	17.8	19.1	20.3	21.6	23.0	24.2	25.5	26.7
32	15.1	15.3	16.4	17.6	18.8	20.0	21.1	22.3	23.5	24.6
33	13.9	14.0	15.0	16.2	17.2	18.3	19.4	20.5	21.5	22.6
34	11.7	12.7	13.7	14.7	15.6	16.6	17.6	18.6	19.6	20.5
35	10.6	11.4	12.3	13.2	14.1	15.0	15.8	16.7	17.6	18.5
36	9.4	10.2	10.9	11.7	12.5	13.3	14.1	14.9	15.7	16.4
37	8.2	8.9	9.6	10.3	10.9	11.6	12.3	13.0	13.7	14.4
38	7.0	7.6	8.2	8.8	9.4	10.0	10.6	11.1	11.7	12.3
39	5.8	6.3	6.8	7.3	7.8	8.3	8.8	9.3	9.8	10.2
40	4.7	5.1	5.5	5.8	6.2	6.6	7.0	7.4	7.8	8.2
41	3.5	3.8	4.1	4.4	4.7	5.0	5.3	5.6	5.9	6.1
42	2.3	2.5	2.7	2.9	3.1	3.3	3.5	3.7	3.9	4.1
43	1.1	1.2	1.3	1.4	1.5	1.6	1.7	1.8	1.9	2.0
44	0.0	0.0	0.0	0.0	0.0	0.0	0.0	0.0	0.0	0.0

Depuis 20⁰ jusqu'à 44⁰

TABLE D'AUGMENTATION DES DEGRÉS
Table V

	110	115	120	125	130	135	140	145	150	155
20	51.7	54.1	56.4	58.8	61.1	63.5	65.9	67.3	70.6	72.9
21	49.5	51.8	54.1	55.3	58.6	60.8	63.1	64.5	67.7	69.9
22	47.4	49.6	51.7	52.9	56.0	58.2	60.4	61.7	64.7	66.8
23	45.2	47.3	49.4	51.4	53.5	55.5	57.6	58.8	61.8	63.8
24	43.1	45.1	47.0	49.0	50.9	52.8	54.9	56.0	58.8	60.7
25	40.9	42.8	44.7	46.5	48.4	50.2	52.1	53.1	55.9	57.7
26	38.8	40.6	42.3	44.1	45.8	47.6	49.4	50.3	52.9	54.7
27	36.6	38.3	40.0	41.6	43.3	44.9	46.6	47.4	50.0	51.6
28	34.5	36.1	37.6	39.2	40.7	42 3	43.9	44.6	47.0	48.6
29	32.3	33.8	35.3	36.7	38.2	39.6	41.1	42.7	44.1	45.6
30	30.2	31.5	32.9	34.3	35.6	37.0	38.4	39.9	41.1	42.5
31	28.0	29.3	30.6	31.8	33.1	34.4	35.7	37.1	38.2	39.5
32	25.8	27.0	28.2	29.4	30.5	31.7	32.9	34.2	35.3	36.4
33	23.7	24.8	25.9	26.9	28.0	29.1	30.2	31.4	32.3	33.4
34	21.5	22.5	23.5	24.5	25.4	26.4	27.4	28.5	29.4	30.4
35	19.4	20.3	21.1	22.0	22.9	23.8	24.7	25.7	26.4	27.3
36	17.2	18.0	18.8	19.6	20.3	21.1	21.9	22.8	23.5	24.3
37	15.1	15.8	16.4	17.1	17.8	18.5	19.2	20.0	20.6	21.2
38	12.9	13.5	14.1	14.7	15.3	15.8	16.4	17.1	17.6	18.2
39	10.7	11.8	11.7	12.2	12.7	13.2	13.7	14.3	14.7	15.2
40	8.6	9.0	9.4	9.8	10.2	10.5	10.9	11.4	11.7	12.1
41	6.4	6.7	7.0	7.3	7.6	7.9	8.2	8.5	8.8	9.1
42	4.3	4.5	4.7	4.9	5.1	5.3	5.5	6.7	5.9	6.1
43	2.1	2.2	2.3	2.4	2.5	2.6	2.7	2.8	2.9	3.0
44	0.0	0.0	0.0	0.0	0.0	0.0	0.0	0.0	0.0	0.0

Depuis 20º jusqu'à 44º

TABLE D'AUGMENTATION DES DEGRÉS
Table V

	160	165	170	175	180	185	190	195	200	205
20	75.3	77.6	80.0	82.3	84.7	87.0	89.4	91.7	94.1	96.4
21	72.1	74.4	76.6	78.9	81.1	83.4	85.6	87.9	90.1	92.4
22	69.0	71.2	73.3	75.5	77.6	79.7	81.9	84.1	86.2	88.4
23	65.8	69.6	69.9	72.0	74.1	76.1	78.2	80.2	82.3	84.4
24	62.7	64.7	66.6	68.6	70.5	72.5	74.5	76.4	78.4	80.4
25	59.6	61.5	63.3	65.2	67.0	68.9	70.7	72.6	74.5	76.3
26	56.4	58.2	60.0	61.7	63.5	65.2	67.0	68.8	70.5	72.3
27	53.3	55.0	56.6	58.3	60.0	61.6	63.3	65.0	66.6	68.3
28	50.2	51.8	53.3	54.9	56.4	58.0	59.6	61.1	62.7	64.3
29	47.0	48.5	50.0	51.4	52.9	54.4	55.8	57.3	58.8	60.3
30	43.9	45.3	46.6	48.0	49.4	50.7	52.1	53.5	54.9	56.2
31	40.7	42.0	43.3	44.6	45.8	47.1	48.4	49.7	50.9	52.2
32	37.6	38.8	40.0	41.1	42.3	43.5	44.7	45.8	47.0	48.2
33	34.5	35.6	36.6	37.7	38.8	39.8	40.9	42.0	43.1	44.2
34	31.4	32.3	33.3	34.3	35.2	36.2	37.2	38.2	39.2	40.2
35	28.2	29.1	30.0	30.8	31.7	32.6	33.5	34.4	35.3	36.1
36	25.1	25.8	26.6	27.4	28.2	29.0	29.8	30.6	31.3	32.1
37	21.9	22.6	23.3	24.0	24.7	25.4	26.0	26.7	27.4	28.4
38	18.8	19.4	20.0	20.6	21.1	21.7	22.3	22.9	23.5	24.1
39	15.7	16.1	16.6	17.1	17.6	18.1	18.6	19.1	19.6	20.1
40	12.5	12.9	13.3	13.7	14.1	14.5	14.9	15.3	15.7	16.0
41	9.4	9.7	10.0	10.3	10.6	10.8	11.1	11.4	11.7	12.0
42	6.2	6.4	6.6	6.8	7.0	7.2	7.4	7.6	7.8	8.0
43	3.1	3.2	3.3	3.4	3.5	3.6	3.7	3.8	3.9	4.0
44	0.0	0.0	0.0	0.0	0.0	0.0	0.0	0.0	0.0	0.0

Depuis 20° jusqu'à 44°

TABLE D'AUGMENTATION DES DEGRES
Table V

	210	215	220	225	230	235	240	245	250
20	98.9	101.1	103.5	105.9	108.2	110.5	112.9	115.2	117.6
21	94.7	96.9	99.2	101.4	103.7	105.9	108.1	110.4	112.7
22	90.6	92.7	94.9	97.0	99.2	101.3	103.4	105.6	108.8
23	86.4	88.5	90.6	92.6	94.7	96.7	98.7	100.8	103.9
24	82.3	84.3	86.2	88.2	90.2	92.1	94.0	96.0	98.0
25	78.1	80.1	81.9	83.8	85.6	87.5	89.3	91.2	93.1
26	74.0	75.8	77.6	79.4	81.1	82.9	84.6	86.4	88.2
27	69.9	71.6	73.3	75.0	76.6	78.3	79.9	81.6	83.3
28	65.8	67.4	69.0	70.6	72.1	73.7	75.2	76.8	78.4
29	61.7	63.2	64.7	66.2	67.6	69.1	70.5	72.0	73.5
30	57.6	59.0	60.4	61.7	63.1	64.5	65.8	67.2	68.6
31	53.5	54.8	56.1	57.3	58.6	59.9	61.1	62.4	63.7
32	49.4	50.6	51.7	52.9	54.1	55.3	56.4	57.6	58.8
33	45.2	46.3	47.4	48.5	49.6	50.6	51.7	52.8	53.9
34	41.1	42.1	43.1	44.1	45.1	46.0	47.0	48.0	49.1
35	37.0	37.9	38.8	39.7	40.6	41.4	42.3	43.2	44.1
36	32.9	33.7	34.5	35.3	36.1	36.8	37.6	38.4	39.2
37	28.8	29.5	30.2	30.8	31.5	32.2	32.9	33.6	34.3
38	24.7	25.3	25.9	26.4	27.0	27.6	28.2	28.8	29.4
39	20.6	21.1	21.5	22.0	22.5	23.0	23.5	24.0	24.5
40	16.4	16.8	17.2	17.6	18.0	18.4	18.8	19.2	19.6
41	12.3	12.6	12.9	13.2	13.5	13.8	14.1	14.4	14.7
42	8.2	8.4	8.6	8.8	9.0	9.2	9.4	9.6	9.8
43	4.1	4.2	4.3	4.4	4.5	4.6	4.7	4.8	4.9
44	0.0	0.0	0.0	0.0	0.0	0.0	0.0	0.0	0.0

Depuis 20⁰ jusqu'à 44⁰

TABLE D'AUGMENTATION DES DEGRÉS
Table VI

	10	15	20	25	30	35	40	45	50	55
20	5.0	7.5	10.0	12.5	15.0	17.5	20.0	22.5	25.0	27.5
21	4.8	7.2	9.6	12.0	14.4	16.8	19.2	21.6	24.0	26.4
22	4.6	6.9	9.2	11.5	13.8	16.1	18.4	20.7	23.0	25.3
23	4.4	6.6	8.8	11.0	13.2	15.4	17.6	19.8	22.0	24.2
24	4.2	6.3	8.4	10.5	12.6	14.7	16.8	18.9	21.0	23.1
25	4.0	6.0	8.0	10.0	12.0	14.0	16.0	18.0	20.0	22.0
26	3.8	5.7	7.6	9.5	11.4	13.3	15.2	17.1	19.0	20.9
27	3.6	5.4	7.2	9.0	10.8	12.6	14.4	16.2	18.0	19.8
28	3.4	5.1	6.8	8.5	10.2	11.9	13.6	15.3	17.0	18.7
29	3.2	4.8	6.4	8.0	9.6	11.2	12.8	14.4	16.0	17.6
30	3.0	4.5	6.0	7.5	9.0	10.5	12.0	13.5	15.0	16.5
31	2.8	4.2	5.6	7.0	8.4	9.8	11.2	12.6	14.0	15.4
32	2.6	3.9	5.2	6.5	7.8	9.1	10.4	11.7	13.0	14.3
33	2.4	3.6	4.8	6.0	7.2	8.4	9.6	10.8	12.0	13.2
34	2.2	3.3	4.4	5.5	6.6	7.7	8.8	9.9	11.0	12.1
35	2.0	3.0	4.0	5.0	6.0	7.0	8.0	9.0	10.0	11.0
36	1.8	2.7	3.6	4.5	5.4	6.3	7.2	8.1	9.0	9.9
37	1.6	2.4	3.2	4.0	4.8	5.6	6.4	7.2	8.0	8.8
38	1.4	2.1	2.8	3.5	4.2	4.9	5.6	6.3	7.0	7.7
39	1.2	1.8	2.4	3.0	3.6	4.2	4.8	5.4	6.0	6.6
40	1.0	1.5	2.0	2.5	3.0	3.5	4.0	4.5	5.0	5.5
41	0.8	1.2	1.6	2.0	2.4	2.8	3.2	3.6	4.0	4.4
42	0.6	0.9	1.2	1.5	1.8	2.1	2.4	2.7	3.0	3.3
43	0.4	0.6	0.8	1.0	1.2	1.4	1.6	1.8	2.0	2.2
44	0.2	0.3	0.4	0.5	0.6	0.7	0.8	0.9	1.0	1.1
45	0.0	0.0	0.0	0.0	0.0	0.0	0.0	0.0	0.0	0.0

Depuis 20° jusqu'à 45°

TABLE D'AUGMENTATION DES DEGRÉS
Table VI

	60	65	70	75	80	85	90	95	100	105
20	30.0	32.5	35.0	37.5	40.0	42.5	45.0	47.5	50.0	52.5
21	28.8	31.2	33.6	36.0	38.4	40.8	43.2	45.6	48.0	50.4
22	27.6	29.9	32.2	34.5	36.8	39.1	41.4	43.7	46.0	48.3
23	26.4	28.6	30.8	33.0	35.2	37.4	39.6	41.8	44.0	46.2
24	25.2	27.3	29.4	31.5	33.6	35.7	37.8	39.9	42.0	44.1
25	24.0	26.0	28.0	30.0	32.0	34.0	36.0	38.0	40.0	42.0
26	22.8	24.7	26.6	28.5	30.4	32.3	34.2	36.1	38.0	39.9
27	21.6	23.4	25.2	27.0	28.8	30.6	32.4	34.2	36.0	37.8
28	20.4	22.1	23.8	25.5	27.2	28.9	30.6	32.3	34.0	35.7
29	19.2	20.8	22.4	24.0	25.6	27.2	28.8	30.4	32.0	33.6
30	18.0	19.5	21.0	22.5	24.0	25.5	27.0	28.5	30.0	31.5
31	16.8	18.2	19.6	21.0	22.4	23.8	25.2	26.6	28.0	29.4
32	15.6	16.9	18.2	19.5	20.8	22.1	23.4	24.7	26.0	27.3
33	14.4	15.6	16.8	18.0	19.2	20.4	21.6	22.8	24.0	25.2
34	13.2	14.3	15.4	16.5	17.6	18.7	19.8	20.9	22.0	23.1
35	12.0	13.0	14.0	15.0	16.0	17.0	18.0	19.0	20.0	21.0
36	10.8	11.7	12.6	13.5	14.4	15.3	16.2	17.1	18.0	18.9
37	9.6	10.4	11.2	12.0	12.8	13.6	14.4	15.2	16.0	16.8
38	8.4	9.1	9.8	10.5	11.2	11.9	12.6	13.3	14.0	14.7
39	7.2	7.8	8.4	9.0	9.6	10.2	10.8	11.4	12.0	12.6
40	6.0	6.5	7.0	7.5	8.0	8.5	9.0	9.5	10.0	10.5
41	4.8	5.2	5.6	6.0	6.4	6.8	7.2	7.6	8.0	8.4
42	3.6	3.9	4.2	4.5	4.8	5.1	5.4	5.7	6.0	6.3
43	2.4	2.6	2.8	3.0	3.2	3.4	3.6	3.8	4.0	4.2
44	1.2	1.3	1.4	1.5	1.6	1.7	1.8	1.9	2.0	2.1
45	0.0	0.0	0.0	0.0	0.0	0.0	0.0	0.0	0.0	0.0

Depuis 20⁰ jusqu'à 45⁰

TABLE D'AUGMENTATION DES DEGRÉS
Table VI

	110	115	120	125	130	135	140	145	150	155
20	55.0	57.5	60.0	62.5	65.0	67.5	70.0	72.5	75.0	77.5
21	52.8	55.2	57.6	60.0	62.4	64.8	67.2	69.6	72.0	74.4
22	50.6	52.9	55.2	57.5	59.8	62.1	64.4	66.7	69.0	71.3
23	48.4	50.6	52.8	55.0	57.2	59.4	61.6	63.8	66.0	68.2
24	46.2	48.3	50.4	52.5	54.6	56.7	58.8	60.9	63.0	65.1
25	44.0	46.0	48.0	50.0	52.0	54.0	56.0	58.0	60.0	62.0
26	41.8	43.7	45.6	47.5	49.4	51.3	53.2	55.1	57.0	58.9
27	39.6	41.4	43.2	45.0	46.8	48.6	50.4	52.2	54.0	55.8
28	37.4	39.1	40.8	42.5	44.2	45.9	47.6	49.3	51.0	52.7
29	35.2	36.8	38.4	40.0	41.6	43.2	44.8	46.4	48.0	49.6
30	33.0	34.5	36.0	37.5	39.0	40.5	42.0	43.5	45.0	46.5
31	30.8	32.2	33.6	35.0	36.4	37.8	39.2	40.6	42.0	43.4
32	28.6	29.9	31.2	32.5	33.8	35.1	36.4	37.7	39.0	40.3
33	26.4	27.6	28.8	30.0	31.2	32.4	33.6	34.8	36.0	37.2
34	24.2	25.3	26.4	27.5	28.6	29.7	30.8	31.9	33.0	34.1
35	22.0	23.0	24.0	25.0	26.0	27.0	28.0	29.0	30.0	31.0
36	19.8	20.7	21.6	22.5	23.4	24.3	25.2	26.1	27.0	27.9
37	17.6	18.4	19.2	20.0	20.8	21.6	22.4	23.2	24.0	24.8
38	15.4	16.1	16.8	17.5	18.2	18.9	19.6	20.3	21.0	21.7
39	13.2	13.8	14.4	15.0	15.6	16.2	16.8	17.4	18.0	18.6
40	11.0	11.5	12.0	12.5	13.0	13.5	14.0	14.5	15.0	15.5
41	8.8	9.2	9.6	10.0	10.4	10.8	11.2	11.6	12.0	12.4
42	6.6	6.9	7.2	7.5	7.8	8.1	8.4	8.7	9.0	9.3
43	4.4	4.6	4.8	5.0	5.2	5.4	5.6	5.8	6.0	6.2
44	2.2	2.3	2.4	2.5	2.6	2.7	2.8	2.9	3.0	3.1
45	0.0	0.0	0.0	0.0	0.0	0.0	0.0	0.0	0.0	0.0

Depuis 20° jusqu'à 45°

TABLE D'AUGMENTATION DES DEGRÉS
Table VI

	160	165	170	175	180	185	190	195	200	205
20	80.0	82.5	85.0	87.5	90.0	92.5	95.0	97.5	100.0	102.5
21	76.8	79.2	81.6	84.0	86.4	88.8	91.2	93.6	96.0	98.4
22	73.6	75.9	78.2	80.5	82.8	85.1	87.4	89.7	92.0	94.3
23	70.4	72.6	74.8	77.0	79.2	81.4	83.6	85.8	88 0	90.2
24	67.2	69.3	71.4	74.5	75.6	77.7	79.8	81.9	84.0	86.1
25	64.0	66.0	68.0	71.0	72.0	74.0	76.0	78.0	80.0	82.0
26	60.8	62.7	64.6	66.5	68.4	70.3	72.2	74.1	76.0	77.9
27	57.6	59.4	61.2	63.0	64.8	66.6	68.4	70.2	72.0	73.8
28	54.4	56.1	57.8	59.5	61.2	62.9	64.6	66.3	68.0	69.7
29	51.2	52.8	54.4	56.0	57.6	59.2	60.8	62.4	64.0	65.6
30	48.0	49.5	51.0	52.5	54.0	55.5	57.0	58.5	60.0	61.5
31	44.8	46.2	47.6	49.0	50.4	51.8	53.2	54.6	56.0	57.4
32	41.6	42.9	44.2	45.5	46.8	48.1	49.4	50.7	52 0	53.3
33	38.4	39.6	40.8	42.0	43.2	44.4	45.6	46.8	48.0	49.2
34	35.2	36.3	37.4	38.5	39.6	40.7	41.8	42.9	44.0	45.1
35	32.0	33.0	34.0	35.0	36.0	37.0	38.0	39.0	40.0	41.0
36	28.8	29.7	30.6	31.5	32.4	33.3	34.2	35.1	36.0	36.9
37	25.6	26.4	27 2	28.0	28.8	29.6	30.4	31.2	32.0	32.8
38	22.4	23.1	23.8	24.5	25.2	25.9	26.6	27.3	28.0	28.7
39	19.2	19.8	20.4	21.0	21.6	22.2	22.8	23.4	24.0	24.6
40	16.0	16.5	17.0	17.5	18.0	18.5	19.0	19.5	20.0	20.5
41	12.8	13.2	13.6	14.0	14.4	14.8	15.2	15.6	16.0	16.4
42	9.6	9.9	10.2	10.5	10.8	11.1	11.4	11.7	12.0	12.3
43	6.4	6.6	6.8	7.0	7.2	7.4	7.6	7.8	8.0	8.2
44	3.2	3.3	3.4	3.5	3.6	3.7	3.8	3.9	4.0	4.1
45	0.0	0.0	0.0	0.0	0.0	0.0	0.0	0.0	0.0	0.0

Depuis 20° jusqu'à 45°

TABLE D'AUGMENTATION DES DEGRÉS
Table VI

	210	215	220	225	230	235	240	245	250
20	105.0	107.5	110.0	112.5	115.0	117.5	120.0	122.5	125.0
21	100.8	103.2	105.6	108.0	110.4	112.8	115.2	117.6	120.0
22	96.6	98.9	101.2	103.5	105.8	108.1	110.4	112.7	115.0
23	92.4	94.6	96.8	99.0	101.2	103.4	105.6	107.8	110.0
24	88.2	90.3	92.4	94.5	96.6	98.7	100.8	102.9	105.0
25	84.0	86.0	88.0	90.0	92.0	94.0	96.0	98.0	100.0
26	79.8	81.7	83.6	85.5	87.4	89.3	91.2	93.1	95.0
27	75.6	77.4	79.2	81.0	82.8	84.6	86.4	88.2	90.0
28	71.4	73.1	74.8	76.5	78.2	79.9	81.6	83.3	85.0
29	67.2	68.8	70.4	72.0	73.6	75.2	76.8	78.4	80.0
30	63.0	64.5	66.0	67.5	69.0	70.5	72.0	73.5	75.0
31	58.8	60.2	61.6	63.0	64.4	65.8	67.2	68.6	70.0
32	54.6	55.9	57.2	58.5	59.8	61.1	62.4	63.7	65.0
33	50.4	51.6	52.8	54.0	55.2	56.4	57.6	58.8	60.0
34	46.2	47.3	48.4	49.5	50.6	51.7	52.8	53.9	55.0
35	42.0	43.0	44.0	45.0	46.0	47.0	48.0	49.0	50.0
36	37.8	38.7	39.6	40.5	41.4	42.3	43.2	44.1	45.0
37	33.6	34.4	35.2	36.0	36.8	37.6	38.4	39.2	40.0
38	29.4	30.1	30.8	31.5	32.2	32.9	33.6	34.3	35.0
39	25.2	25.8	26.4	27.0	27.6	28.2	28.8	29.4	30.0
40	21.0	21.5	22.0	22.5	23.0	23.5	24.0	24.5	25.0
41	16.8	17.2	17.6	18.0	18.4	18.8	19.2	19.6	20.0
42	12.6	12.9	13.2	13.5	13.8	14.1	14.4	14.7	15.0
43	8.4	8.6	8.8	9.0	9.2	9.4	9.6	9.8	10.0
44	4.2	4.3	4.4	4.5	4.6	4.7	4.8	4.9	5.0
45	0.0	0.0	0.0	0.0	0.0	0.0	0.0	0.0	0.0

Depuis 20° jusqu'à 45°

TABLE D'AUGMENTATION DES DEGRÉS
Table VII

	10	15	20	25	30	35	40	45	50	55
20	5.3	7.9	10.6	13.2	15.9	18.5	21.2	23.8	26.5	29.1
21	5.1	7.6	10.2	12.7	15.3	17.8	20.4	22.9	25.5	28.0
22	4.9	7.3	9.8	12.2	14.6	17.1	19.5	22.0	24.5	26.9
23	4.7	7.0	9.4	11.7	14.0	16.4	18.7	21.1	23.5	25.8
24	4.5	6.7	8.9	11.2	13.4	15.7	17.9	20.2	22.5	24.6
25	4.3	6.4	8.5	10.7	12.8	15.0	17.1	19.2	21.4	23.5
26	4.1	6.1	8.1	10.2	12.2	14.2	16.3	18.3	20.4	22.4
27	3.8	5.8	7.7	9.7	11.6	13.5	15.5	17.4	19.4	21.3
28	3.6	5.5	7.3	9.2	11.0	12.8	14.7	16.5	18.4	20.2
29	3.4	5.2	6.9	8.6	10.4	12.1	13.8	15.6	17.4	19.0
30	3.2	4.9	6.5	8.1	9.7	11.4	13.0	14.7	16.3	17.9
31	3.0	4.6	6.1	7.6	9.1	10.7	12.2	13.7	15.3	16.8
32	2.8	4.3	5.7	7.1	8.5	10.0	11.4	12.8	14.3	15.7
33	2.6	4.0	5.3	6.6	7.9	9.3	10.6	11.9	13.3	14.6
34	2.4	3.6	4.9	6.1	7 3	8.6	9.8	11.0	12.2	13.4
35	2.2	3.3	4.5	5.6	6.7	7.8	9.0	10.1	11.2	12.3
36	2.0	3.0	4.1	5.1	6.1	7.1	8.1	9.2	10.2	11.2
37	1.8	2.7	3.6	4.6	5.5	6.4	7.3	8.2	9.2	10.1
38	1.6	2.4	3.2	4.1	4.5	5.7	6.5	7.3	8.2	8.9
39	1.4	2.1	2.8	3.5	4.2	5.0	5.7	6.4	7.1	7.8
40	1.2	1.8	2.4	3.0	3.6	4.3	4.9	5.5	6.1	6.7
41	1.0	1.5	2.0	2.5	3.0	3.5	4.1	4.6	5.1	5.6
42	0.8	1.2	1.6	2.0	2.4	2.8	3.2	3.6	4.1	4.5
43	0.6	0.9	1.2	1.5	1.8	2.1	2.4	2.7	3.0	3.3
44	0.4	0.6	0.8	1.0	1.2	1.4	1.6	1.8	2.0	2.2
45	0.2	0.3	0.4	0.5	0.6	0.7	0.8	0.9	1.0	1.1
46	0.0	0.0	0.0	0.0	0.0	0.0	0.0	0.0	0.0	0.0

Depuis 20° jusqu'à 46°

TABLE D'AUGMENTATION DES DEGRÉS
Table VII

	60	65	70	75	80	85	90	95	100	105
20	31.8	34.5	37.1	39.8	42.4	45.1	47.7	50.4	53.0	55.7
21	30.6	33.2	35.7	38.2	40.8	43.3	45.8	48.4	51.0	53.5
22	29.4	31.8	34.3	36.7	39.1	41.6	44.0	46.5	48.9	51.4
23	28.1	30.4	32.8	35.2	37.5	39.9	42.2	44.6	46.9	49.2
24	26.9	29.1	31.4	33.6	35.9	38.1	40.3	42.6	44.9	47.1
25	25.7	27.8	30.0	32.6	34.2	36.4	38.5	40.7	42.8	45.0
26	24.5	26.5	28.5	30.6	32.6	34.6	36.7	38.7	40.8	42.8
27	23.2	25.1	27.1	29.0	31.0	32.9	34.8	36.8	38.7	40.7
28	22.0	23.8	25.7	27.5	29.4	31.2	33.0	34.9	36.7	38.5
29	20.8	22.5	24.3	26.0	27.7	29.4	31.2	32.9	34.6	36.4
30	19.6	21.2	22.8	24.5	26.1	27.7	29.3	31.0	32.6	34.3
31	18.3	19.8	21.4	22.9	24.5	26.0	27.5	29.0	30.6	32.1
32	17.1	18.5	20.0	21.4	22.8	24.2	25.7	27.1	28.5	30.0
33	15.9	17.2	18.6	19.9	21.2	22.5	23.8	25.2	26.5	27.8
34	14.7	15.9	17.1	18.3	19.5	20.8	22.0	23.2	24.5	25.7
35	13.4	14.6	15.7	16.8	17.9	19.0	20.1	21.3	22.4	23.5
36	12.2	13.2	14.3	15.3	16.3	17.3	18.3	19.3	20.4	21.4
37	11.0	11.9	12.8	13.7	14.6	15.6	16.5	17.4	18.3	19.3
38	9.8	10.6	11.4	12.2	13.0	13.9	14.6	15.5	16.3	17.1
39	8.5	9.3	10.0	10.7	11.4	12.1	12.8	13.5	14.3	15.0
40	7.3	7.9	8.5	9.2	9.8	10.4	11.0	11.6	12.2	12.8
41	6.1	6.6	7.1	7.6	8.1	8.7	9.1	9.7	10.2	10.7
42	4.9	5.3	5.7	6.1	6.5	6.9	7.3	7.7	8.1	8.5
43	3.6	3.9	4.3	4.6	4.9	5.2	5.5	5.8	6.1	6.4
44	2.4	2.6	2.8	3.0	3.2	3.4	3.6	3.8	4.1	4.3
45	1.2	1.3	1.4	1.5	1.6	1.7	1.8	1.9	2.0	2.1
46	0.0	0.0	0.0	0.0	0.0	0.0	0.0	0.0	0.0	0.0

Depuis 20° jusqu'à 46°

TABLE D'AUGMENTATION DES DEGRÉS
Table VII

	110	115	120	125	130	135	140	145	150	155
20	58.3	61.0	63.6	66.3	68.9	71.6	74.2	76.9	79.6	82.2
21	56.1	58.6	61.2	63.7	66.3	68.8	71.4	73.9	76.5	79.0
22	53.8	56.3	58.7	61.2	63.6	66.1	68.5	70.9	73.4	75.9
23	51.6	53.9	56.3	58.6	61.0	63.3	65.7	68.0	70.4	72.7
24	49.3	51.6	54.8	56.1	58.3	60.6	62.8	65.0	67.3	69.6
25	47.1	49.2	51.4	53.5	55.7	57.8	60.0	62.1	64.3	66.4
26	44.9	46.9	48.9	51.0	53.0	55.1	57.1	59.1	61.2	63.2
27	42.6	44.5	46.5	48.4	50.4	52.3	54.2	56.2	58.1	60.1
28	40.4	42.2	44.1	45.9	47.7	49.5	51.4	53.2	55.1	56.9
29	38.1	39.9	41.6	43.3	45.0	46.8	48.5	50.3	52.0	53.7
30	35.9	37.5	39.2	40.8	42.4	44.0	45.6	47.3	48.9	50.6
31	33.7	35.2	36.7	38.2	39.7	41.3	42.7	44.3	45.9	47.4
32	31.4	32.8	34.3	35.7	37.1	38.5	39.9	41.4	42.8	44.3
33	29.2	30.5	31.8	33.1	34.4	35.8	37.0	38.4	39.8	41.1
34	26.9	28.1	29.4	30.6	31.8	33.0	34.3	35.5	36.7	37.9
35	24.7	25.8	26.9	28.0	29.1	30.3	31.4	32.5	33.6	34.8
36	22.4	23.4	24.5	25.5	26.5	27.5	28.5	29.6	30.6	31.6
37	20.2	21.1	22.0	22.9	23.8	24.8	25.7	26.6	27.5	28.4
38	17.9	18.7	19.6	20.4	21.2	22.0	22.8	23.6	24.5	25.3
39	15.7	16.4	17.1	17.8	18.5	19.3	20.0	20.7	21.4	22.1
40	13.4	14.1	14.7	15.3	15.9	16.5	17.1	17.7	18.3	18.9
41	11.2	11.7	12.2	12.7	13.2	13.7	14.3	14.8	15.3	15.8
42	8.9	9.4	9.8	10.2	10.6	11.0	11.4	11.8	12.2	12.6
43	6.7	7.0	7.3	7.6	7.9	8.2	8.5	8.8	9.1	9.4
44	4.5	4.7	4.8	5.1	5.3	5.5	5.7	5.9	6.1	6.3
45	2.2	2.3	2.4	2.5	2.6	2.7	2.8	2.9	3.0	3.1
46	0.0	0.0	0.0	0.0	0.0	0.0	0.0	0.0	0.0	0.0

Depuis 20° jusqu'à 46°

TABLE D'AUGMENTATION DES DEGRÉS
Table VII

	160	165	170	175	180	185	190	195	200	205
20	84.9	87.5	90.2	92.8	95.5	98.2	100.8	103.4	106.1	108.7
21	81.6	84.1	86.7	89.2	91.8	94.4	96.9	99.5	102.0	104.5
22	78.3	80.7	83.2	85.7	88.1	90.6	93.0	95.5	97.9	100.3
23	75.0	77.4	79.8	82.1	84.4	86.8	89.1	91.5	93.8	96.1
24	71.8	74.0	76.3	78.5	80.8	83.1	85.3	87.5	89.7	91.9
25	68.5	70.6	72.8	75.0	77.1	79.3	81.4	83.5	85.7	87.8
26	65.2	67.3	69.4	71.4	73.4	75.5	77.5	79.6	81.6	83.6
27	62.0	63.9	65.9	67.8	69.7	71.6	73.6	75.6	77.5	79.4
28	58.7	60.5	62.4	64.2	66.1	68.0	69.7	71.6	73.4	75.2
29	55.5	57.2	59.0	60.7	62.4	64.2	65.9	67.6	69.3	71.0
30	52.2	53.8	55.5	57.1	58.7	60.4	62.0	63.6	65.3	66.9
31	48.9	50.5	52.0	53.5	55.1	56.6	58.4	59.7	61.2	62.7
32	45.7	47.1	48.5	50.0	51.4	52.8	54.2	55.7	57.1	58.5
33	42.4	43.7	45.1	46.4	47.7	49.1	50.4	51.7	53.0	54.3
34	39.1	40.4	41.6	42.8	44.1	45.3	46.5	47.7	48.9	50.1
35	35.9	37.0	38.1	39.3	40.4	41.5	42.6	43.7	44.9	46.0
36	32.6	33.6	34.7	35.7	36.7	37.7	38.8	39.8	40.8	41.8
37	29.4	30.3	31.2	32.1	33.0	33.9	34.9	35.8	36.7	37.6
38	26.1	26.9	27.7	28.5	29.4	30.2	31.0	31.8	32.6	33.4
39	22.8	23.5	24.3	25.0	25.7	26.4	27.1	27.8	28.5	29.2
40	19.6	20.2	20.8	21.4	22.0	22.6	23.2	23.8	24.5	25.1
41	16.3	16.8	17.3	17.8	18.3	18.9	19.4	19.9	20.4	20.5
42	13.0	13.4	13.8	14.3	14.7	15.1	15.5	15.9	16.3	16.7
43	9.8	10.1	10.4	10.7	11.0	11.3	11.6	11.9	12.2	12.5
44	6.5	6.7	7.9	7.1	7.3	7.5	7.7	7.9	8.1	8.3
45	3.2	3.3	3.4	3.5	3.6	3.7	3.8	3.9	4.1	4.2
46	0.0	0.0	0.0	0.0	0.0	0.0	0.0	0.0	0.0	0.0

Depuis 20° jusqu'à 46°

TABLE D'AUGMENTATION DES DEGRÉS
Table VII

	210	215	220	225	230	235	240	245	250
20	111.4	114.0	116.7	119.3	122.0	124.7	127.3	130.0	132.6
21	107.1	109.6	112.2	114.7	117.3	119.9	122.4	125.0	127.5
22	102.8	105.2	107.7	110.2	112.6	115.1	117.5	120.0	122.4
23	98.5	100.9	103.2	105.6	107.9	110.3	112.6	115.0	117.3
24	94.2	96.5	98.7	101.0	103.2	105.5	107.7	110.0	112.2
25	90.0	92.1	94.3	96.4	98.5	100.7	102.8	105.0	107.0
26	85.7	87.7	89.8	91.8	93.8	95.9	97.9	100.0	102.0
27	81.4	83.3	85.3	87.2	89.1	91.1	93.0	95.0	96.9
28	77.1	78.9	80.8	82.6	84.5	86.3	88.1	90.0	91.8
29	72.8	74.5	76.3	78.0	79.8	81.5	83.2	85.0	86.7
30	68.5	70.2	71.8	73.4	75.1	76.7	78.3	80.0	81.6
31	64.2	65.8	67.3	68.8	70.4	71.9	73.4	75.0	76.5
32	60.0	61.4	62.8	64.2	65.7	67.1	68.5	70.0	71.4
33	55.7	57.0	58.3	59.7	61.0	62.3	63.6	65.0	66.3
34	51.4	52.6	53.8	55.1	56.3	57.5	58.7	60.0	61.2
35	47.1	48.2	49.4	50.5	51.6	52.7	53.8	55.0	56.1
36	42.8	43.8	44.9	45.9	46.9	47.9	48.9	50.0	51.0
37	38.5	39.5	40.4	41.3	42.2	43.1	44.0	45.0	45.9
38	34.2	35.1	35.9	36.7	37.5	38.3	39.1	40.0	40.8
39	30.0	30.7	31.4	32.1	32.8	33.5	34.2	35.0	35.7
40	25.7	26.3	26.9	27.5	28.1	28.5	29.3	30.0	30.6
41	21.4	21.9	22.4	22.9	23.4	24.0	24.4	25.0	25.5
42	17.1	17.5	17.9	18.3	18.7	19.1	19.5	20.0	20.4
43	12.8	13.1	13.4	13.7	14.0	14.4	14.6	15.0	15.3
44	8.5	8.7	8.9	9.2	9.4	9.6	9.8	10.0	10.2
45	4.3	4.4	4.5	4.6	4.7	4.8	4.9	5.0	5.1
46	0.0	0.0	0.0	0.0	0.0	0.0	0.0	0.0	0.0

Depuis 20° jusqu'à 46°

TABLE D'AUGMENTATION DES DEGRÉS
Table VIII

	10	15	20	25	30	35	40	45	50	55
20	5.6	8.4	11.2	14.0	16.8	19.7	22.5	25.3	28.1	30.9
21	5.4	8.1	10.8	13.5	16.1	18.9	21.6	24.3	27.0	29.7
22	5.2	7.8	10.4	13.0	15.6	18.2	20.8	23.4	26.0	28.6
23	5.0	7.5	10.0	12.5	15.0	17.5	20.0	22.5	25.0	27.4
24	4.8	7.1	9.5	11.9	14.3	16.7	19.2	21.5	23.9	26.3
25	4.5	6.8	9.1	11.4	13.7	16.0	18.3	20.6	22.9	25.1
26	4.3	6.5	8.7	10.9	13.1	15.3	17.5	19.6	21.8	24.0
27	4.1	6.2	8.3	10.4	12.5	14.6	16.7	18.7	20.8	22.9
28	3.9	5.9	7.9	9.9	11.8	13.8	15.8	17.8	19.8	21.7
29	3.7	5.6	7.5	9.3	11.2	13.1	15.0	16.8	18.7	20.6
30	3.5	5 3	7.0	8.8	10.6	12.4	14.2	15.9	17.7	19.4
31	3.3	5.0	6.6	8.3	10.0	11.6	13.3	14.9	16.6	18.3
32	3.1	4.7	6.2	7.8	9.3	10.9	12.5	14.0	15.6	17.1
33	2.9	4.3	5.8	7.3	8.7	10.2	11.6	13.1	14.5	16.0
34	2.7	4.0	5.4	6.7	8.1	9.5	10.8	12.2	13.5	14.8
35	2.5	3.7	5.0	6.2	7.5	8.7	10.0	11.2	12.5	13.7
36	2.3	3.4	4.5	5.7	6.8	8.0	9.1	10.3	11.4	12.5
37	2.1	3.1	4.1	5.2	6.2	7.3	8.3	9.3	10.4	11.4
38	1.8	2.8	3.7	4.7	5.6	6.5	7.5	8.4	9.3	10.2
39	1.6	2.5	3.3	4.1	5.0	5.8	6.6	7.5	8.3	9.1
40	1.4	2.2	2.9	3.6	4.3	5.1	5.8	6.5	7.3	8.0
41	1.2	1.8	2.5	3.1	3.7	4.3	5.0	5.6	6.2	6.8
42	1.0	1.5	2.1	2.6	3.1	3.6	4.1	4.7	5.2	5.7
43	0.8	1.2	1.6	2.0	2.5	2.9	3.3	3.7	4.1	4.5
44	0.6	0.9	1.2	1.5	1.8	2.1	2.5	2.8	3.1	3.4
45	0.4	0.6	0.8	1.0	1.2	1.4	1.6	1.8	2.1	2.3
46	0.2	0.3	0.4	0.5	0.6	0.7	0.8	0.9	1.0	1.1
47	0.0	0.0	0.0	0.0	0.0	0.0	0.0	0.0	0.0	0.0

Depuis 20⁰ jusqu'à 47⁰

TABLE D'AUGMENTATION DES DEGRÉS
Table VIII

	60	65	70	75	80	85	90	95	100	105
20	33.7	36.5	39.3	42.2	45.0	47.8	50.6	53.4	55.2	59.0
21	32.5	35.2	37.8	40.6	43.3	46.0	48.7	51.4	54.1	56 8
22	31.2	33.8	36.3	39.0	41.6	44.2	46.8	49.5	52.0	54.6
23	30.0	32.5	34.8	37.5	40.0	42.5	45.0	47.5	49.9	52.4
24	28.7	31.1	33.4	35.9	38.3	40 7	43.1	45.5	47.8	50.3
25	27.5	29.7	31.9	34.4	36.6	38.9	41.2	43.5	45.8	48.1
26	26.2	28.4	30.4	32.8	35.0	37.1	39.3	41.5	43.7	45.9
27	25.0	27.0	29.0	31.2	33.3	35.4	37.5	39.6	41.6	43.7
28	23.7	25.7	28.6	29.7	31.6	33.6	35.6	37.6	39.5	41.5
29	22.5	24.7	27.2	28.1	30.0	31.8	33.7	35.6	37.4	39.3
30	21.2	23.0	25.7	26.5	28.3	30.1	31.8	33.6	35.4	37.1
31	20.0	21.6	24.3	25.0	26.6	28.3	30.0	31.6	33.3	35.0
32	18.7	20.3	22.8	23.4	25 0	26.5	28.1	29.7	31.2	32.8
33	17.5	18.9	21.4	21.8	23.3	24.8	26.2	27.7	29.1	30.6
34	16.2	17.6	20.0	20.3	21.6	23.0	24.3	25.7	27.0	28.4
35	15.0	16.2	17.5	18.7	20.0	21.2	22.5	23.7	25.0	26.2
36	13.7	14.9	16.0	17.1	18.3	19.4	20.6	21.7	22.9	24.0
37	12.5	13.5	14.5	15.6	16.6	17.7	18.7	19.8	20.8	21.8
38	11.2	12.1	13.1	14.0	15.0	15.9	16.8	17.8	18.7	19.6
39	10.0	10.8	11.6	12.5	13.3	14.1	15.0	15.8	16.6	17.5
40	8.7	9.4	10.2	10.9	11.6	12.4	13.1	13.8	14.5	15.3
41	7.5	8.1	8.7	9.3	10.0	10.6	11.2	11.8	12.5	13.1
42	6.2	6.7	7.3	7.8	8.3	8.8	9.3	9.9	10.4	10.9
43	5.0	5.4	5.8	6.2	6.6	7.1	7.5	7.9	8.3	8.7
44	3.7	4.0	4.3	4.7	5.0	5.3	5.6	5.9	6.2	6.5
45	2.5	2.7	2.9	3.1	3.3	3.5	3.7	3.9	4.1	4.3
46	1.2	1.3	1.4	1.5	1.6	1.7	1.8	1.9	2.1	2.2
47	0.0	0.0	0.0	0.0	0.0	0.0	0.0	0.0	0.0	0.0

Depuis 20° jusqu'à 47°

TABLE D'AUGMENTATION DES DEGRÉS
Table VIII

	110	115	120	125	130	135	140	145	150	155
20	61.8	64.6	67.5	70.3	73.1	75.9	78.7	81.5	84.3	87.2
21	59.5	62.2	65.0	67.7	70.4	73.1	75.8	78.5	81.2	83.4
22	57.2	59.8	62.5	65.1	67.7	70.3	72.9	75.5	78.1	80.7
23	54.9	57.5	60.0	62.5	65.0	67.5	70.0	72.5	75.0	77.5
24	52.6	55.1	57.5	59.9	62.3	64.6	67.0	69.4	71.8	74.2
25	50.4	52.7	55.0	57.3	59.6	61.8	64.1	66.4	68.7	71.0
26	48.1	50.3	52.5	54.7	56.9	59.0	61.2	63.4	65.6	67.8
27	45.8	47.9	50.0	52.1	54.1	56.2	58.3	60.4	62.5	64.6
28	43.5	45.5	47.5	49.5	51.4	53.4	54.4	57.4	59.3	61.3
29	41.2	43.1	45.0	46.8	48.7	50.6	52.4	54.3	56.2	58.1
30	38.9	40.7	42 5	44.2	46.0	47.8	49.5	51.3	53.1	54.9
31	36.6	38.3	40.0	41.6	43.3	45.0	46.6	48.3	50.0	51.6
32	34.3	35.9	37.5	39.6	40.6	42.2	43.7	45.3	46.8	48.4
33	32.0	33.5	35.0	36.4	37.9	39.3	40.8	42.3	43.7	45.2
34	29.7	31.1	32.5	33.8	35.2	36.5	37.9	39.2	40.6	42.0
35	27.5	28.7	30.0	31.2	32.5	33.7	35.0	36.2	37.5	38.7
36	25.2	26.3	27.5	28.6	29.8	30.9	32.1	33.2	34.3	35.5
37	22.9	23.9	25.0	26.0	27.0	28.1	29.1	30.2	31.2	32.3
38	20.6	21.5	22.5	23.4	24.3	25.3	26.2	27.2	28.1	29.0
39	18.3	19.1	20.0	20.8	21.6	22.5	23.3	24.1	25.0	25.8
40	16.0	16.7	17.5	18.2	18.9	19.6	20.4	21.1	21.8	22.6
41	13.7	14.3	15.0	15.6	16.2	16.8	17.5	18.1	18.7	19.3
42	11.4	12.0	12.5	13.0	13.5	14.0	14.6	15.1	15.6	16.1
43	9.4	9.6	10.0	10.'	10.8	11.2	11.6	12.1	12.5	12.9
44	6.8	7.2	7.5	7.8	8.1	8.4	8.7	9.0	9.3	9.7
45	4.6	4.8	5.0	5.2	5.4	5.6	5.8	6.0	6.2	6.4
46	2.3	2.4	2.5	2.6	2.7	2.8	2.9	3.0	3.1	3.2
47	0.0	0.0	0.0	0.0	0.0	0.0	0.0	0.0	0.0	0.0

Depuis 20° jusqu'à 47°

TABLE D'AUGMENTATION DES DEGRÉS
Table VIII

	160	165	170	175	180	185	190	195	200	205
20	90.0	92.8	95.6	98.4	101.2	104.0	106.8	109.6	112.5	115.3
21	86.6	89.3	92.0	94.7	97.4	100.2	102.9	105.6	108.3	111.0
22	83.3	85.9	88.5	91.1	93.7	96.3	98.9	101.5	104.1	106.7
23	80.0	82.4	85.0	87.5	89.9	92.5	95.0	97.4	100.0	103.5
24	76.6	79.0	81.4	83.8	86.2	88.6	91.0	93.4	95.8	98.2
25	73.3	75.6	77.9	80.2	82.4	84.8	87.0	89.3	91.6	93.9
26	70.0	72.1	74.3	76.5	78.7	80.9	83.1	85.3	87.5	89.6
27	66.6	68.7	70.8	72.9	74.9	77.1	79.1	81.2	83.3	85.4
28	63.3	65.2	67.2	69.2	71.2	73.2	75.2	77.1	79.1	81.1
29	60.0	61.8	63.7	65.6	67.4	69.4	71.2	73.1	74.9	76.8
30	56.6	58.4	60.2	61.9	63.7	65.5	67.2	69.0	70.8	72.6
31	53.3	54.9	56.6	58.3	60.0	61.6	63.3	64.9	66.6	68.3
32	50.0	51.5	53.1	54.6	56.2	57.8	59.3	60.9	62.5	64.0
33	46.6	48.1	49.5	51.0	52.5	53.9	55.4	56.8	58.3	59.8
34	43.3	44.6	46.0	47.4	48.7	50.1	51.4	52.8	54.1	55.5
35	40.0	41.2	42.5	43.7	45.0	46.2	47.5	48.7	50.0	51.2
36	36.6	37.8	38.9	40.1	41.2	42.4	43.5	44.6	45.8	46.9
37	33.3	34.3	35.4	36.4	37.5	38.5	39.6	40.6	41.6	42.7
38	30.0	30.9	31.8	32.8	33.7	34.7	35.6	36.5	37.5	38.4
39	26.6	27.5	28.3	29.1	30.0	30.8	31.6	32.5	33.3	34.1
40	23.3	24.0	24.8	25.5	26.2	27.0	27.7	28.4	29.1	29.9
41	20.0	20.6	21.2	21.8	22.5	23.1	23.7	24.3	25.0	25.6
42	16.6	17.2	17.7	18.2	18.7	19.2	19.8	20.3	20.8	21.3
43	13.3	13.7	14.1	14.6	15.0	15.4	15.8	16.2	16.6	17.1
44	10.0	10.3	10.6	10.9	11.2	11.5	11.8	12.2	12.5	12.8
45	6.6	6.8	7.1	7.3	7.5	7.7	7.9	8.1	8.3	8.5
46	3.3	3.4	3.5	3.6	3.7	3.8	3.9	4.0	4.1	4.2
47	0.0	0.0	0.0	0.0	0.0	0.0	0.0	0.0	0.0	0.0

Depuis 20° jusqu'à 47°

TABLE D'AUGMENTATION DES DEGRÉS
Table VIII

	210	215	220	225	230	235	240	245	250
20	118.1	120.9	123.7	126.5	129.3	132.1	135.0	137.8	140.6
21	113.7	116.4	119.1	121.8	124.5	127.2	130.0	132.7	135.4
22	109.3	111.9	114.5	117.1	119.7	122.3	125.0	127.6	130.2
23	105.0	107.5	110.0	112.4	115.0	117.4	120.0	122.5	125.0
24	100.6	103.0	105.4	107.7	110.2	112.5	115.0	117.4	119.8
25	96.2	98.5	100.8	103.1	105.4	107.7	110.0	112.2	114.6
26	91.8	94.0	96.2	98.4	100.6	102.8	105.0	107.2	109.4
27	87.5	89.6	91.6	93.7	95.8	97.9	100.0	102.0	104.2
28	83.1	85.1	87.0	89.0	91.0	93.0	95.0	96.9	98.9
29	78.7	80.6	82.5	84.3	86.2	88.1	90.0	91.8	93.7
30	74.3	76.1	77.9	79.6	81.4	83.2	85.0	86.7	88.5
31	70.0	71.6	73.3	75.0	76.6	78.3	80.0	81.6	83.3
32	65.6	67.2	68.7	70.3	71.8	73.4	75.0	76.5	78.1
33	61.2	62.7	64.1	65.6	67.0	68.5	70.0	71.4	72.9
34	56.8	58.2	59.6	60.9	62.3	63.6	65.0	66.3	67.7
35	52.5	53.7	55.0	56.2	57.5	58.7	60.0	61.2	62.5
36	48.1	49.2	50.4	51.5	52.7	53.8	55.0	56.1	57.3
37	43.7	44.8	45.8	46.8	47.9	48.9	50.0	51.0	52.1
38	39.3	40.3	41.2	42.1	43.1	44.0	45.0	45.9	46.9
39	35.0	35.8	36.6	37.5	38.3	39.1	40.0	40.8	41.6
40	30.6	31.3	32.0	32.8	33.5	34.2	35.0	35.7	36.4
41	26.2	26.8	27.5	28.1	28.4	29.4	30.0	30.6	31.2
42	21.8	22.4	22.9	23.4	23.9	24.5	25.0	25.5	26.0
43	17.5	17.9	18.3	18.7	19.1	19.6	20.0	20.4	20.8
44	13.1	13.4	13.7	14.0	14.3	14.7	15.0	15.3	15.6
45	8.7	8.9	9.1	9.3	9.6	9.8	10.0	10.2	10.4
46	4.3	4.4	4.5	4.6	4.8	4.9	5.0	5.1	5.2
47	0.0	0.0	0.0	0.0	0.0	0.0	0.0	0.0	0.0

Depuis 20° jusqu'à 47°

TABLE D'AUGMENTATION DES DEGRÉS
Table IX

	10	15	20	25	30	35	40	45	50	55
20	5.9	8.9	11.9	14.9	17.9	20.8	23.8	26.7	29.7	32.7
21	5.7	8.6	11.5	14.3	17.2	20.1	22.9	25.8	28.7	31.6
22	5.5	8.3	11.0	13.8	16.6	19.3	22.1	24.8	27.6	30.4
23	5.3	8.0	10.6	13.3	15.9	18.6	21.2	23.9	26.5	29.2
24	5.1	7.6	10.2	12.7	15.3	17.8	20.4	22.9	25.5	28.1
25	4.9	7.3	9.8	12.2	14.7	17.1	19.5	22.0	24.4	26.9
26	4.6	7.0	9.3	11.7	14.0	16.3	18.7	21.0	23.4	25.7
27	4.4	6.7	8.9	11.1	13.4	15.6	17.8	20.1	22.3	24.5
28	4.2	6.4	8.5	10.6	12.7	14.9	17.0	19.1	21.2	23.4
29	4.0	6.0	8.1	10.1	12.1	14.1	16.1	18.1	20.1	22.2
30	3.8	5.7	7.6	9.5	11.5	13.4	15.3	17.2	19.1	21.0
31	3.6	5.4	7.2	9.0	10.8	12.6	14.4	16.2	18.0	19.9
32	3.4	5.1	6.8	8.5	10.2	11.9	13.6	15.3	16.9	18.7
33	3.1	4.8	6.4	7.9	9.6	11.1	12.7	14.3	15.9	17.5
34	2.9	4.4	5.9	7.4	8.9	10.4	11.9	13.4	14.8	16.4
35	2.7	4.1	5.5	6.9	8.3	9.6	11.0	12.4	13.8	15.2
36	2.5	3.8	5.1	6.4	7.6	8.9	10.2	11.5	12.7	14.0
37	2.3	3.5	4.7	5.8	7.0	8.2	9.3	10.5	11.6	12.8
38	2.1	3.2	4.2	5.3	6.4	7.4	8.5	9.5	10.6	11.7
39	1.9	2.8	3.8	4.8	5.7	6.7	7.6	8.6	9.5	10.5
40	1.7	2.5	3.4	4.2	5.1	5.9	6.8	7.6	8.5	9.3
41	1.5	2.2	3.0	3.7	4.4	5.2	5.9	6.7	7.4	8.2
42	1.2	1.9	2.5	3.2	3.8	4.4	5.1	5.7	6.3	7.0
43	1.0	1.6	2.1	2.6	3.2	3.7	4.2	4.8	5.3	5.8
44	0.8	1.2	1.7	2.1	2.5	2.9	3.4	3.8	4.2	4.7
45	0.6	0.9	1.2	1.6	1.9	2.2	2.5	2.8	3.2	3.5
46	0.4	0.6	0.8	1.0	1.2	1.5	1.7	1.9	2.1	2.3
47	0.2	0.3	0.4	0.5	0.6	0.7	0.8	0.9	1.0	1.1
48	0.0	0.0	0.0	0.0	0.0	0.0	0.0	0.0	0.0	0.0

Depuis 20° jusqu'à 48°

TABLE D'AUGMENTATION DES DEGRÉS
Table IX

	60	65	70	75	80	85	90	95	100	105
20	35.7	38.7	41.7	44.6	47.6	50.6	53.6	56.6	59.6	62.5
21	34.4	37.3	40.2	43.1	45.9	48.8	51.7	54.5	57.4	60.3
22	33.2	35.9	38.7	41.5	44.2	47.0	49.8	52.5	55.3	58.0
23	31.9	34.5	37.2	39.9	42.5	45.2	47.9	50.5	53.2	55.8
24	30.6	33.2	35.7	38.3	40.8	43.4	45.9	48.5	51.1	53.6
25	29.3	31.8	34.2	36.7	39.1	41.6	44.0	46.4	48.9	51.3
26	28.1	30.4	32.7	35.1	37.4	39.8	42.1	44.4	46.8	49.1
27	26.8	29.0	31.2	33.5	35.7	38.0	40.2	42.4	44.7	46.9
28	25.5	27.6	29.8	31.9	34.0	36.2	38.3	40.4	42.5	44.6
29	24.2	26.2	28.3	30.3	32.3	34.3	36.4	38.4	40.4	42.4
30	22.9	24.9	26.8	28.7	30.6	32.5	34.4	36.3	38.3	40.2
31	21.7	23.5	25.3	27.1	28.9	30.7	32.5	34.3	36.2	37.9
32	20.4	22.1	23.8	25.5	27.2	28.9	30.6	32.3	34.0	35.7
33	19.1	20.7	22.3	23.9	25.5	27.1	28.7	30.3	31.9	33.5
34	17.8	19.3	20.8	22.3	23.8	25.3	26.8	28.3	29.8	31.2
35	16.6	17.9	19.3	20.7	22.1	23.5	24.9	26.2	27.6	29.0
36	15.3	16.6	17.8	19.1	20.4	21.7	23.0	24.2	25.5	26.8
37	14.0	15.2	16.4	17.5	18.7	19.9	21.0	22.2	23.4	24.5
38	12.7	13.8	14.9	15.9	17.0	18.1	19.1	20.2	21.3	22.3
39	11.5	12.4	13.4	14.3	15.3	16.3	17.2	18.2	19.1	20.1
40	10.2	11.0	11.9	12.7	13.6	14.4	15.3	16.1	17.0	17.8
41	8.9	9.6	10.4	11.1	11.9	12.6	13.4	14.1	14.9	15.6
42	7.6	8.3	8.9	9.5	10.2	10.8	11.5	12.1	12.7	13.4
43	6.4	6.9	7.4	8.0	8.5	9.0	9.6	10.1	10.6	11.1
44	5.1	5.5	5.9	6.4	6.8	7.2	7.6	8.1	8.5	8.9
45	3.8	4.1	4.4	4.8	5.1	5.4	5.7	6.0	6.4	6.7
46	2.5	2.7	2.9	3.2	3.4	3.6	3.8	4.0	4.2	4.4
47	1.2	1.4	1.5	1.6	1.7	1.8	1.9	2.0	2.1	2.2
48	0.0	0.0	0.0	0.0	0.0	0.0	0.0	0.0	0.0	0.0

Depuis 20º jusqu'à 48º

TABLE D'AUGMENTATION DES DEGRÉS
Table IX

	110	115	120	125	130	135	140	145	150	155
20	65.5	68.5	71.4	74.4	77.4	80.4	83.4	86.4	89.3	92.3
21	63.2	66.0	68.9	71.8	74.6	77.5	80.4	83.3	86.1	89.0
22	60.8	63.6	66.3	69.1	71.9	74.6	77.4	80.2	82.9	85.7
23	58.5	61.1	63.8	66.5	69.1	71.8	74.4	77.1	79.7	82.4
24	56.1	58.7	61.2	63.8	66.3	68.9	71.5	74 0	76.6	79.1
25	53.8	56.2	58.7	61.1	63.6	66.0	68.5	70.9	73.4	75.8
26	51.5	53.8	56.1	58.5	60.8	63.2	65.5	67.8	70.2	72.5
27	49.1	51.3	53.6	55.8	58.0	60.3	62.5	64.8	67.0	69.2
28	46.8	48.9	51.0	53.2	55.3	57.4	59.5	61.7	63.8	65.9
29	44.4	46.4	48.5	50.5	52.5	54.5	56.6	58.6	60.6	62.6
30	42.1	44.0	45.9	47.8	49.7	51.7	53.6	55.5	57.4	59.3
31	39.8	41.6	43.4	45.2	47.0	48.8	50.6	52.4	54.2	56.0
32	37.4	39.1	40.8	42.5	44.2	45.9	47.6	49.3	51.0	52.7
33	35.1	36.7	38.3	39.9	41.4	43.1	44.6	46.2	47.8	49.4
34	32.7	34.2	35.7	37.2	38.7	40.2	41.7	43.2	44.6	46.1
35	30.4	31.8	33.2	34.5	35.9	37.3	38.7	40.1	41.5	42.8
36	28.1	29.3	30.6	31.9	33.1	34.4	35.7	37.0	38.3	39.5
37	25.7	26.9	28.1	29.2	30.4	31.6	32.7	33.9	35.1	36.2
38	22.4	24.4	25.5	26.6	27.6	28.7	29.7	30.8	31.9	32.9
39	21.0	22.0	23.0	23.9	24.9	25.8	26.8	27.7	28.7	29.6
40	18.7	19.5	20.4	21.2	22.1	23.0	23.8	24.7	25.5	26.4
41	16.4	17.1	17.8	18.6	19.3	20.1	20.8	21.6	22.3	23.1
42	14.0	14.7	15.3	15.9	16.6	17.2	17.8	18.5	19.1	19.8
43	11.7	12.2	12.7	13.3	13.8	14.3	14.9	15.4	15.9	16.5
44	9.3	9.8	10.2	10.6	11.0	11.5	11.9	12.3	12.7	13.2
45	7.0	7.3	7.6	7.9	8.3	8.6	8.9	9.2	9.5	9.9
46	4.5	4.9	5.1	5.3	5.5	5.7	5.9	6.1	6.4	6.5
47	2.3	2.4	2.5	2.6	2.7	2.8	2.9	3.1	3.2	3.3
48	0.0	0.0	0.0	0.0	0.0	0.0	0.0	0.0	0.0	0.0

Depuis 20o jusqu'à 48o

TABLE D'AUGMENTATION DES DEGRÈS
Table IX

	160	165	170	175	180	185	190	195	200	205
20	95.3	98.3	101.2	104.2	107.2	110.2	113.2	116.2	119 1	122.1
21	91.9	94.7	97.6	100.5	103 4	106.2	109.1	112.0	114.9	117.7
22	88.5	91.2	94.0	96.8	99.5	102.3	105.1	107.9	110.6	113.4
23	85.1	87.7	90.4	93.0	95.7	98.4	101.0	103.7	106.4	109.0
24	81.6	84.2	86.8	89.3	91.9	94.4	97.0	99.6	102.1	104.6
25	78.3	80.7	83.2	85.6	88.1	90.5	92.9	95.4	97.8	100.3
26	74.9	77.2	79.5	81.9	84.2	86.6	88.9	91.3	93.6	95.9
27	71.4	73.7	75.9	78.2	80.4	82 6	84.9	87.1	89.3	91.6
28	68.0	70.2	72.3	74.4	76.6	78.7	80.8	83.0	85.1	87.2
29	64.6	66.7	68.7	70.7	72.7	74.8	76.8	78.8	80.8	82.8
30	61.2	63.2	5.1	67.0	68.9	70.8	72.7	74.7	76.6	78.5
31	57.8	59.6	61.5	63.3	65.1	66.9	68.7	70.5	72.0	74.1
32	54.4	56.1	57.8	59.5	61.2	62.9	64.6	66.4	68.1	69.8
33	51.0	52.6	54.2	55.8	57.4	59.0	60.6	62.2	63.8	65.4
34	47.6	49.1	50.6	52.1	53.6	55.1	56.6	58.1	59.5	61.0
35	44.2	45.6	47.0	48.4	49.8	51.1	52.5	53.9	55.3	56.7
36	40.8	42.1	43.4	44.7	45.9	47.2	48 5	49.8	51.0	52.3
37	37.4	38.6	39.8	40.9	42.1	43.3	44.4	45.6	46.8	47.9
38	34.0	35.1	36.1	37.2	38.3	39.3	40.4	41.5	42.5	43.6
39	30.6	31.6	32.5	33.5	34.4	35.4	36.3	37.3	38.3	39.2
40	27.2	28.1	28.9	29.8	30.6	31.5	32.3	33.2	34.0	34.9
41	23.8	24.5	25.3	26.0	26.8	27.5	28.3	29.0	29.8	30.5
42	20.4	21.0	21.7	22.3	22.9	23.6	24.2	24.9	25.5	26.1
43	17.0	17.5	18.1	18.6	19.1	19.7	20.2	20.7	21.3	21.8
44	13.6	14.0	14.4	14 9	15.3	15.7	16.1	16.6	17.0	17.4
45	10.2	10.5	10.8	11.1	11.5	11.8	12.1	12.4	12.7	13.1
46	6.8	7.0	7.2	7.4	7.6	7.8	8.1	8.3	8.5	8.7
47	3.4	3.5	3.6	3.7	3.8	3.9	4.0	4.1	4.2	4.3
48	0.0	0.0	0.0	0.0	0.0	0.0	0.0	0.0	0.0	0.0

Depuis 20° jusqu'à 48°

TABLE D'AUGMENTATION DES DEGRÉS
Table IX

	210	215	220	225	230	235	240	245	250
20	125.1	128.1	131.0	134.0	137.0	140.0	142.9	145.9	148.9
21	120.6	123.5	126.3	129.2	132.1	135.0	137.8	140.7	143.6
22	116.2	118.9	121.7	124.4	127.2	130.0	132.7	135.5	138.3
23	111.7	114.3	117.0	119.6	122.3	125.0	127.6	130.3	133.0
24	107.2	109.7	112.3	114.9	117.4	120.0	122.5	125.1	127.6
25	102.7	105.7	107.6	110.1	112.5	115.0	117.4	119.9	122.3
26	98.3	100.6	102.9	105.3	107.6	110.0	112.3	114.7	117.0
27	93.8	96.0	98.3	100.5	102.7	105.0	107.2	109.4	111.7
28	89.4	91.4	93.6	95.7	97.8	100.0	102.1	104.2	106.4
29	84.9	86.9	88.9	90.9	92.9	95.0	97.0	99.0	101.1
30	80.4	82.3	84.2	86.1	88.0	90.0	91.9	93.8	95.7
31	75.9	77.7	79.5	81.3	83.2	85.0	86.8	88.6	90.4
32	71.5	73.1	74.9	76.6	78.3	80.0	81.7	83.4	85.1
33	67.0	68.6	70.2	71.8	73.4	75.0	76.6	78.2	79.8
34	62.5	64.0	65.5	67.0	68.5	70.0	71.5	73.0	74.5
35	58.1	59.4	60.8	62.2	63.6	65.0	66.3	67.8	69.1
36	53.6	54.9	56.1	57.4	58.7	60.0	61.2	62.5	63.8
37	49.1	50.3	51.5	52.6	53.8	55.0	56.1	57.3	58.5
38	44.7	45.7	46.8	47.8	48.9	50.0	51.0	52.1	53.2
39	40.2	41.1	42.1	43.0	44.0	45.0	45.9	46.9	47.9
40	35.7	36.6	37.4	38.3	39.1	40.0	40.8	41.7	42.5
41	31.2	32.0	32.7	33.5	34.2	35.0	35.7	36.5	37.2
42	26.8	27.4	28.1	28.7	29.3	30.0	30.6	31.3	31.9
43	22.3	22.8	23.4	23.9	24.4	25.0	25.5	26.0	26.6
44	17.8	18.3	18.7	19.0	19.5	20.0	20.4	20.8	21.3
45	13.4	13.7	14.0	14.3	14.6	15.0	15.3	15.6	15.9
46	8.9	9.1	9.3	9.5	9.8	10.0	10.2	10.4	10.6
47	4.4	4.5	4.6	4.8	4.9	5.0	5.1	5.2	5.3
48	0.0	0.0	0.0	0.0	0.0	0.0	0.0	0.0	0.0

Depuis 20° jusqu'à 48°

TABLE D'AUGMENTATION DES DEGRÉS
Table X

	10	15	20	25	30	35	40	45	50	55
20	6.3	9.4	12.6	15.7	18.9	22.0	25.2	28.4	31.5	34.6
21	6.1	9.1	12.1	15.2	18.2	21.3	24.3	27.4	30.4	33.4
22	5.8	8.8	11.7	14.6	17.6	20.5	23.4	26.4	29.3	32.2
23	5.6	8.4	11.3	14.1	16.9	19.7	22.6	25.4	28.3	31.1
24	5.4	8.1	10.8	13.5	16.3	19.0	21.7	24.4	27.2	29.9
25	5.2	7.8	10.4	13.0	15.6	18.2	20.8	23.5	26.1	28.7
26	5.0	7.5	10.0	12.5	15.0	17.5	20.0	22.5	25.0	27.5
27	4.7	7.1	9.5	11.9	14.3	16.7	19.1	21.5	23.9	26.3
28	4.5	6.8	9.1	11.4	13.6	15.9	18.2	20.5	22.8	25.1
29	4.3	6.5	8.7	10.8	13.0	15.2	17.4	19.5	21.7	23.9
30	4.1	6.2	8.2	10.3	12.3	14.4	16.5	18.6	20.6	22.7
31	3.9	5.8	7.8	9.7	11.7	13.7	15.6	17.6	19.6	21.5
32	3.7	5.5	7.4	9.2	11.0	12.9	14.7	16.6	18.5	20.3
33	3.4	5.2	6.9	8.7	10.4	12.1	13.9	15.6	17.4	19.1
34	3.2	4.9	6.5	8.1	9.7	11.4	13.0	14.6	16.3	17.9
35	3.0	4.5	6.1	7.6	9.1	10.6	12.1	13.7	15.2	16.7
36	2.8	4.2	5.6	7.0	8.4	9.9	11.3	12.7	14.1	15.5
37	2.6	3.9	5.2	6.5	7.8	9.1	10.4	11.7	13.0	14.3
38	2.4	3.6	4.7	5.9	7.1	8.3	9.5	10.7	11.9	13.1
39	2.1	3.2	4.3	5.4	6.5	7.6	8.7	9.8	10.8	11.9
40	1.9	2.9	3.9	4.9	5.8	6.8	7.8	8.8	9.8	10.7
41	1.7	2.6	3.4	4.3	5.2	6.1	6.9	7.8	8.7	9.5
42	1.5	2.3	3.0	3.8	4.5	5.3	6.1	6.8	7.6	8.3
43	1.3	1.9	2.6	3.2	3.9	4.5	5.2	5.8	6.5	7.1
44	1.1	1.6	2.1	2.7	3.2	3.8	4.3	4.9	5.4	5.9
45	0.8	1.3	1.7	2.1	2.6	3.0	3.4	3.9	4.3	4.8
46	0.6	0.9	1.3	1.6	1.9	2.3	2.6	2.9	3.2	3.6
47	0.4	0.6	0.8	1.1	1.3	1.5	1.7	1.9	2.1	2.4
48	0.2	0.3	0.4	0.5	0.6	0.7	0.8	0.9	1.1	1.2
49	0.0	0.0	0.0	0.0	0.0	0.0	0.0	0.0	0.0	0.0

Depuis 20° jusqu'à 49°

TABLE D'AUGMENTATION DES DEGRÉS
Table X

	60	65	70	75	80	85	90	95	100	105
20	37.8	41.0	44.1	47.2	50.4	53 5	56.7	59.9	63.0	66.2
21	36.5	39.5	42.6	45.6	48.7	51.7	54.7	57.8	60.8	63.9
22	35.2	38.1	41.0	44.0	46.9	49.9	52.8	55.7	58.7	61.6
23	33.9	36.7	39.5	42.4	45.2	48.0	50.8	53.7	56.5	59.4
24	32.6	35.3	38.0	40.7	43.5	46.2	48.9	51.6	54.3	57.0
25	31.3	33.9	36.5	39.1	41.7	44.3	46.9	49.5	52.1	54.7
26	29.9	32.5	35.0	37.5	40.0	42 5	45.0	47.5	50.0	52.5
27	28.6	31.1	33.5	35.8	38.2	40.6	43.0	45.4	47.8	50.2
28	27.3	29.7	31.9	34.2	36.5	38.8	41.0	43.4	45.6	47.9
29	26.0	28.2	30.4	32.6	34.8	36.9	39.1	41.3	43.4	45.6
30	24.7	26.8	28.9	30.9	33.0	35.1	37.1	39.2	41.3	43.3
31	23.4	25.4	27.4	29.3	31.3	33.2	35.2	37.2	39.1	41.1
32	22.1	24.0	25.9	27.7	29.5	31.4	33.2	35.1	36.9	38.8
33	20.8	22.6	24.3	26.1	27.8	29.5	31.3	33.0	34.8	36.5
34	19.5	21.2	22.8	24.4	26.1	27.7	29.3	31.0	32.6	34.2
35	18.2	19.8	21.3	22.8	24.3	25.8	27.3	28.9	30.4	31.9
36	16.9	18.4	19.8	21.2	22.6	24.0	25.4	26.8	28.2	29.6
37	15.6	16.9	18.2	19.5	20.8	22.1	23.4	24.8	26.1	27.4
38	14.3	15.5	16.7	17.9	19.1	20.3	21.5	22.7	23.9	25.1
39	13.0	14.1	15.2	16.3	17.4	18.4	19.5	20.6	21.7	22.8
30	11.7	12.7	13.7	14.6	15.6	16.6	17.6	18.6	19.5	20.5
41	10.4	11.3	12.1	13.0	13.9	14.7	15.6	16.5	17.4	18.2
42	9.1	9.9	10.0	11.4	12.1	12.9	13.7	14.4	15.2	15.9
43	7.8	8.4	9.1	9.8	10.4	11.0	11.7	12.4	13.0	13.7
44	6.5	7.0	7.6	8.1	8.7	9.2	9.8	10.3	10.8	11.4
45	5.2	5.6	6.1	6.5	6.9	7.4	7.8	8.2	8.7	9.1
46	3.9	4.2	4.5	4.9	5.2	5.5	5.8	6.2	6.5	6.8
47	2.6	2.8	3.0	3.2	3.4	3.7	3.9	4.1	4.3	4.5
48	1.3	1.4	1.5	1.6	1.7	1.8	1.9	2.0	2.1	2.3
49	0.0	0.0	0.0	0.0	0.0	0.0	0.0	0.0	0.0	0.0

Depuis 20° jusqu'à 49°

TABLE D'AUGMENTATION DES DEGRÉS
Table X

	110	115	120	125	130	135	140	145	150	155
20	69.3	72.5	75.6	78.8	81.9	85.1	88.2	91.4	94.5	97.7
21	66.9	70.0	73.0	76.1	79.1	82.1	85.2	88.2	91.3	94.3
22	64.5	67.5	70.4	73.3	76.3	79.2	82.1	85.1	88.0	91.0
23	62.1	65.0	67.8	70.6	73.4	76.3	79.1	81.9	84.7	87.6
24	59.7	62.5	65.2	67.9	70.6	73.3	76.1	78.8	81.5	84.2
25	57.4	60.0	62.6	65.2	67.8	70.4	73.0	75.6	78.2	80.8
26	55.0	57.5	60.0	62 5	65.0	67.5	70.0	72.5	75.0	77.5
27	52.6	55.0	57.4	59.8	62.1	64.5	66.9	69.3	71.7	74.1
28	50.2	52.5	54.8	57.1	59.3	61.6	63.9	66.1	68.4	70.7
29	47.8	50.0	52.1	54.3	56.5	58.7	60.8	63.0	65.2	67.4
30	45.4	47.5	49.5	51.6	53.7	55.7	57.8	59.8	61.9	64.0
31	43.0	45.0	46.9	48.9	50.8	52.8	54.8	56.7	58.7	60.6
32	40.6	42.5	44.3	46.2	48.0	49.9	51.7	53.5	55.4	57.3
33	38.2	40.0	41.7	43.5	45.2	46.9	48.7	50.4	52.1	53.9
34	35.8	37.5	39.1	40.7	42.4	44.0	45.6	47.2	48.9	50.5
35	33.4	35.0	36.5	38.0	39.5	41.1	42.6	44.1	45.6	47.1
36	31.1	32.5	33.9	35.3	36.7	38.1	39.5	40.9	42.4	43.8
37	28.7	30.0	31.3	32.6	33.9	35.2	36.5	37.8	39.1	40.4
38	26.3	27 5	28.7	29.9	31.0	32.3	33.4	34.6	35.8	37.0
39	23.9	25.0	26.1	27.1	28.2	29.3	30.4	31.5	32.6	33.6
40	21.5	22.5	23.5	24.4	25.4	26.4	27.4	28.3	29.3	30.3
41	19.1	20.0	20.8	21.7	22.6	23.4	24.3	25.2	26.1	26.9
42	16.7	17.5	18.2	19.0	19.7	20.5	21.3	22.0	22.8	23.6
43	14.3	15.0	15.6	16.3	16.9	17.6	18.2	18.9	19.5	20.2
44	11 9	12.5	13.0	13.6	14.1	14.6	15.2	15.7	16.3	16.8
45	9.5	10.0	10.4	10.8	11.3	11.7	12.1	12.6	13.0	13.4
46	7.1	7.5	7.8	8.1	8.4	8.8	9.1	9.4	9.8	10.1
47	4.8	5.0	5.2	5.4	5.6	5.8	6.1	6.3	6.5	6.7
48	2.4	2.5	2.6	2.7	2.8	2.9	3.0	3.1	3.2	3.3
49	0.0	0.0	0.0	0.8	0.0	0.0	0.0	0.0	0.0	0.0

Depuis 20o jusqu'à 49o

TABLE D'AUGMENTATION DES DEGRÉS
Table X

	160	165	170	175	180	185	190	195	200	205
20	100.8	104.0	107.1	110.3	113.5	116.6	119.7	122.9	126.0	129.2
21	97.4	100.4	103.4	106.5	109.6	112.6	115.6	118.7	121.7	124.7
22	93.9	96.8	99.7	102.7	105.6	108.6	111.5	114.4	117.3	120.3
23	90.4	93.2	96.0	98.9	101.7	104.5	107.4	110.2	113.0	115.8
24	86.9	89.6	92.3	95.1	97.8	100.5	103.2	106.0	108.6	111.3
25	83.4	86.0	88.7	91.3	93.9	96.5	99.1	101.7	104.3	106.9
26	80.0	82.4	85.0	87.5	90.0	92.5	95.0	97.5	100.0	102.4
27	76.5	78.9	81.3	83.7	86.1	88.5	90.8	93.2	95.6	98.0
28	73.0	75.3	77.6	79.9	82.1	84.4	86.7	89.0	91.3	93.5
29	69.5	71.7	73.9	76.1	78.2	80.4	82.6	84.8	86.9	89.1
30	66.1	68.1	70.2	72.3	74.3	76.4	78.4	80.5	82.6	84.6
31	62.6	64.5	66.5	68.5	70.4	72.4	74.3	76.3	78.2	80.2
32	59.1	60.9	62.8	64.7	66.5	68.3	70.2	72.0	73.9	75.7
33	55.6	57.3	59.1	60.9	62.6	64.3	66.1	67.8	69.5	71.3
34	52.1	53.7	55.4	57.1	58.7	60.3	61.9	63.6	65.2	66.8
35	48.7	50.2	51.7	53.3	54.8	56.3	57.8	59.3	60.8	62.4
36	45.2	46.6	48.0	49.5	50.9	52.3	53.7	55.1	56.5	57.9
37	41.7	43.0	44.3	45.7	46.9	48.2	49.5	50.8	52.1	53.4
38	38.2	39.4	40.6	41.9	43.0	44.2	45.4	46.6	47.8	49.0
39	34.8	35.8	36.9	38.1	39.1	40.2	41.3	42.4	43.5	44.5
40	31.3	32.2	33.2	34.2	35.2	36.2	37.1	38.1	39.1	40.1
41	27.8	28.6	29.5	30.4	31.3	32.1	33.0	33.9	34.8	35.6
42	24.3	25.1	25.8	26.6	27.4	28.1	28.9	29.6	30.4	31.2
43	20.8	21.5	22.1	22.8	23.5	24.1	24.8	25.4	26.1	26.7
44	17.4	17.9	18.5	19.0	19.5	20.1	20.6	21.2	21.7	22.3
45	13.9	14.3	14.8	15.2	15.6	16.1	16.5	16.9	17.4	17.8
46	10.4	10.7	11.1	11.4	11.7	12.0	12.4	12.7	13.0	13.3
47	6.9	7.1	7.4	7.6	7.8	8.0	8.2	8.4	8.7	8.9
48	3.4	3.6	3.7	3.8	3.9	4.0	4.1	4.2	4.3	4.4
49	0.0	0.0	0.0	0.0	0.0	0.0	0.0	0.0	0.0	0.0

Depuis 20° jusqu'à 49°

TABLE D'AUGMENTATION DES DEGRÉS
Table X

	210	215	220	225	230	235	240	245	250
20	132.3	135.5	138 7	141.8	145.0	148.1	151.3	154.4	157.6
21	127.8	130.8	133.9	136.9	140.0	143.0	146.0	149.1	152.2
22	123.2	126.1	129.1	132.0	135.0	137.9	140.8	143.8	146.7
23	118.6	121.4	124.3	127.2	130.0	132.8	135.6	138.4	141.3
24	114.1	116.8	119.5	122.3	125.0	127.7	130.4	133.1	135.9
25	109.5	112.2	114.8	117.4	120.0	122.6	125.2	127.8	130.4
26	105.0	107.5	110.0	112.5	115.0	117.5	120.0	122.5	125.0
27	100.4	102.8	105.2	107.6	110.0	112.4	114.7	117.1	119.6
28	95.8	98.1	100.4	102.7	105.0	107.3	109.5	111.8	114.1
29	91.3	93.5	95.6	97.8	100.0	102.2	104.3	106.5	108.7
30	86.7	88.8	90.8	92.9	95.0	97.0	99.1	101.2	103.2
31	82.1	84.1	86.1	88.0	90.0	91.9	93.9	95.8	97.8
32	77.6	79.4	81.3	83.1	85.0	86.8	88.7	90.5	92.4
33	73.0	74.8	76.5	78.2	80.0	81.7	83.4	85.2	86.9
34	68.4	70.1	71.7	73.3	75.0	76.6	78.2	79.9	81.5
35	63.9	65.4	66.9	68.4	70.0	71.5	73.0	74.5	76.1
36	59.3	60.7	62.1	63.5	65.0	66.4	67.8	69.2	70.6
37	54.7	56.1	57.4	58.7	60.0	61.3	62.6	63.9	65.2
38	50.2	51.4	52.6	53.8	55.0	56.2	57.4	58.6	59.8
39	45.6	46.7	47.8	48.9	50.0	51.1	52.2	53.2	54.3
40	41.1	42.0	43.0	44.0	45.0	46.0	46.9	47.9	48.9
41	36.5	37.4	38.2	39.1	40.0	40.8	41.7	42.6	43.4
42	31.9	32.7	33.4	34.2	35.0	35.7	36.5	37.3	38.0
43	27.4	28.0	28.7	29.3	30.0	30.6	31.3	31.9	32.6
44	22.8	23.3	23.9	24.4	25.0	25.5	26.1	26.6	27.1
45	18.2	18.7	19.1	19.5	20.0	20.4	20.8	21.3	21.7
46	13.7	14.0	14.3	14.6	15.0	15.3	15.6	16.0	16.3
47	9.1	9.3	9.5	9.8	10.0	10.2	10.4	10.6	10.8
48	4.5	4 6	4.8	4.9	5.0	5.1	5.2	5.3	5.4
49	0.0	0.0	0.0	0.0	0.0	0.0	0.0	0.0	0.0

Depuis 20o jusqu'à 49o

TABLE D'AUGMENTATION DES DEGRÉS
Table XI

	10	15	20	25	30	35	40	45	50	55
20	6.6	10.0	13.3	16.6	20.0	23.3	26.6	30.0	33.3	36.6
21	6.4	9.6	12.9	16.1	19.3	22.5	25.7	29.0	32.2	35.4
22	6.2	9.3	12.4	15.5	18.6	21.7	24.9	28.0	31.1	34.2
23	6.0	9.0	12.0	15.0	18.0	21.0	24.0	27.0	30.0	33.0
24	5.7	8.6	11.5	14.4	17.3	20.2	23.1	26.0	28.9	31.7
25	5.5	8.3	11.1	13.9	16.6	19.4	22.2	25.0	27.7	30.5
26	5.3	8.0	10.6	13.3	16.0	18.6	21.3	24.0	26.6	29.3
27	5.1	7.6	10.2	12.7	15.3	17.9	20.4	23.0	25.5	28.1
28	4.8	7.3	9.7	12.2	14.6	17.1	19.5	22.0	24.4	26.9
29	4.6	7.0	9.3	11.6	14.0	16.3	18.6	21.0	23.3	25.6
30	4.4	6.6	8.9	11.1	13.3	15.5	17.7	20.0	22.2	24.4
31	4.2	6.3	8.4	10.5	12.6	14.7	16.9	19.0	21.1	23.2
32	4.0	6.0	8.0	10.0	12.0	14.0	16.0	18.0	20.0	22.0
33	3.7	5.6	7.5	9.4	11.3	13.2	15.1	17.0	18.9	20.7
34	3.5	5.3	7.1	8.9	10.6	12.4	14.2	16.0	17.7	19.5
35	3.3	5.0	6.6	8.3	10.0	11.6	13.3	15.0	16.6	18.3
36	3.1	4.6	6.2	7.7	9.3	10.8	12.8	14.0	15.5	17.1
37	2.9	4.3	5.7	7.2	8.6	10.1	11.5	13.0	14.4	15.8
38	2.6	4.0	5.3	6.6	8.0	9.3	10.6	12.0	13.3	14.6
39	2.4	3.6	4.8	6.1	7.3	8.5	9.7	11.0	12.2	13.4
40	2.2	3.3	4.4	5.5	6.6	7.7	8.8	10.0	11.1	12.2
41	2.0	3.0	4.0	5.0	6.0	7.0	8.0	9.0	10.0	11.0
42	1.7	2.6	3.5	4.4	5.3	6.2	7.1	8.0	8.9	9.7
43	1.5	2.3	3.1	3.9	4.6	5.4	6.2	7.0	7.7	8.5
44	1.3	2.0	2.6	3.3	4.0	4.6	5.3	6.0	6.6	7.3
45	1.1	1.6	2.2	2.7	3.3	3.8	4.4	5.0	5.5	6.1
46	0.9	1.3	1.7	2.2	2.6	3.1	3.5	4.0	4.4	4.8
47	0.6	1.0	1.3	1.6	2.0	2.3	2.6	3.0	3.3	3.6
48	0.4	0.6	0.8	1.1	1.3	1.5	1.7	2.0	2.2	2.4
49	0.2	0.3	0.4	0.5	0.6	0.7	0.8	1.0	1.1	1.2
50	0.0	0.0	0.0	0.0	0.0	0.0	0.0	0.0	0.0	0.0

Depuis 20º jusqu'à 50º

TABLE D'AUGMENTATION DES DEGRÉS
Table XI

	60	65	70	75	80	85	90	95	100	105
20	40.0	43.3	46.6	50.0	53.3	56.6	60.0	63.3	66.6	70.0
21	38.6	41.9	45.1	48.3	51.5	54.7	58.0	61.2	64.4	67.6
22	37.3	40.4	43.5	46.6	49.7	52.9	56.0	59.1	62.2	65.3
23	36.0	39.0	42.0	45.0	48.0	51.0	54.0	57.0	60.0	63.0
24	34.6	37.5	40.4	43.3	46.2	49.1	52.0	54.9	57.7	60.6
25	33.3	36.1	38.9	41.6	44.4	47.2	50.0	52.7	55.5	58.3
26	32.0	34.6	37.3	40.0	42.6	45.3	48.0	50.6	53.3	56.0
27	30.6	33.2	35.7	38.3	40.9	43.4	46.0	48.5	51.1	53.6
28	29.3	31.7	34.2	36.6	39.1	41.5	44.0	46.4	48.9	51.3
29	28.0	30.3	32.6	35.0	37.3	39.6	42.0	44.3	46.6	49.0
30	26.6	28.9	31.1	33.3	35.5	37.7	40.0	42.2	44.4	46.6
31	25.3	27.4	29.5	31.6	33.7	35.9	38.0	40.1	42.2	44.3
32	24.0	26.0	28.0	30.0	32.0	34.0	36.0	38.0	40.0	42.0
33	22.6	24.5	26.4	28.3	30.2	32.1	34.0	35.9	37.7	39.6
34	21.3	23.1	24.9	26.6	28.4	30.2	32.0	33.7	35.5	37.3
35	20.0	21.6	23.3	25.0	26.6	28.3	30.0	31.6	33.3	35.0
36	18.6	20.2	21.7	23.3	24.8	26.4	28.0	29.5	31.1	32.6
37	17.3	18.7	20.4	21.6	23.1	24.5	26.0	27.4	28.9	30.3
38	16.0	17.3	18.6	20.0	21.3	22.6	24.0	25.3	26.6	28.0
39	14.6	15.8	17.1	18.3	19.5	20.7	22.0	23.2	24.4	25.7
40	13.3	14.4	15.5	16.6	17.7	18.8	20.0	21.1	22.2	23.3
41	12.0	13.0	14.0	15.0	16.0	17.0	18.0	19.0	20.0	21.0
42	10.6	11.5	12.4	13.3	14.2	15.1	16.0	16.8	17.7	18.7
43	9.3	10.1	10.8	11.6	12.4	13.2	14.0	14.1	15.5	16.3
44	8.0	8.6	9.3	10.0	10.6	11.3	12.0	12.6	13.3	14.0
45	6.6	7.2	7.7	8.3	8.8	9.4	10.0	10.5	11.1	11.7
46	5.3	5.7	6.2	6.6	7.1	7.5	8.0	8.4	8.8	9.3
47	4.0	4.3	4.6	5.0	5.3	5.7	6.0	6.3	6.6	7.0
48	2.6	2.8	3.1	3.3	3.5	3.8	4.0	4.2	4.4	4.7
49	1.3	1.4	1.5	1.6	1.7	1.9	2.0	2.1	2.2	2.3
50	0.0	0.0	0.0	0.0	0.0	0.0	0.0	0.0	0.0	0.0

Depuis 20⁰ jusqu'à 50o

TABLE D'AUGMENTATION DES DEGRÉS
Table XI

	110	115	120	125	130	135	140	145	150	155
20	73.3	76.6	80.0	83.3	86.6	90.0	93.3	96.6	100.0	103.3
21	70.9	74.1	77.3	80.5	83.7	87.0	90.2	93.4	96.6	99.9
22	68.4	71.5	74.6	77.7	80.9	84.0	87.1	90.2	93.3	96.4
23	66.0	69.0	72.0	75.0	78.0	81.0	84.0	87.0	90.0	93.0
24	63.5	66.4	69.3	72.2	75.1	78.0	80.9	83.7	86.6	89.5
25	61.1	63.9	66.6	69.4	72.4	75.0	77.7	80.5	83.3	86.1
26	58.6	61.3	64.0	66.6	69.3	72.0	74.6	77.3	80.0	82.6
27	56.2	58.7	61.3	63.9	65.4	69.0	71.5	74.1	76.6	79.2
28	53.7	56.2	58.6	61.1	62.5	66.0	68.4	70.9	73.3	75.7
29	51.3	53.6	56.0	58.3	59.6	63.0	65.3	67.6	70.0	72.3
30	48.9	51.1	53.3	55.5	56.7	60.0	62.2	64.4	66.6	68.9
31	46.4	48.5	50.6	52.7	53.9	57.0	59.1	61.2	63.3	65.4
32	44.0	46.0	48.0	50.0	51.0	54.0	56.0	58.0	60.0	62.0
33	41.5	43.4	45.3	47.2	48.1	51.0	52.9	54.7	56.6	58.5
34	39.1	40.9	42.6	44.4	45.2	48.0	49.7	51.5	53.3	55.1
35	36.6	38.3	40.0	41.6	43.3	45.0	46.6	48.3	50.0	51.6
36	34.2	35.7	37.2	38.8	40.4	42.0	43.4	45.1	46.6	48.2
37	31.6	33.2	34.6	36.1	37.4	39.0	40.8	41.8	43.2	44.7
38	29.2	30.6	32.0	33.3	34.6	36.0	37.2	38.6	40.0	41.3
39	26.8	28.1	29.2	30.5	31.6	33.0	34.2	35.4	36.6	37.9
40	24.4	25.5	26.6	27.7	28.8	30.0	31.0	32.2	33.2	34.4
41	22.0	23.0	24.0	25.0	26.6	27.0	28.0	29.0	30.0	31.0
42	19.4	20.4	21.2	22.2	23.0	24.0	24.8	25.7	26.6	27.5
43	17.0	17.8	18.6	19.5	20.2	21.0	21.6	22.5	23.2	24.1
44	14.6	15.3	16.0	16.6	17.2	18.0	18.6	19.3	20.0	20.6
45	12.2	12.7	13.2	13.8	14.4	15.0	15.4	16.1	16.6	17.2
46	9.6	10.2	10.6	11.1	11.4	12.0	12.4	12.8	13.2	13.7
47	7.2	7.8	8.0	8.3	8.6	9.0	9.2	9.7	10.0	10.3
48	4.8	5.3	5.3	5.5	5.6	6.0	6.2	6.4	6.6	6.9
49	2.4	2.6	2.7	2.8	2.9	3.0	3.1	3.2	3.3	3.4
50	0.0	0.0	0.0	0.0	0.0	0.0	0.0	0.0	0.0	0.0

Depuis 20° jusqu'à 50°

TABLE D'AUGMENTATION DES DEGRÉS
Table XI

	160	165	170	175	180	185	190	195	200	205
20	106.6	110.0	113.3	116.6	120.0	123.3	126.6	130.0	133.3	136.6
21	103.1	106.3	109.5	112.7	116.0	119.2	122.4	125.6	128.9	132.1
22	99.5	102.6	105.7	108.9	112.0	115.1	118.2	121.3	124.4	127.5
23	96.0	99.0	102.0	105.0	108.0	111.0	114.0	117.0	120.0	123.0
24	92.4	95.3	98.2	101.1	104.0	106.9	109.7	112.6	115.5	118.4
25	88.9	91.6	94.4	97.2	100.0	102.7	105.5	108.3	111.1	113.9
26	85.3	88.0	90.6	93.3	96.0	98.6	101.3	104.0	106.6	109.3
27	81.7	84.3	86.9	89.4	92.0	94.5	97.1	99.6	102.2	104.7
28	78.2	80.6	83.1	85.5	88.0	90.4	92.9	95.3	97.7	100.2
29	74.6	77.0	79.3	81.6	84.0	86.3	88.6	91.0	93.3	95.6
30	71.1	73.3	75.5	77.7	80.0	82.2	84.4	86.6	88.9	91.1
31	67.5	69 6	71.7	73.9	76.0	78.1	80.2	82.3	84.4	86.5
32	64.0	66.0	68.0	70.0	72.0	74.0	76.0	78.0	80 0	82.0
33	60.4	62.3	64.2	66.1	68.0	69.9	71.7	73.6	75.5	77.4
34	56.9	58.6	60.4	62.2	64.0	65.7	67.5	69.3	71.1	72.9
35	53.3	55.0	56.6	58.3	60.0	61.6	63.3	65.0	66.6	68.3
36	49.7	51.3	52.9	54.4	56.0	57.5	59.1	60.6	62.2	63.7
37	46.2	47.6	49.1	50.5	52.0	53.4	54.9	56.3	57.7	59.2
38	42.6	44.0	45.3	46.6	48.0	49.3	50.6	52.0	53.3	54.6
39	39.1	40.3	41.5	42.7	44.0	45.2	46.4	47.6	48.9	50.1
40	35.5	36.6	37.7	38.9	40.0	41.1	42.2	43.3	44.4	45.5
41	32.0	33.0	34.0	35.0	36.0	37.0	38.0	39.0	40.0	41.0
42	28.4	29.3	30.2	31.1	32.0	32.9	33.7	34.6	35.5	36.4
43	24.9	25.6	26.4	27.2	28.0	28.7	29.5	30.3	31.1	31.9
44	21.3	22.0	22.6	23.3	24.0	24.6	25.3	26.0	26.6	27.3
45	17.7	18.3	18.9	19.4	20.0	20.5	21.1	21.6	22.2	22.7
46	14.2	14.6	15.1	15.5	16.0	16.4	16.9	17.3	17.7	18.2
47	10.6	11.0	11.3	11.6	12.0	12.3	12.6	13.0	13.3	15.6
48	7.1	7.3	7.5	7.7	8.0	8.2	8.4	8.6	8.8	9.1
49	3.5	3.6	3.7	3.9	4.0	4.1	4.2	4.3	4.4	4.5
50	0.0	0.0	0.0	0.0	0.0	0.0	0.0	0.0	0.0	0.0

Depuis 20° jusqu'à 50°

TABLE D'AUGMENTATION DES DEGRÉS
Table XI

	210	215	220	225	230	235	240	245	250
20	140.0	143.3	146.6	150.0	153.3	156.6	160.0	163.3	166.6
21	135.3	138.5	141.7	145.0	148.2	151.4	154.6	157.9	161.1
22	130.6	133.7	136.9	140.0	143.1	146.2	149.3	152.4	155.5
23	126.0	129.0	132.0	135.0	138.0	141.0	144.0	147.0	150.0
24	121.3	124.2	127.1	130.0	132.9	135.7	138.6	141.5	144.4
25	116.6	119.4	122.2	125.0	127.7	130.5	133.3	136.1	138.9
26	112.0	114.6	117.3	120.0	122.6	125.3	128.0	130.6	133.3
27	107.3	109.9	112.4	115.0	117.5	120.1	122.6	125.2	127.7
28	102.6	105.1	107.5	110.0	112.4	114.9	117.3	119.7	122.2
29	98.0	100.3	102.6	105.0	107.3	109.6	112.0	114.3	116.6
30	93.3	95.5	97.7	100.0	102.2	104.4	106.6	108.9	111.1
31	88.6	90.7	92.9	95.0	97.1	99.2	101.3	103.4	105.5
32	84.0	86.0	88.0	90.0	92.0	94.0	96.0	98.0	100.0
33	79.3	81.2	82.1	85.0	86.9	88.7	90.6	92.5	94.4
34	74.6	76.4	78.2	80.0	81.7	83.5	85.3	87.1	88.9
35	70.0	71.6	73.3	75.0	76.6	78.3	80.0	81.6	83.3
36	65.3	66.9	68.4	70.0	71.5	73.1	74.6	76.2	77.7
37	60.6	62.1	63.5	65.0	66.4	67.9	69.3	70.7	72.2
38	56.0	57.3	58.6	60.0	61.3	62.6	64.0	65.3	66.6
39	51.3	52.5	53.7	55.0	56.2	57.4	58.6	59.9	61.1
40	46.6	47.7	48.9	50.0	51.1	52.2	53.3	54.4	55.5
41	42.0	43.0	44.0	45.0	46.0	47.0	48.0	49.0	50.0
42	37.3	38.2	39.1	40.0	45.9	41.7	42.6	43.5	44.4
43	32.6	33.4	34.2	35.0	35.7	36.5	37.3	38.1	38.9
44	28.0	28.6	29.3	30.0	30.0	31.3	32.0	32.6	33.3
45	23.3	23.9	24.4	25.0	25.5	26.1	26.6	27.2	27.7
46	18.6	19.1	19.5	20.0	20.4	20.9	21.3	21.7	22.2
47	14.0	14.3	14.6	15.0	15.3	15.6	16.0	16.3	16.6
48	9.3	9.5	9.7	10.0	10.2	10.4	10.6	10.8	11.1
49	4.6	4.7	4.9	5.0	5.1	5.2	5.3	5.4	5.5
50	0.0	0.0	0.0	0.0	0.0	0.0	0.0	0.0	0.0

Depuis 20° jusqu'à 50°

TABLE D'AUGMENTATION DES DEGRÈS
Table XII

	10	15	20	25	30	35	40	45	50	55
30	4.7	7.1	9.5	11.9	14.3	16.7	19.1	21.4	23.8	26.2
31	4.5	6.8	9.1	11.3	13.6	15.9	18.2	20.4	22.7	25.0
32	4.3	6.4	8.6	10.8	12.9	15.1	17.2	19.4	21.6	23.7
33	4.1	6.1	8.2	10.2	12.2	14.3	16.3	18.4	20.4	22.5
34	3.8	5.8	7.7	9.6	11.6	13.5	15.4	17.4	19.3	21.2
35	3.6	5.4	7.2	9.1	10.9	12.7	14.5	16.3	18.2	20.0
36	3.4	5.1	6.8	8.5	10.2	11.9	13.6	15.3	17.0	18.7
37	3.2	4.7	6.3	7.9	9.5	11.1	12.7	14.3	15.9	17.5
38	2.9	4.4	5.9	7.4	8.8	10.3	11.8	13.3	14.7	16.5
39	2.7	4.1	5.4	6.8	8.2	9.5	10.9	12.3	13.6	15.0
40	2.5	3.7	5.0	6.2	7.5	8.7	10.0	11.2	12.5	13.7
41	2.2	3.4	4.5	5.7	6.8	7.9	9.1	10.2	11.3	12.5
42	2.0	3.0	4.1	5.1	6.1	7.1	8.2	9.2	10.2	11.2
43	1.8	2.7	3.6	4.5	5.4	6.3	7.2	8.2	9.1	10.0
44	1.6	2.4	3.2	3.9	4.7	5.5	6.3	7.1	7.9	8.7
45	1.3	2.0	2.7	3.4	4.1	4.7	5.4	6.1	6.8	7.5
46	1.1	1.7	2.2	2.8	3.4	3.9	4.5	5.1	5.7	6.2
47	0.9	1.3	1.8	2.2	2.7	3.2	3.6	4.1	4.5	5.0
48	0.7	1.0	1.3	1.7	2.0	2.4	2.7	3.0	3.4	3.7
49	0.4	0.7	0.9	1.1	1.3	1.6	1.8	2.0	2.2	2.5
50	0.2	0.3	0.4	0.5	0.7	0.8	0.9	1.0	1.1	1.2
51	0.0	0.0	0.0	0.0	0.0	0.0	0.0	0.0	0.0	0.0

Depuis 30° jusqu'à 51°

TABLE D'AUGMENTATION DES DEGRÉS
Table XII

	60	65	70	75	80	85	90	95	100	105
30	28.6	31.0	33.4	35.8	38.2	40.5	42.9	45.3	47.7	50.1
31	27.2	29.5	31.8	34.1	36.3	38.6	40.9	43.1	45.4	47.7
32	25.9	28.0	30.2	32.4	34.5	36.7	38.8	41.0	43.1	45.3
33	24.5	26.6	28.6	30.7	32.7	34.7	36.8	38.8	40.9	42.9
34	23.2	25.1	27.0	29.0	30.9	32.8	34.7	36.7	38.6	40.5
35	21.8	23.6	25.4	27.2	29.1	30.9	32.7	34.5	36.3	38.2
36	20.4	22.1	23.8	25.5	27.3	28.9	30.7	32.4	34.1	35.8
37	19.1	20.7	22.2	23.8	25.4	27.0	28.6	30.2	31.8	33.4
38	17.7	19.2	20.7	22.1	23.6	25.1	26.7	28.0	29.5	31.0
39	16.3	17.7	19.1	20.4	21.8	23.2	24.5	25.9	27.2	28.6
40	15.0	16.2	17.5	18.7	20.0	21.2	22.5	23.7	25.0	26.2
41	13.6	14.7	15.9	17.0	18.2	19.3	20.4	21.6	22.7	23.8
42	12.2	13.3	14.3	15.3	16.3	17.4	18.4	19.4	20.4	21.5
43	10.9	11.8	12.7	13.6	14.5	15.4	16.3	17.2	18.2	19.1
44	9.5	10.3	11.3	11.9	12.7	13.5	14.3	15.1	15.9	16.7
45	8.2	8.8	9.5	10.2	10.9	11.5	12.2	12.9	13.6	14.3
46	6.8	7.4	7.9	8.5	9.1	9.6	10.2	10.8	11.3	11.9
47	5.4	5.9	6.3	6.8	7.2	7.7	8.2	8.6	9.1	9.5
48	4.1	4.4	4.7	5.1	5.4	5.8	6.1	6.4	6.8	7.1
49	2.7	2.9	3.2	3.4	3.6	3.8	4.1	4.3	4.5	4.7
50	1.3	1.4	1.6	1.7	1.8	1.9	2.0	2.1	2.2	2.4
51	0.0	0.0	0.0	0.0	0.0	0.0	0.0	0.0	0.0	0.0

Depuis 30ᵐ jusqu'à 51ᵉ

TABLE D'AUGMENTATION DES DEGRÉS
Table XII

	110	115	120	125	130	135	140	145	150	155
30	52.5	54.9	57.2	59.6	62.0	64.4	66.8	69.2	71.6	73.9
31	50.0	52.3	54.5	56.8	59.1	61.3	63.6	65.9	68.2	70.4
32	47.5	49.6	51.8	53.9	56.1	58.3	60.4	62.6	64.8	66.9
33	45.0	47.0	49.1	51.1	53.2	55.2	57.2	59.3	61.3	63.4
34	42.5	44.4	46.3	48.3	50.2	52.1	54.1	56.0	57.9	59.9
35	40.0	41.8	43.6	45.4	47.2	49.1	50.9	52.7	54.5	56.3
36	37.5	39.2	40.9	42.6	44.3	46.0	47.7	49.4	51.1	52.8
37	35.0	36.6	38.2	39.7	41.3	42.9	44.5	46.1	47.7	49.3
38	32.5	34.0	35.4	36.9	38.4	39.9	41.3	42.8	44.3	45.8
39	30.0	31.3	32.7	34.1	35.4	36.8	38.2	39.5	40.9	42.2
40	27.5	28.7	30.0	31.2	32.5	33.7	35.0	36.2	37.5	38.7
41	25.0	26.1	27.2	28.4	29.5	30.7	31.8	32.9	34.1	35.2
42	22.5	23.5	24.5	25.5	26.6	27.6	28.6	29.6	30.7	31.7
43	20.0	20.9	21.8	22.7	23.6	24.5	25.4	26.3	27.2	28.2
44	17.5	18.3	19.1	19.9	20.7	21.2	22.2	23.0	23.8	24.6
45	15.0	15.7	16.3	17.0	17.7	18.4	19.1	19.8	20.4	21.1
46	12.5	13.0	13.6	14.2	14.8	15.3	15.9	16.5	17.0	17.6
47	10.0	10.4	10.9	11.3	11.8	12.2	12.7	13.2	13.6	14.1
48	7.5	7.8	8.2	8.5	8.8	9.2	9.5	9.9	10.2	10.5
49	5.0	5.2	5.4	5.7	5.9	6.1	6.3	6.6	6.8	7.0
50	2.5	2.6	2.7	2.8	2.9	3.0	3.2	3.3	3.4	3.5
51	0.0	0.0	0.0	0.0	0.0	0.0	0.0	0.0	0.0	0.0

Depuis 30° jusqu'à 51°

TABLE D'AUGMENTATION DES DEGRÉS
Table XII

	160	165	170	175	180	185	190	195	200	205
30	76.3	78.7	81.1	83.5	85.9	88.3	90.7	93.0	94.5	97.8
31	72.7	75.0	77.2	79.5	81.8	84.1	86.3	88.6	90.9	93.2
32	69.0	71.2	73.4	75.5	77.7	79.9	82.0	84.2	86.3	88.5
33	65.4	67.5	69.5	71.5	73.6	75.7	77.7	79.7	81.8	83.8
34	61.8	63.7	65.7	67.6	69.5	71.5	73.4	75.3	77.2	79.2
35	58.1	60.0	61.8	63.6	65.4	67.3	69.1	70.9	72.7	74.5
36	54.5	56.2	57.9	59.6	61.3	63.1	64.7	66.5	68.2	69.9
37	50.9	52.5	54.1	55.6	57.2	58.8	60.4	62.0	63.6	65.2
38	47.2	48.7	50.2	51.7	53.2	54.6	56.1	57.6	59.1	60.5
39	43.6	45.0	46.3	47.7	49.1	50.4	51.8	53.2	55.5	55.9
40	40.0	41.2	42.5	43.7	45.0	46.2	47.5	48.7	50.0	51.2
41	36.3	37.5	38.6	39.7	40.9	42.0	43.2	44.3	45.4	46.6
42	32.7	33.7	34.7	35.8	36.8	37.8	38.8	39.9	40.9	41.9
43	29.1	30.0	30.9	31.8	32.7	33.6	34.5	35.4	36.3	37.3
44	25.4	26.2	27.0	27.8	28.6	29.4	30.2	31.0	31.8	32.6
45	21.8	22.5	23.2	23.8	24.5	25.2	25.9	26.6	27.3	27.9
46	18.2	18.7	19.3	19.8	20.4	21.0	21.6	22.1	22.8	23.3
47	14.5	15.0	15.4	15.9	16.3	16.8	17.2	17.7	18.3	18.6
48	10.9	11.2	11.6	11.9	12.2	12.6	12.9	13.3	13.6	14.0
49	7.2	7.5	7.7	7.9	8.2	8.4	8.6	8.8	9.1	9.3
50	3.6	3.7	3.8	3.9	4.1	4.2	4.3	4.4	4.5	4.6
51	0.0	0.0	0.0	0.0	0.0	0.0	0.0	0.0	0.0	0.0

Depuis 30° jusqu'à 51°

TABLE D'AUGMENTATION DES DEGRÉS
Table XII

	210	215	220	225	230	235	240	245	250
30	100.2	102.6	105.0	107.3	109.7	112.1	114.5	116.9	119.3
31	95.4	97.7	100.0	102.2	104.5	106.8	109.1	111.3	113.6
32	90.7	92.8	95.0	97.1	99.3	101.5	103.6	105.8	107.9
33	85.9	87.9	90.0	92.0	94.0	96.1	98.2	100.2	102.2
34	81.1	83.0	85.0	86.9	88.8	90.8	92.7	94.6	96.6
35	76.3	78.1	80.0	81.8	83.6	85.4	87.3	89.1	90.9
36	71.6	73.3	75.0	76.7	78.4	80.1	81.8	83.5	85.2
37	66.8	68.4	70.0	71.6	73.2	74.8	76.3	77.9	79.5
38	62.0	63.5	65.0	66.4	67.9	69.4	70.9	72.4	73.8
39	57.2	58.6	60.0	61.3	62.7	64.1	65.4	66.8	68.2
40	52.5	53.7	55.0	56.2	57.5	58.7	60.0	61.2	62.5
41	47.7	48.8	50.0	51.1	52.2	53.4	54.5	55.7	56.8
42	42.9	43.9	45.0	46.0	47.0	48.0	49.1	50 1	51.1
43	38.2	39.0	40.0	40.9	41.8	42.7	43.6	44.5	45.4
44	33.4	34.2	35.0	35.8	39.6	37.4	38.2	39.0	39.7
45	28.6	29.3	30.0	30.7	31.3	32.0	32.7	33.4	34.1
46	23.8	24.4	25.0	25.5	26.1	26.7	27.2	27.8	28.4
47	19.1	19.5	20.0	20.4	20.9	21.3	21.8	22.2	22.7
48	14.3	14.6	15.0	15.3	15.7	16.0	16.3	16.7	17.0
49	9.5	9.7	10 0	10.2	10.4	10.7	10.9	11.1	11.3
50	4.7	4.9	5.0	5.1	5.2	5.3	5.4	5.5	5.7
51	0.0	0.0	0.0	0.0	0.0	0.0	0.0	0.0	0.0

Depuis 30° jusqu'à 51°

TABLE D'AUGMENTATION DES DEGRÉS
Table XIII

	10	15	20	25	30	35	40	45	50	55
30	5.1	7.6	10.3	12.8	15.3	17.9	20.4	23.0	25.6	28.1
31	4.9	7.3	9.7	12.2	14.6	17.1	19.5	21.9	24.4	26.8
32	4.6	6.9	9.3	11.6	13.9	16.2	18.6	20.9	23.2	25.6
33	4.4	6.6	8.8	11.0	13.2	15.4	17.6	19.8	22.1	24.3
34	4.2	6.3	8.3	10.4	12.5	14.6	16.7	18.8	20.9	23.0
35	3.9	5.9	7.9	9.9	11.8	13.8	15.8	17.8	19.7	21.7
36	3.7	5.6	7.4	9.3	11.1	13.0	14.9	16.7	18.6	20.4
37	3.5	5.2	6.9	8.7	10.4	12.2	13.9	15.7	17.4	19.2
38	3.2	4.8	6.5	8.1	9.7	11.4	13.0	14.6	16.3	17.9
39	3.0	4.5	6.0	7.5	9.0	10.6	12.1	13.6	15.1	16.6
40	2.8	4.1	5.6	6.9	8.3	9.7	11.1	12.5	13.9	15.3
41	2.5	3.8	5.1	6.4	7.6	8.9	10.2	11.5	12.8	14.0
42	2.3	3.5	4.6	5.8	6.9	8.1	9.3	10.4	11.6	12.8
43	2.1	3.1	4.2	5.2	6.2	7.3	8.3	9.4	10.4	11.5
44	1.8	2.8	3.7	4.6	5.6	6.5	7.4	8.3	9.3	10.2
45	1.6	2.4	3.2	4.0	4.9	5.7	6.5	7.3	8.1	8.9
46	1.4	2.1	2.8	3.5	4.2	4.9	5.6	6.3	6.9	7.6
47	1.1	1.7	2.3	2.9	3.5	4.0	4.6	5.2	5.8	6.4
48	0.9	1.4	1.8	2.3	2.8	3.2	3.7	4.2	4.6	5.1
49	0.7	1.0	1.4	1.7	2.1	2.4	2.8	3.1	3.5	3.8
50	0.4	0.7	0.9	1.1	1.4	1.6	1.8	2.1	2.3	2.5
51	0.2	0.3	0.4	0.6	0.7	0.8	0.9	1.0	1.1	1.2
52	0.0	0.0	0.0	0.0	0.0	0.0	0.0	0.0	0.0	0.0

Depuis 30° jusqu'à 52°

TABLE D'AUGMENTATION DES DEGRÉS
Table XIII

	60	65	70	75	80	85	90	95	100	105
30	30.7	33.2	35.8	38.4	40.9	43.5	46.1	48.6	51.1	53.7
31	29.3	31.7	34.2	36.6	39.0	41.5	44.0	46.4	48.8	51.2
32	27.9	30.2	32.5	34.9	37.2	39.5	41.9	44.2	46.5	48.8
33	26.5	28.7	30.9	33.1	35.5	37.5	39.8	42.0	44.2	46.4
34	25.1	27.2	29.3	31.4	33.5	35.6	37.7	39.7	41.8	43.9
35	23.7	25.7	27.6	29.6	31.6	33.6	35.6	37.5	39.5	41.5
36	22.3	24.1	26.0	27.9	29.7	31.6	33.5	35.3	37.2	39.0
37	20.9	22.6	24.4	26.1	27.9	29.6	31.4	33.1	34.9	36.6
38	19.5	21.1	22.8	24.4	26.0	27.6	29.3	30.9	32.5	34.2
39	18.1	19.6	21.1	22.7	24.2	25.7	27.2	28.7	30.2	31.7
40	16.7	18.1	19.5	20.9	22.3	23.7	25.1	26.5	27.9	29.3
41	15.3	16.6	17.9	19.2	20.4	21.7	23.0	24.3	25.6	26.8
42	13.9	15.1	16.3	17.4	18.6	19.7	20.9	22.1	23.2	24.4
43	12.5	13.6	14.6	15.7	16.7	17.8	18.8	19.9	20.9	21.9
44	11.4	12.1	13.0	13.9	14.9	15.8	16.7	17.6	18.6	19.5
45	9.7	10.5	11.4	12.2	13.0	13.8	14.6	15.4	16.3	17.1
46	8.3	9.0	9.7	10.4	11.1	11.8	12.5	13.2	13.9	14.6
47	7.0	7.5	8.1	8.7	9.3	9.9	10.4	11.0	11.6	12.2
48	5.6	6.0	6.5	6.9	7.4	7.9	8.3	8.8	9.3	9.7
49	4.2	4.5	4.9	5.2	5.6	5.9	6.2	6.6	7.0	7.3
50	2.8	3.0	3.2	3.5	3.7	3.9	4.2	4.4	4.6	4.9
51	1.4	1.5	1.6	1.7	1.8	2.0	2.1	2.2	2.3	2.4
52	0.0	0.0	0.0	0.0	0.0	0.0	0.0	0.0	0.0	0.0

Depuis 30° jusqu'à 52°

TABLE D'AUGMENTATION DES DEGRÉS
Table XIII

	110	115	120	125	130	135	140	145	150	155
30	56.3	58.8	61.4	63.9	66.5	69.0	71.6	74.2	76.7	79.3
31	53.7	56.1	58.6	61.0	63.5	65.9	68.3	70.8	73.2	75.7
32	51.1	53.5	55.8	58.1	60.4	62.8	65.1	67.4	69.7	72.1
33	48.6	50.8	53.0	55.2	57.4	59.6	61.8	64.1	66.2	68.5
34	46.0	48.1	50.2	52.3	54.4	56.5	58.6	60.7	62.8	64.9
35	43.5	45.5	47.4	49.4	51.4	53.3	55.3	57.3	59.3	61.2
36	40.9	42.8	44.6	46.5	48.3	50.2	52.1	53.9	55.8	57.7
37	38.4	40.1	41.8	43.6	45.3	47.1	48.8	50.6	52.3	54.0
38	35.8	37.4	39.0	40.6	42.3	43.9	45.5	47.2	48.8	50.4
39	33.2	34.8	36.3	37.7	39.3	40.8	42.3	43.8	45.3	46.8
40	30.7	32.4	33.5	34.8	36.3	37.6	39.0	40.4	41.8	43.2
41	28.1	29.4	30.7	31.9	33.2	34.5	35.8	37.1	38.4	39.6
42	25.6	26.7	27.9	29.0	30.2	31.4	32.5	33.7	34.9	36.0
43	23.0	24.1	25.1	26.1	27.2	28.2	29.3	30.3	31.4	32.4
44	20.4	21.4	22.3	23.2	24.2	25.1	26.0	27.0	27.9	28.8
45	17.9	18.7	19.5	20.3	21.1	21.9	22.8	23.6	24.4	25.2
46	15.3	16.0	16.7	17.4	18.1	18.8	19.5	20.2	20.9	21.6
47	12.8	13.3	13.9	14.5	15.1	15.7	16.3	16.8	17.4	18.0
48	10.2	10.7	11.1	11.6	12.1	12.5	13.0	13.5	13.9	14.4
49	7.6	8.0	8.3	8.7	9.0	9.4	9.7	10.1	10.4	10.8
50	5.1	5.3	5.6	5.8	6.0	6.2	6.5	6.7	6.9	7.2
51	2.5	2.6	2.7	2.9	3.0	3.1	3.2	3.3	3.4	3.6
52	0.0	0.0	0.0	0.0	0.0	0.0	0.0	0.0	0.0	0.0

Depuis 30° jusqu'à 52°

TABLE D'AUGMENTATION DES DEGRÉS
Table XIII

	160	165	170	175	180	185	190	195	200	205
30	81.8	84.4	86.9	89.5	92.0	94.6	97.2	99.7	102.3	104.8
31	78.1	80.6	83.0	85.4	87.9	90.3	92.8	95.2	97.6	100.1
32	74.4	76.7	79.0	81.4	83.7	86.0	88.4	90.7	93.0	95.3
33	70.7	72.9	75.1	77.3	79.5	81.7	83.9	86.1	88.3	90.5
34	67.0	69.0	71.1	73.2	75.3	77.4	79.5	81.6	83.7	85.8
35	63.2	65.2	67.2	69.2	71.1	73.1	75.1	77.1	79.0	81.0
36	59.5	61.4	63.2	65.1	66.9	68.8	70.7	72.5	74.4	76.2
37	55.8	57.5	59.3	61.0	62.8	64.5	66.3	68.0	69.7	71.5
38	52.1	53.7	55.3	56.9	58.6	60.0	61.8	63.5	65.1	66.7
39	48.3	49.9	51.4	52.9	54.4	56.9	57.4	58.9	60.4	61.9
40	44.6	46.0	47.4	48.8	50.2	51.6	53.0	54.4	55.8	57.2
41	40.9	42.2	43.5	44.7	46.0	47.3	48.6	49.9	51.1	52.4
42	37.2	38.4	39.5	40.7	41.8	43.0	44.2	45.3	46.5	47.6
43	33.5	34.5	35.5	36.6	37.6	38.7	39.7	40.8	41.8	42.9
44	29.7	30.7	31.6	32.5	33.5	34.4	35.3	36.2	37.2	38.1
45	26.0	26.8	27.6	28.5	29.3	30.2	30.9	31.7	32.5	33.4
46	22.3	23.0	23.7	24.4	25.1	25.8	26.5	27.2	27.9	28.6
47	18.6	19.2	19.7	20.3	20.9	21.5	22.1	22.6	23 2	23.8
48	14.9	15.3	15.8	16.2	16.7	17.2	17.6	18.1	18.6	19.1
49	11.1	11.5	11.8	12.2	12.5	12.9	13.2	13.6	13.9	14.3
50	7.4	7.6	7.9	8.1	8.3	8.6	8.8	9.0	9.3	9.5
51	3.7	3.8	3.9	4.0	4.2	4.3	4.4	4.5	4.6	4.7
52	0.0	0.0	0.0	0.0	0.0	0.0	0.0	0.0	0.0	0.0

Depuis 30° jusqu'à 52°

TABLE D'AUGMENTATION DES DEGRÉS
Table XIII

	210	215	220	225	230	235	240	245	250
30	107.4	110.0	112.5	115.1	117.6	120.2	122.7	125.3	127.9
31	102.5	105.0	107.4	109.9	112.3	114.8	117.2	119.6	122.1
32	97.6	100.0	102.3	104.6	106.9	109.3	111.6	113.9	116.3
33	92.7	95.0	97.2	99.4	101.6	103.8	106.0	108.2	110.4
34	87.9	90.0	92.1	94.2	96.2	98.4	100.4	102.5	104.6
35	83.0	85.0	86.9	88.9	90.9	92.9	94.9	96.8	98.8
36	78.1	80.0	81.8	83.7	85.6	87.4	89.3	91.1	93.0
37	73.2	75.0	76.7	78.5	80.2	82.0	83.7	85.4	87.2
38	68.3	70.0	71.6	73.2	74.9	76.5	78.1	79.7	81.4
39	63.4	65.0	66.5	68.0	69.5	71.0	72.5	74.0	75.6
40	58.6	60.0	61.4	62.8	64.2	65.6	66.9	68.3	69.7
41	53.7	55.0	56.3	57.5	58.8	60.1	61.4	62.6	63.9
42	48.8	50.0	51.1	52.3	53.5	54.6	55.8	56.9	58.1
43	43.9	45.0	46.0	47.1	48.1	49.2	50.2	51.2	52.3
44	39.0	40.0	40.9	41.8	42.8	43.7	44.6	45.5	46.5
45	34.2	35.0	35.8	36.6	37.4	38.2	39.0	39.8	40.7
46	29.3	30.0	30.7	31.4	32.1	32.8	33.5	34.1	34.9
47	24.4	25.0	25.6	26.1	26.7	27.3	27.9	28.4	29.0
48	19.5	20.0	20.4	20.9	21.4	21.8	22.3	22.7	23.2
49	14.6	15.0	15.3	15.7	16.0	16.4	16.7	17.1	17.4
50	9.7	10.0	10.2	10.4	10.7	10.9	11.1	11.4	11.6
51	4.9	5.0	5.1	5.2	5.3	5.4	5.6	5.7	5.8
52	0.0	0.0	0.0	0.0	0.0	0.0	0.0	0.0	0.0

Depuis 30° jusqu'à 52°

TABLE D'AUGMENTATION DES DEGRÉS
Table XIV

	10	15	20	25	30	35	40	45	50	55
30	5.4	8.2	10.9	13.7	16.4	19.1	21.9	24.6	27.4	30.1
31	5.2	7.8	10.4	13.1	15.7	18.3	20.9	23.5	26.2	28.8
32	5.0	7.5	10.0	12.5	15.0	17.5	20.0	22.5	25.0	27.5
33	4.7	7.1	9.5	11.9	14.3	16.6	19.0	21.4	23.8	26.2
34	4.5	6.8	9.0	11.3	13.5	15.8	18.2	20.3	22.6	24.9
35	4.3	6.4	8.5	10.7	12.8	15.0	17.2	19.2	21.4	23.5
36	4.0	6.0	8.1	10.1	12.1	14.1	16.3	18.2	20.2	22.2
37	3.8	5.7	7.6	9.5	11.4	13.3	15.3	17.1	19.0	20.9
38	3.5	5.3	7.1	8.7	10.7	12.5	14.4	16.0	17.8	19.6
39	3.3	5.0	6.6	8.3	10.0	11.6	13.4	15.0	16.6	18.3
40	3.1	4.6	6.2	7.7	9.3	10.8	12.5	13.9	15.4	17.0
41	2.8	4.3	5.7	7.1	8.5	10.0	11.5	12.8	14.3	15.7
42	2.6	3.9	5.2	6.5	7.8	9.1	10.5	11.8	13.1	14.4
43	2.4	3.5	4.7	5.9	7.1	8.3	9.5	10.7	11.9	13.1
44	2.1	3.2	4.3	5.3	6.4	7.5	8.5	9.6	10.7	11.8
45	1.9	2.8	3.8	4.7	5.7	6.6	7.6	8.5	9.5	10.4
46	1.6	2.5	3.3	4.1	5.0	5.8	6.6	7.5	8.3	9.1
47	1.4	2.1	2.8	3.5	4.3	5.0	5.7	6.4	7.1	7.8
48	1.2	1.8	2.4	2.9	3.5	4.1	4.7	5.3	5.9	6.5
49	0.9	1.4	1.9	2.4	2.8	3.3	3.8	4.3	4.7	5.2
50	0.7	1.0	1.4	1.8	2.1	2.5	2.8	3.2	3.5	3.9
51	0.4	0.7	0.9	1.2	1.4	1.6	1.9	2.1	2.4	2.6
52	0.2	0.3	0.4	0.6	0.7	0.8	0.9	1.0	1.2	1.3
53	0.0	0.0	0.0	0.0	0.0	0.0	0.0	0.0	0.0	0.0

Depuis 30° jusqu'à 53°

TABLE D'AUGMENTATION DES DEGRÉS
Table XIV

	60	65	70	75	80	85	90	95	100	105
30	32.8	35.6	38.3	41.0	43.8	46.5	49.3	52.0	54.7	57.5
31	31.4	34.0	36.6	39.3	41.9	44.5	47.1	49.7	52.4	55.0
32	30.0	32.5	35.0	37.5	40.0	42.5	45.0	47.5	50.0	52.5
33	28.5	30.9	33.3	35.7	38.1	40.5	42 8	45.2	47.6	50.0
34	27.1	29.4	31.6	33.9	36.2	38.4	40.7	42.9	45.2	47.5
35	25.7	27.8	30.0	32.1	34.3	36.4	38.5	40.7	42.8	45.0
36	24.3	26.3	28.3	30.3	32.4	34.4	36.4	38.4	40.4	42.0
37	22.8	24.7	26.6	28.5	30.5	32.4	34.3	36.2	38.1	40.0
38	21.4	23.2	25.0	26.8	28.6	30.3	32.1	33.9	35.7	37.5
39	20.0	21.6	23.3	25.0	26.7	28.3	30.0	31.6	33.3	35.0
40	18.5	20.1	21.6	23.2	24.8	26.3	27.8	29.4	30.9	32.5
41	17.1	18.5	20.0	21.4	22.9	24.3	25.7	27.1	28.5	30.0
42	15.7	17.0	18.3	19.6	21.0	22.2	23.5	24.8	26.2	27.5
43	14.3	15.4	16.6	17.8	19.0	20.2	21.4	22.6	23.8	25.0
44	12.8	13.9	15.0	16.0	17.1	18.2	19.3	20.3	21.4	22.5
45	11.4	12.4	13.3	14.3	15.2	16.1	17.1	18.1	19.0	20.0
46	10.0	10.8	11.6	12.5	13.3	14.1	15.0	15.8	16.6	17.5
47	8.5	9.3	10.0	10.7	11.4	12.1	12.8	13.5	14.3	15.0
48	7.1	7.7	8.3	8.9	9.5	10.1	10.7	11.3	11.9	12.5
49	5.7	6.2	6.6	7.1	7.6	8.1	8.5	9.0	9.5	10.0
50	4.3	4.6	5.0	5.3	5.7	6.0	6.4	6.8	7.1	7.5
51	2.8	3.1	3.3	3.5	3.8	4.0	4 3	4.5	4.7	5.0
52	1.4	1.5	1.6	1.8	1.9	2.0	2.1	2.2	2.4	2.5
53	0.0	0.0	0.0	0.0	0.0	0.0	0.0	0.0	0.0	0.0

Depuis 30° jusqu'à 53°

TABLE D'AUGMENTATION DES DEGRÉS
Table XIV

	110	115	120	125	130	135	140	145	150	155
30	60.2	62.9	65.7	68.4	71.3	73.9	76.6	79.4	82.1	84.8
31	57.6	60.2	62.8	65.4	68.1	70.7	73.3	75.9	78.5	81.2
32	55.0	57.4	60.0	62.4	65.0	67.5	70.0	72.5	75.0	77.5
33	52.4	54.7	57.1	59.5	61.9	64.3	66.6	69.0	71.4	73.8
34	49.7	51.9	54.3	56.5	58.8	61.1	63.3	65.6	67.8	70.1
35	47.1	49.2	51.4	53.5	55.7	57.8	60.0	62.1	64.3	66.4
36	44.5	46.5	48.5	50.6	52.6	54.6	56.6	58.7	60.7	62.7
37	41.9	43.7	45.7	47.6	49.5	51.4	53.3	55.2	57.1	59.0
38	39.3	41.0	42.8	44.6	46.4	48.2	50.0	51.8	53.5	55.3
39	36.3	38.2	40.0	41.6	43.3	45.0	46.6	48.3	50.0	51.6
40	34.0	35.5	37.1	38.6	40.2	41.8	43.3	44.9	46.4	47.9
41	31.4	32.8	34.3	35.7	37.1	38.5	40.0	41.4	42.8	44.3
42	28.8	30.0	31.4	32.7	34.0	35.3	36.6	37.9	39.2	40.6
43	26.2	27.3	28.6	29.7	30.9	32.1	33.3	34.5	35.7	36.9
44	23.5	24.6	25.7	26.7	27.8	28.9	30.0	31.0	32.1	33.2
45	20.9	21.9	22.8	23.8	24.7	25.7	26.6	27.6	28.5	29.5
46	18.3	19.2	20.0	20.8	21.6	22.5	23.3	24.1	25.0	25.8
47	15.7	16.4	17.1	17.8	18.5	19.3	20.0	20.7	21.4	22.1
48	13.1	13.7	14.3	14.8	15.4	16.0	16.6	17.2	17.8	18.4
49	10.4	10.9	11.4	11.9	12.4	12.8	13.3	13.8	14.3	14.7
50	7.8	8.2	8.5	8.9	9.3	9.6	10.0	10.3	10.7	11.0
51	5.2	5.4	5.7	5.9	6.2	6.4	6.6	6.9	7.1	7.4
52	2.6	2.7	2.8	2.9	3.1	3.2	3.3	3.4	3.5	3.7
53	0.0	0.0	0.0	0.0	0.0	0.0	0.0	0.0	0.0	0.0

Depuis 30° jusqu'à 53°

TABLE D'AUGMENTATION DES DEGRÉS
Table XIV

	160	165	170	175	180	185	190	195	200	205
30	86.9	90.3	93.1	95.8	98.5	101.3	104.0	106.8	109.5	112.2
31	83.8	86.4	89.0	91.6	94.3	96.9	99.5	102.1	104.7	107.3
32	80.0	82.5	85.0	87.5	90.0	92.5	95.0	97.5	100.0	102.5
33	76.2	78.5	80.9	83.3	85.7	88.1	90.4	92.8	95.2	97.6
34	72.4	74.6	76.9	79.1	81.4	83.7	85.9	88.2	90.4	92.7
35	68.6	70.7	72.8	75.0	77.1	79.3	81.4	83.5	85.7	87.8
36	64.7	66.8	68.8	70.8	72.8	74.8	76.9	78.9	80.9	82.9
37	60.9	62.8	64.7	66.6	68.5	70.4	72.3	74.3	76.2	78.1
38	57.1	58.9	60.7	62.5	64.3	66.0	67.8	69.6	71.4	73.2
39	53.3	55.0	56.6	58.3	60.0	61.6	63.3	65.0	66.6	68.3
40	49.5	51.0	52.6	54.1	55.7	57.2	58.8	60.3	61.9	63.4
41	45.7	47.1	48.5	50.0	51.4	52.8	54.3	55.7	57.1	58.5
42	41.9	43.2	44.5	45.8	47.1	48.4	49.7	51.0	52.4	53.7
43	38.1	39.3	40.4	41.6	42.8	44.0	45.2	46.4	47.6	48.8
44	34.3	35.3	36.4	37.5	38.5	39.6	40.7	41.8	42.8	43.9
45	30.5	31.4	32.4	33.3	34.3	35.2	35.2	37.1	38.1	39.0
46	26.6	27.5	28.3	29.1	30.0	30.8	31.6	32.5	33.3	34.1
47	22.8	23.5	24.3	25.0	25.7	26.4	27.1	27.8	28.5	29.3
48	19.0	19.6	20.2	20.8	21.4	22.0	22.6	23.2	23.8	24.4
49	15.2	15.7	16.2	16.6	17.1	17.6	18.1	18.5	19.0	19.5
50	11.4	11.8	12.1	12.5	12.8	13.2	13.5	13.9	14.3	14.6
51	7.6	7.8	8.1	8.3	8.5	8.8	9.0	9.3	9.5	9.7
52	3.8	3.9	4.0	4.1	4.3	4.4	4.5	4.6	4.7	4.9
53	0.0	0.0	0.0	0.0	0.0	0.0	0.0	0.0	0.0	0.0

Depuis 30° jusqu'à 53°

TABLE D'AUGMENTATION DES DEGRÉS
Table XIV

	210	215	220	225	230	235	240	245	250
30	115.0	117.7	120.5	123.2	125.9	128.7	131.4	134.1	136.9
31	110.0	112.0	115.2	117.8	120.5	123.1	125.7	128.3	130.9
32	105.0	107.5	110.0	112.5	115.0	117.5	120.0	122.5	125.0
33	100.0	102.3	104.7	107.1	109.5	111.9	114.3	116.6	119.0
34	95.0	97.2	99.5	101.7	104.0	106.3	108.6	110.8	113.1
35	90.0	92.1	94.3	96.4	98.6	100.7	102.8	105.0	107.1
36	85.0	87.0	89.0	91.0	93.1	95.1	97.1	99.1	101.2
37	80.0	81.9	83.8	85.7	87.6	89.5	91.4	93.3	95.2
38	75.0	76.8	78.5	80.3	82.1	83.9	85.7	87.5	89.3
39	70.0	71.6	73.3	75.0	76.7	78.3	80.0	81.6	83.3
40	65.0	66.5	68.1	69.6	71.7	72.7	74.3	75.8	77.3
41	60.0	61.4	62.8	64.3	65.7	67.1	68.5	70.0	71.4
42	55.0	56.3	57.6	58.9	60.2	61.5	62.8	64.1	65.4
43	50.0	51.2	52.4	53.5	54.7	55.9	57.1	58.3	59.5
44	45.0	46.0	47.1	48.2	49.3	50.3	51.4	52.5	53.5
45	40.0	40.9	41.9	42.8	43.8	44.7	45.7	46.6	47.6
46	35.0	35.8	36.6	37.5	38.3	39.1	40.0	40.8	41.6
47	30.0	30.7	31.4	32.1	32.8	33.5	34.3	35.0	35.7
48	25.0	25.6	26.2	26.8	27.4	28.0	28.5	29.1	29.7
49	20.0	20.4	20.9	21.4	21.9	22.4	22.8	23.3	23.8
50	15.0	15.3	15.7	16.0	16.4	16.8	17.1	17.5	17.8
51	10.0	10.2	10.4	10.7	10.9	11.2	11.4	11.6	11.9
52	5.0	5.1	5.2	5.3	5.4	5.6	5.7	5.8	5.9
53	0.0	0.0	0.0	0.0	0.0	0.0	0.0	0.0	0.0

Depuis 30° jusqu'à 53°

TABLE D'AUGMENTATION DES DEGRÉS
Table XV

	10	15	20	25	30	35	40	45	50	55
30	5.8	8.8	11.7	14.6	17.5	20.4	23.4	26.3	29.2	32.2
31	5.6	8.4	11.2	14.0	16.8	19.6	22.4	25.2	28.0	30.8
32	5.3	8.0	10.7	13.4	16.1	18.7	21.4	24.1	26.8	29.5
33	5.1	7.7	10.2	12.8	15.3	17.9	20.5	23.0	25.6	28.1
34	4.8	7.3	9.7	12.2	14.6	17.0	19.5	21.9	24.4	26.8
35	4.6	6.9	9.2	11.6	13.9	16.2	18.5	20.8	23.1	25.5
36	4.4	6.6	8.7	10.9	13.1	15.3	17.5	19.7	21.9	24.1
37	4.1	6.2	8.3	10.3	12.4	14.5	16.6	18.6	20.7	22.8
38	3.9	5.8	7.8	9.7	11.7	13.6	15.6	17.5	19.5	21.4
39	3.6	5.5	7.3	9.1	10.9	12.8	14.6	16.4	18.3	20.1
40	3.4	5.1	6.8	8.5	10.2	11.9	13.6	15.3	17.0	18.8
41	3.1	4.7	6.3	7.9	9.5	11.1	12.7	14.2	15.8	17.4
42	2.9	4.4	5.8	7.3	8.7	10.2	11.7	13.1	14.6	16.1
43	2.7	4.0	5.3	6.7	8.0	9.4	10.7	12.0	13.4	14.7
44	2.4	3.6	4.8	6.1	7.3	8.5	9.7	11.0	12.2	13.4
45	2.2	3.3	4.4	5.5	6.6	7.7	8.7	9.9	10.9	12.0
46	1.9	2.9	3.9	4.8	5.8	6.8	7.8	8.8	9.7	10.7
47	1.7	2.5	3.4	4.2	5.1	5.9	6.8	7.7	8.5	9.4
48	1.4	2.2	2.9	3.6	4.4	5.1	5.8	6.6	7.3	8.0
49	1.2	1.8	2.4	3.0	3.6	4.2	4.9	5.5	6.1	6.7
50	0.9	1.4	1.9	2.4	2.9	3.4	3.9	4.4	4.8	5.3
51	0.7	1.1	1.4	1.8	2.2	2.5	2.9	3.3	3.6	4.0
52	0.5	0.7	0.9	1.2	1.4	1.7	1.9	2.2	2.4	2.7
53	0.2	0.3	0.5	0.6	0.7	0.8	0.9	1.1	1.2	1.3
54	0.0	0.0	0.0	0.0	0.0	0.0	0.0	0.0	0.0	0.0

Depuis 30º jusqu'à 54º

TABLE D'AUGMENTATION DES DEGRÉS
Table XV

	60	65	70	75	80	85	90	95	100	105
30	35.1	38.0	40.9	43.9	46.8	49.7	52.7	55.6	58.5	61.4
31	33.6	36.4	39.2	42.0	44.9	47.6	50.5	53.3	56.1	58.9
32	32.2	34.8	37.5	40.2	42.9	45.6	48.3	51.0	53.6	56 3
33	30.7	33.3	35.8	38.4	40.9	43.5	46.1	48.6	51.2	53.8
34	29.2	31.7	34.1	36.6	39.0	41.4	43.9	46.3	48.8	51.2
35	27.8	30.1	32.4	34.7	37.0	39.4	41.7	44.0	46.3	48.6
36	26.3	28.5	30.7	32.9	35.1	37.3	39.5	41.7	43.9	46.1
37	24.9	26.9	29.0	31.1	33.1	35.2	37.3	39.4	41.4	43.5
38	23.4	25.3	27.3	29.2	31.2	33.1	35.1	37.1	39.0	40.9
39	21.9	23.8	25.6	27.4	29.2	31.1	32.9	34.7	36.6	38.4
40	20.5	22.2	23.9	25.6	27.3	29.0	30.7	32.4	34.1	35.8
41	19.0	20.6	22.2	23.8	25.3	26.9	28.5	30.1	31.7	33.3
42	17.5	19.0	20.5	21.9	23.4	24.8	26.3	27.8	29.3	30.7
43	16.1	17.4	18.8	20.1	21.4	22.8	24.1	25.5	26.8	28.1
44	14.6	15.8	17.0	18.3	19.5	20.7	21.9	23.1	24.4	25.6
45	13.1	14.2	15.3	16.4	17.5	18.6	19.7	20.8	21.9	23.0
46	11.7	12.7	13.6	14.6	15.6	16.6	17.5	18.5	19.5	20.5
47	10.2	11.1	11.9	12.8	13.6	14.5	15.3	16.2	17.1	17.9
48	8.8	9.5	10.2	10.9	11.7	12.4	13.1	13.9	14.6	15.3
49	7.3	7.9	8.5	9.1	9.7	10.3	11 0	11.6	12.2	12.8
50	5.8	6.3	6.8	7.3	7.8	8.3	8.8	9.2	9.7	10.2
51	4.4	4.7	5.1	5.4	5.8	6.2	6.6	6.9	7.3	7.7
52	2.9	3.1	3.4	3.6	3.9	4.1	4.4	4.6	4.8	5.1
53	1.4	1.6	1.7	1.8	1.9	2.0	2.2	2.3	2.4	2.5
54	0.0	0.0	0.0	0.0	0.0	0.0	0.0	0.0	0.0	0.0

Depuis 30° jusqu'à 54°

TABLE D'AUGMENTATION DES DEGRÉS
Table XV

	110	115	120	125	130	135	140	145	150	155
30	64.4	67.3	70.2	73.1	76.1	79.0	81.9	84.8	87.8	90.7
31	61.7	64.5	67.3	70.1	72.9	75.7	78.5	81.3	84.1	86.9
32	59.0	61.7	64.3	67 0	69.7	72.4	75.1	77.8	80.5	83.1
33	56.3	58.9	61.4	64.0	66.5	69.1	71.7	74.2	76.8	79.4
34	53.6	56.1	58.5	61.0	63.4	65.8	68.3	70.7	73.1	75.6
35	51.0	53.3	55.6	57.9	60.2	62.5	64.9	67.2	69.5	71.8
36	48.3	50.5	52.6	54.9	57.0	59.2	61.4	63.6	65.8	68.0
37	45.6	47.7	49.7	51.8	53.9	55.9	58.0	60.1	62.2	64.2
38	42.9	44.8	46.8	48.8	50.7	52.6	54.6	56.6	58.5	60.5
39	40.2	42.0	43.8	45.7	47.5	49.3	51.2	53.0	54.8	56.7
40	37.5	39.2	40.9	42.7	44.4	46.1	47.8	49.5	51.2	52.9
41	34.8	36.4	38.0	39.6	41.2	42.8	44.4	45.9	47.5	49.1
42	32.2	33.6	35.1	36.6	38.0	39.5	40.9	42.4	43.9	45.3
43	29.5	30.8	32.1	33.5	34.8	36.2	37.5	38.9	40.2	41.6
44	26.8	28.0	29.2	30.5	31.7	32.9	34.1	35.3	36.6	37.8
45	24.1	25.2	26.3	27.4	28.5	29.6	30.7	31.8	32.9	34.0
46	21.4	22.4	23.4	24.4	25.3	26.3	27.3	28.3	39.2	30.2
47	18.8	19.6	20.4	21.3	22.2	23.0	23.9	24.7	25.6	26.4
48	16.1	16.8	17.5	18.3	19.0	19.7	20.5	21.2	21.9	22.7
49	13.4	14.0	14.6	15.2	15.8	16.4	17.0	17.6	18.3	18.9
50	10.7	11.2	11.7	12.2	12.7	13.1	13.6	14.1	14.6	15.1
51	8.0	8.4	8.7	9.1	9.5	9.8	10.2	10.6	10.9	11.3
52	5.3	5.6	5.8	6.1	6.3	6.6	6.8	7.0	7.3	7.5
53	2.7	2.8	2.9	3.0	3.1	3.3	3.4	3.5	3.6	3.8
54	0.0	0.0	0.0	0.0	0.0	0.0	0.0	0.0	0.0	0.0

Depuis 30° jusqu'à 54°

TABLE D'AUGMENTATION DES DEGRÉS
Table XV

	160	165	170	175	180	185	190	195	200	205
30	93.6	96.6	99.5	102.4	105.3	108.3	111.2	114.1	117.1	120.0
31	89.7	92.5	95.3	98.2	100.9	103.8	106.6	109.4	112.2	115.0
32	85.8	88.5	91.2	93.9	96.6	99.2	101.9	104.6	107.3	110.0
33	81.9	84.5	87.0	89.6	92.2	94.7	97.3	99.8	102.4	105.0
34	78.0	80.5	82.9	85.4	87.8	90.2	92.7	95.1	97.5	100.0
35	74.1	76.4	78.7	81.1	83.4	85.7	88.0	90.3	92.7	95.0
36	70.2	72.4	74.6	76.8	79.0	81.2	83.4	85.6	87.8	90.0
37	66.3	68.4	70.4	72.6	74.6	76.7	78.8	80.8	82.9	85.0
38	62.4	64.4	66.3	68.3	70.2	72.2	74.1	76.1	78.0	80.0
39	58.5	60.3	62.2	64.0	65.8	67.7	69.5	71.3	73.1	75.0
40	54.6	56.3	58.0	59.7	61.4	63.1	64.9	66.6	68.3	70.0
41	50.7	52.3	53.9	55.5	57.0	58.6	60.2	61.8	64.4	65.0
42	46.8	48.3	49.7	51.2	52.7	54.1	55.6	57.1	58.5	60.0
43	42.9	44.2	45.6	46.9	48.3	49.6	51.0	52.3	53.6	55.0
44	39.0	40.2	41.4	42.7	43.9	45.1	46.3	47.5	48.8	50.0
45	35.1	36.2	37.3	38.4	39.5	40.6	41.7	42.8	43.9	45.0
46	31.2	32.2	33.1	34.1	35.1	36.1	37.1	38.0	39.0	40.0
47	27.3	28.1	29.0	29.9	30.7	31.6	32.4	33.3	34.1	35.0
48	23.4	24.1	24.8	25.6	26.3	27.0	27.8	28.5	29.2	30.0
49	19.5	20.1	20.7	21.3	21.9	22.5	23.1	23.8	24.4	25.0
50	15.6	16.1	16.6	17.0	17.5	18.0	18.5	19.0	19.5	20.0
51	11.7	12.0	12.4	12.8	13.1	13.5	13.9	14.2	14.6	15.0
52	7.8	8.0	8.3	8.5	8.8	9.0	9.2	9.5	9.7	10.0
53	3.9	4.0	4.1	4.2	4.4	4.5	4.6	4.7	4.8	5.0
54	0.0	0.0	0.0	0.0	0.0	0.0	0.0	0.0	0.0	0.0

Depuis 30º jusqu'à 54º

TABLE D'AUGMENTATION DES DEGRÉS
Table **XV**

	210	215	220	225	230	235	240	245	250
30	122.9	125.8	128.7	131.7	134.6	137.5	140.5	143.4	146.3
31	117.8	120.6	123.4	126.2	129.0	131.8	134.6	137.4	140.2
32	112.6	115.3	118.0	120.7	123.4	126.1	128.8	131.4	134.1
33	107.5	110.1	112.6	115.2	117.8	120.3	122.9	125.5	128.0
34	102.4	104.8	107.3	109.7	112.2	114.6	117.0	119.5	121.9
35	97.3	99.6	101.9	104.2	106.6	108.9	111.2	113.5	115.8
36	92.2	94.3	96.6	98.7	100.9	103.1	105.3	107.5	109.7
37	87.0	89.1	91.2	93.2	95.3	97.4	99.5	101.6	103.6
38	81.9	83.9	85.8	87.8	89.7	91.7	93.6	95.6	97.5
39	76.8	78.6	80.5	82.3	84.1	85.9	87.8	89.6	91.4
40	71.7	73.4	75.1	76.8	78.5	80.2	81.9	83.6	85.3
41	66.5	68.1	69.7	71.3	72.9	74.5	76.1	77.7	79.2
42	61.4	62.9	64.4	65.8	67.3	68.7	70.2	71.7	73.1
43	56.3	57.6	59.0	60.3	61.7	63.0	64.4	65.7	67.0
44	51.2	52.4	53.6	54.8	56.1	57.3	58.5	59.7	60.9
45	46.1	47.2	48.3	49.3	50.5	51.6	52.6	53.8	54.9
46	40.9	41.9	42.9	43.9	44.8	45.8	46.8	47.8	48.8
47	35.8	36.7	37.5	38.4	39.2	40.1	40.9	41.8	42.6
48	30.7	31.4	32.2	32.9	33.6	34.4	35.1	35.8	36.5
49	25.6	26.2	26.8	27.4	28.0	28.6	29.2	29.9	30.5
50	20.5	20.9	21.4	21.9	22.4	22.9	23.4	23.9	24.4
51	15.3	15.7	16.0	16.4	16.8	17.2	17.5	17.9	18.3
52	10.2	10.5	10.7	10.9	11.2	11.4	11.7	11.9	12.2
53	5.1	5.2	5.3	5.5	5.6	5.7	5.8	5.9	6.1
54	0.0	0.0	0.0	0.0	0.0	0.0	0.0	0.0	0.0

Depuis 30° jusqu'à 54°

TABLE D'AUGMENTATION DES DEGRÉS
Table XVI

	10	15	20	25	30	35	40	45	50	55
30	6.2	9.3	12.5	15.6	18.7	21.9	25.0	28.1	31.2	34.4
31	6.0	9.0	12.0	15.0	18.0	21.0	24.0	27.0	30.0	33.0
32	5.7	8.6	11.5	14.4	17.2	20.1	23.0	25.9	28.8	31.6
33	5.5	8.2	11.0	13.7	16.5	19.2	22.0	24.7	27.5	30.2
34	5.2	7.8	10.5	13.1	15.7	18.4	21.0	23.6	26.3	28.9
35	5.0	7.5	10.0	12.5	15.0	17.5	20.0	22.5	25.0	27.5
36	4.7	7.1	9.5	11.9	14.2	16.6	19.0	21.4	23.8	26.1
37	4.5	6.7	9.0	11.2	13.5	15.7	18.0	20.2	22.5	24.7
38	4.2	6.3	8.5	10.6	12.7	14.9	17.0	19.1	21.3	23.4
39	4.0	6.0	8.0	10.0	12.0	14.0	16.0	18.0	20.0	22.0
40	3.7	5.6	7.5	9.4	11.2	13.1	15.0	16.9	18.8	20.6
41	3.5	5.2	7.0	8.7	10.5	12.2	14.0	15.7	17.5	19.2
42	3.2	4.8	6.5	8.1	9.7	11.4	13.0	14.6	16.3	17.9
43	3.0	4.5	6.0	7.5	9.0	10.5	12.0	13.5	15.0	16.5
44	2.7	4.1	5.5	6.9	8.2	9.6	11.0	12.4	13.8	15.1
45	2.5	3.7	5.0	6.2	7.5	8.7	10.0	11.2	12.5	13.7
46	2.2	3.3	4.5	5.6	6.7	7.8	9.0	10.1	11.3	12.4
47	2.0	3.0	4.0	5.0	6.0	7.0	8.0	9.0	10.0	11.0
48	1.7	2.6	3.5	4.4	5.2	6.1	7.0	7.8	8.8	9.6
49	1.5	2.2	3.0	3.7	4.5	5.2	6.0	6.7	7.5	8.2
50	1.2	1.8	2.5	3.1	3.7	4.4	5.0	5.6	6.3	6.9
51	1.0	1.5	2.0	2.5	3.0	3.5	4.0	4.5	5.0	5.5
52	0.7	1.1	1.5	1.9	2.2	2.6	3.0	3.4	3.8	4.1
53	0.5	0.7	1.0	1.2	1.5	1.7	2.0	2.2	2.5	2.7
54	0.2	0.3	0.5	0.6	0.7	0.8	1.0	1.1	1.2	1.3
55	0.0	0.0	0.0	0.0	0.0	0.0	0.0	0.0	0.0	0.0

Depuis 30⁰ jusqu'à 55⁰

TABLE D'AUGMENTATION DES DEGRÉS
Table XVI

	60	65	70	75	80	85	90	95	100	105
30	37.5	40.6	43.7	46.9	50.0	53.1	56.2	59.3	62.5	65.6
31	36.0	39.0	42.0	45.0	48.0	51.0	54.0	57.0	60.0	63.0
32	34.5	37.4	40.2	43.1	46.0	48.9	51.7	54.6	57.5	60.4
33	33.0	35.7	38.5	41.2	44.0	46.7	49.5	52.2	55.0	57.7
34	31.5	34.1	36.7	39.4	42.0	44.6	47.2	49.8	52.5	55.1
35	30.0	32.5	35.0	37.5	40.0	42.5	45.0	47.5	50.0	52.5
36	28.5	30.9	33.2	35.6	38.0	40.4	42.7	45.1	47.5	49.9
37	27.0	29.2	31.5	33.7	36.0	38.2	40.5	42.7	45.0	47.2
38	25.5	27.6	29.7	31.9	34.0	36.1	38.2	40.3	42.5	44.6
39	24.0	26.0	28.0	30.0	32.0	34.0	36.0	38.0	40.0	42.0
40	22.5	24.4	26.2	28.1	30.0	31.9	33.7	35.6	37.5	39.4
41	21.0	22.7	24.5	26.2	28.0	29.7	31.5	33.2	35.0	36.7
42	19.5	21.1	22.7	24.4	26.0	27.6	29.2	30.8	32.5	34.1
43	18.0	19.5	21.0	22.5	24.0	25.5	27.0	28.5	30.0	31.5
44	16.5	17.9	19.2	20.6	22.0	23.4	24.7	26.1	27.5	28.9
45	15.0	16.2	17.5	18.7	20.0	21.2	22.5	23.7	25.0	26.2
46	13.5	14.6	15.7	16.9	18.0	19.1	20.2	21.4	22.5	23.6
47	12.0	13.0	14.0	15.0	16.0	17.0	18.0	19.0	20.0	21.0
48	10.5	11.4	12.2	13.1	14.0	14.9	15.7	16.6	17.5	18.4
49	9.0	9.7	10.5	11.2	12.0	12.7	13.5	14.2	15.0	15.7
50	7.5	8.1	8.7	9.4	10.0	10.6	11.2	11.9	12.5	13.1
51	6.0	6.5	7.0	7.5	8.0	8.5	9.0	9.5	10.0	10.5
52	4.5	4.9	5.2	5.6	6.0	6.4	6.7	7.1	7.5	7.9
53	3.0	3.2	3.5	3.7	4.0	4.2	4.5	4.7	5.0	5.2
54	1.5	1.6	1.7	1.8	2.0	2.1	2.2	2.3	2.5	2.6
55	0.0	0.0	0.0	0.0	0.0	0.0	0.0	0.0	0.0	0.0

Depuis 30° jusqu'à 55°

TABLE D'AUGMENTATION DES DEGRES
Table XVI

	110	115	120	125	130	135	140	145	150	155
30	68.7	71.8	75.0	78.1	81.2	84.4	87.5	90.6	93.7	96.8
31	66.0	69.0	72.0	75.0	78.0	81.0	84.0	87.0	90.0	93.0
32	63.2	66.1	69.0	71.9	74.7	77.6	80.5	83.4	86.2	89.1
33	60.5	63.2	66.0	68.7	71.5	74.2	77.0	79.7	82.5	85.2
34	57.7	60.3	63.0	65.6	68.2	70.9	73.5	76.1	78.7	81.4
35	55.0	57.5	60.0	62.5	65.0	67.5	70.0	72.5	75.0	77.5
36	52.2	54.6	57.0	59.4	61.7	64.1	66.5	68.9	71.2	73.6
37	49.5	51.7	54.0	56.2	58.5	60.7	63.0	65.2	67.5	69.7
38	46.7	48.8	51.0	53.1	55.2	57.4	59.5	61.6	63.7	65.9
39	44.0	46.0	48.0	50.0	52.0	54.0	56.0	58.0	60.0	62.0
40	41.2	43.1	45.0	46.9	48.7	50.6	52.5	54.4	56.2	58.1
41	38.5	40.2	42.0	43.7	45.0	47.2	49.0	50.7	52.5	54.2
42	35.7	37.4	39 0	40.6	42.2	43.9	45.5	47.1	48.7	50.4
43	33.0	34.5	36.0	37.5	39.0	40.5	42.0	43.5	45.0	46.5
44	30.2	31.6	33.0	34.4	35.7	37.1	38.0	39.9	41.2	42.6
45	27.5	28.7	30.0	31.2	32.5	33.7	35.0	36.2	37.5	38.7
46	24.7	25.9	27.0	28.1	29.2	30.4	31.5	32.6	33.7	34.9
47	22.0	23.0	24.0	25.0	26.0	27.0	28.0	29.0	30.0	31.0
48	19.2	20.1	21.0	21.9	22.7	23.6	24.5	25.4	26.2	27.1
49	16.5	17.2	18.0	18.7	19.5	20.2	21.0	21.7	22.5	23.2
50	13.7	14.4	15.0	15.6	16.2	16.9	17.5	18.1	18.7	19.4
51	11.0	11.5	12.0	12.5	13.0	13.5	14.0	14.5	15.0	15.5
52	8.2	8 6	9.0	9.4	9.7	10.1	10.5	10.9	11.2	11.6
53	5.5	5.7	6.0	6.2	6.5	6.7	7.0	7.2	7.5	7.7
54	2.7	2.8	3.0	3.1	3.2	3.3	3.5	3.6	3.7	3.8
55	0.0	0.0	0.0	0.0	0.0	0.0	0.0	0.0	0.0	0.0

Depuis 30⁰ jusqu'à 55⁰

TABLE D'AUGMENTATION DES DEGRÉS
Table XVI

	160	165	170	175	180	185	190	195	200	205
30	100.0	103.1	106.2	109.4	112.5	115.6	118.7	121.9	125.0	128.1
31	96.0	99.0	102.0	105.0	108.0	111.0	114.0	117.0	120.0	123.0
32	92.0	94.9	97.7	100.6	103.5	106.4	109.2	112.1	115.0	117.9
33	88.0	90.7	93.5	96.2	99.0	101.7	104.5	107.2	110.0	112.7
34	84.0	86.6	89.2	91.9	94.5	97.1	99.7	102.4	105.0	107.6
35	80.0	82.5	85.0	87.5	90.0	92.5	95.0	97.5	100.0	102.5
36	76.0	78.4	80.7	83.1	85.5	87.9	90.2	92.6	95.0	97.4
37	72.0	74.2	76.5	78.7	81.0	83.2	85.5	87.7	90.0	92.2
38	68.0	70.1	72.2	74.4	76.5	78.6	80.7	82.9	85.0	87.1
39	64.0	66.0	68.0	70.0	72.0	74.0	76.0	78.0	80.0	82.0
40	60.0	61.9	63.7	65.6	67.5	69.4	71.2	73.1	75.0	76.9
41	56.0	57.7	59.5	61.2	63.0	64.7	66.5	68.2	70.0	71.7
42	52.0	53.6	55.2	56.9	58.5	60.1	61.7	63.4	65.0	66.6
43	48.0	49.5	51.0	52.5	54.0	55.5	57.0	58.5	60.0	61.5
44	44.0	45.4	46.7	48.1	49.5	50.9	52.2	53.6	55.0	56.4
45	40.0	41.2	42.5	43.7	45.0	46.2	47.5	48.7	50.0	51.2
46	36.0	37.1	38.2	39.4	40.5	41.6	42.7	43.9	45.0	46.1
47	32.0	33.0	34.0	35.0	36.0	37.0	38.0	39.0	40.0	41.0
48	28.0	28.9	29.7	30.6	31.5	32.4	33.2	34.1	35.0	35.9
49	24.0	24.7	25.5	26.2	27.0	27.7	28.5	29.2	30.0	30.7
50	20.0	20.6	21.2	21.9	22.5	23.1	23.7	24.4	25.0	25.6
51	16.0	16.5	17.0	17.5	18.0	18.5	19.0	19.5	20.0	20.5
52	12.0	12.4	12.7	13.1	13.5	13.9	14.2	14.6	15.0	15.4
53	8.0	8.2	8.5	8.7	9.0	9.2	9.5	9.7	10.0	10.2
54	4.0	4.1	4.2	4.3	4.5	4.6	4.7	4.8	5.0	5.1
55	0.0	0.0	0.0	0.0	0.0	0.0	0.0	0.0	0.0	0.0

Depuis 30° jusqu'à 55°

TABLE D'AUGMENTATION DES DEGRÉS
Table XVI

	210	215	220	225	230	235	240	245	250
30	131.2	134.4	137.5	140.6	143.7	146.9	150.0	153.1	156.2
31	126.0	129.0	132.0	135.0	138.0	141.0	144.0	147.0	150.0
32	120.7	123.6	126.5	129.4	132.2	135.1	138.0	140.9	143.7
33	115.5	118.2	121.0	123 7	126.5	129.2	132.0	134.7	137.5
34	110.2	112.9	115.5	118.1	120.7	123.4	126.0	128.6	131.2
35	105.0	107.5	110.0	112.5	115.0	117.5	120.0	122.5	125.0
36	99.7	102.1	104.5	106.9	109.2	111.6	114.0	116.4	118.7
37	94.5	96.7	99 0	101.2	103.5	105.7	108.0	110.2	112.5
38	89.2	91.4	93.5	95.6	97.7	99.9	102.0	104.1	106.2
39	84.0	86.0	88.0	90.0	92.0	94.0	96.0	98.0	100.0
40	78.7	80.6	82.5	84.4	86.2	88.1	90.0	91.9	93.7
41	73.5	75.2	77.0	78.7	80.5	82.2	84.0	85.7	87.5
42	68.2	69.9	71.5	73.1	74.7	76.4	78.0	79.6	81.2
43	63.0	64.5	66.0	67.5	69.0	70.5	72.0	73.5	75.0
44	57.7	59.1	60.5	61.9	63.2	64.6	66.0	67.4	68.7
45	52.5	53.7	55.0	56.2	57.5	58.7	60.0	61.2	62.5
46	47.2	48.4	49.5	50.6	51.7	52.9	54.0	55.1	56.2
47	42.0	43.0	44.0	45.0	46.0	47.0	48.0	49.0	50.0
48	36.7	37.6	38.5	39.4	40.2	41.1	42.0	42.9	43.7
49	31.5	32.2	33.0	33.7	34.5	35.2	36.0	36.7	37.5
50	26.2	26.9	27.5	28.1	28.7	29.4	30.0	30.6	31.2
51	21.0	21.5	22.0	22.5	23.0	23.5	24.0	24.5	25.0
52	15.7	16.1	16.5	16.8	17.2	17.6	18.0	18.4	18.7
53	10.5	10.7	11.0	11.2	11.5	11.7	12.0	12.2	12.5
54	5.2	5.3	5.5	5.6	5.7	5.8	6.0	6.1	6.2
55	0.0	0.0	0.0	0.0	0.0	0.0	0.0	0.0	0.0

Depuis 30° jusqu'à 55°

TABLE D'AUGMENTATION DES DEGRÉS
Table XVII

	10	15	20	25	30	35	40	45	50	55
30	6.6	10.0	13.3	16.6	20.0	23.3	26.6	29.9	33.3	36.6
31	6.4	9.6	12.8	16.0	19.2	22.4	25.6	28.7	32.0	35.2
32	6.1	9.2	12.3	15.4	18.4	21.5	24.6	27.6	30.7	33.8
33	5.9	8.8	11.8	14.7	17.7	20.6	23.6	26.5	29.4	32.4
34	5.6	8.4	11.2	14.1	16.9	19.7	22.5	25.4	28.2	31.0
35	5.3	8.0	10.7	13.4	15.1	18.8	21.5	24.2	26.9	29.6
36	5.1	7.7	10.2	12.8	15.4	17.9	20.5	23.1	25.6	28.2
37	4.8	7.3	9.7	12.1	14.6	17.0	19.5	21.9	24.3	26.8
38	4.6	6.9	9.2	11.5	13.8	16.1	18.4	20.8	23.0	25.4
39	4.3	6.5	8.7	10.9	13.0	15.2	17.4	19.6	21.7	23.9
40	4.1	6.1	8.2	10.2	12.3	14.3	16.4	18.4	20.5	22.5
41	3.8	5.7	7.7	9.6	11.5	13.4	15.4	17.3	19.2	21.1
42	3.5	5.4	7.1	8.9	10.7	12.5	14.3	16.1	17.9	19.7
43	3.3	5.0	6.6	8.3	10.0	11.6	13.3	15.0	16.6	18.3
44	3.0	4.6	6.1	7.7	9.2	10.7	12.3	13.8	15.3	16.9
45	2.8	4.2	5.6	7.0	8.4	9.8	11.3	12.6	14.1	15.5
46	2.5	3.8	5.1	6.4	7.7	8.9	10.2	11.5	12.8	14.1
47	2.3	3.4	4.6	5.7	6.9	8.0	9.2	10.3	11.5	12.7
48	2.0	3.0	4.1	5.1	6.1	7.1	8.2	9.2	10.2	11.3
49	1.8	2.7	3.6	4.5	5.4	6.3	7.0	8.0	8.9	9.8
50	1.5	2.3	3.0	3.8	4.6	5.4	6.1	6.9	7.7	8.4
51	1.3	1.9	2.5	3.2	3.8	4.5	5.1	5.7	6.4	7.0
52	1.0	1.5	2.0	2.5	3.0	3.6	4.1	4.6	5.1	5.6
53	0.7	1.1	1.5	1.9	2.3	2.7	3.0	3.4	3.8	4.2
54	0.5	0.7	1.0	1.3	1.5	1.8	2.0	2.3	2.5	2.8
55	0.2	0.4	0.5	0.6	0.7	0.9	1.0	1.1	1.3	1.4
56	0.0	0.0	0.0	0.0	0.0	0.0	0.0	0.0	0.0	0.0

Depuis 30° jusqu'à 56°

TABLE D'AUGMENTATION DES DEGRÉS
Table XVII

	60	65	70	75	80	85	90	95	100	105
30	40.0	43.3	46.6	50.0	53.3	56.6	60.0	63.3	66.6	70.0
31	38.5	41.6	44.8	48.0	51.2	54.5	57.6	60.9	64.1	67.3
32	36.9	40.0	43.0	46.1	49.2	52.3	55.3	58.5	61.5	64.6
33	35.4	38.3	41.2	44.2	47.1	50.1	53.0	56.0	58.9	61.9
34	33.8	36.6	39.4	42.3	45.1	47.9	50.7	53.6	56.4	59.2
35	32.3	35.0	37.6	40.3	43.0	45.8	48.4	51.1	53.8	56.5
36	30.8	33.3	35.8	38.4	41.0	43.6	46.1	48.7	51.2	53.8
37	29.2	31.6	34.0	36.5	38.9	41.4	43.8	46.3	48.7	51.1
38	27.7	30.0	32.3	34.6	36.9	39.2	41.5	43.8	46.1	48.4
39	26.1	28.3	30.5	32.7	34.8	37.0	39.2	41.4	43.6	45.7
40	24.6	26.6	28.7	30.7	32.8	34.9	36.9	39.0	41.0	43.0
41	23.1	25.0	26.9	28.8	30.7	32.7	34.6	36.5	38.4	40.4
42	21.5	23.3	25.1	26.9	28.7	30.5	32.3	34.1	35.9	37.7
43	20.0	21.6	23.3	25.0	26.6	28.3	30.0	31.6	33.3	35.0
44	18.4	20.0	21.5	23.1	24.6	26.1	27.7	29.2	30.7	32.3
45	16.9	18.3	19.7	21.1	22.5	24.0	25.3	26.8	28.2	29.6
46	15.4	16.6	17.9	19.2	20.5	21.8	23.0	24.3	25.6	26.9
47	13.8	15.0	16.1	17.3	18.4	19.6	20.7	21.9	23.0	24.2
48	12.3	13.3	14.3	15.4	16.4	17.4	18.4	19.4	20.5	21.5
49	10.7	11.6	12.5	13.6	14.3	15.2	16.1	17.0	17.9	18.8
50	9.2	10.0	10.7	11.5	12.3	13.0	13.8	14.6	15.3	16.1
51	7.7	8.3	8.9	9.6	10.2	10.9	11.5	12.1	12.8	13.4
52	6.1	6.6	7.1	7.7	8.2	8.7	9.2	9.7	10.2	10.7
53	4.6	5.0	5.4	5.7	6.1	6.5	6.9	7.3	7.7	8.0
54	3.0	3.3	3.6	3.8	4.1	4.3	4.6	4.8	5.1	5.4
55	1.5	1.6	1.8	1.9	2.0	2.1	2.3	2.4	2.5	2.7
56	0.0	0.0	0.0	0.0	0.0	0.0	0.0	0.0	0.0	0.0

Depuis 30o jusqu'à 56o

TABLE D'AUGMENTATION DES DEGRÉS
Table XVII

	110	115	120	125	130	135	140	145	150	155
30	73.3	76.7	80.0	83.3	86.6	90.0	93.3	96.6	100.0	103.3
31	70.5	73.7	76.9	80.1	83.3	86.5	89.7	92.9	96.1	99.3
32	67.7	70.8	73.8	76.9	80.0	83.0	86.1	89.2	92.3	95.4
33	64.8	67.8	70.7	73.7	76.6	79.6	82.5	85.5	88.4	91.4
34	62.0	64.9	67.7	70.5	73.3	76.1	78.9	81.8	84.6	87.4
35	59.2	61.9	64.6	67.3	70.0	72.7	75.3	78.0	80.7	83.4
36	56.4	59.0	61.5	64.1	66.6	69.2	71.8	74.3	76.9	79.5
37	53.6	56.0	58.4	60.9	63.3	65.7	68.2	70.6	73.0	75.5
38	50.7	53.1	55.4	57.7	60.0	62.3	64.6	66.9	69.2	71.5
39	47.9	50.1	52.3	54.5	56.6	58.8	61.0	63.2	65.3	67.5
40	45.1	47.2	49.2	51.3	53.3	55.4	57.4	59.5	61.5	63.6
41	42.3	44.2	46.1	48.0	50.0	51.9	53.8	55.7	57.7	59.6
42	39.5	41.3	43.0	44.8	46.6	48.4	50.2	52.0	53.8	55.6
43	36.6	38.3	40.0	41.6	43.3	45.0	46.6	48.3	50.0	51.6
44	33.8	35.4	36.9	38.4	40.0	41.6	43.0	44.6	46.1	47.7
45	31.0	32.4	33.8	35.2	36.6	38.1	39.5	40.9	42.3	43.7
46	28.2	29.5	30.7	32.0	33.3	34.7	35.9	37.4	38.4	39.7
47	25.4	26.5	27.7	28.8	30.0	31.4	32.3	33.4	34.6	35.7
48	22.5	23.6	24.6	25.6	26.6	27.7	28.7	29.7	30.7	31.8
49	19.7	20.6	21.5	22.4	23.3	24.2	25.1	26.0	26.9	27.8
50	16.9	17.7	18.4	19.2	20.0	20.7	21.5	22.3	23.1	23.8
51	14.1	14.7	15.4	16.0	16.6	17.3	17.9	18.6	19.2	19.8
52	11.3	11.8	12.3	12.8	13.3	13.8	14.3	14.8	15.4	15.9
53	8.4	8.8	9.2	9.6	10.0	10.4	10.7	11.1	11.5	11.9
54	5.6	5.9	6.1	6.4	6.6	6.9	7.1	7.4	7.7	7.9
55	2.8	2.9	3.0	3.2	3.3	3.4	3.6	3.7	3.8	3.9
56	0.0	0.0	0.0	0.0	0.0	0.0	0.0	0.0	0.0	0.0

Depuis 30° jusqu'à 56°

TABLE D'AUGMENTATION DES DEGRÈS
Table XVII

	160	165	170	175	180	185	190	195	200	205
30	106.6	110.0	113.3	116.6	120.0	123.3	126.6	130.0	133.3	136.6
31	102.5	105.7	108.9	112.2	115.3	118.5	121.7	125.0	128.2	131.4
32	98.4	101.5	104.6	107.7	110.7	113.8	116.9	120.0	123.0	126.1
33	94.3	97.3	100.2	103.2	106.1	109.0	112.0	115.0	117.9	120.9
34	90.2	93.0	95.9	98.7	101.5	104.3	107.1	110.0	112.8	115.6
35	86.1	88.8	91.5	94.2	96.9	99.6	102.3	105.0	107.7	110.4
36	82.0	84.6	87.1	89.7	92.3	94.8	97.4	100.0	102.5	105.1
37	77.9	80.3	82.8	85.2	87.7	90.1	92.5	95.0	97.4	99.9
38	73.8	76.1	78.4	80.7	83.1	85.3	87.7	90.0	92.3	94.6
39	69.7	71.9	74.1	76.2	78.4	80.6	82.8	85.0	87.2	89.3
40	65.6	67.7	69.7	71.8	73.8	75.9	77.9	80.0	82.0	84.1
41	61.5	63.4	65.4	67.3	69.2	71.1	73.0	75.0	76.9	78.8
42	57.4	59.2	61.0	62.8	64.6	66.4	68.2	70.0	71.8	73.6
43	53.3	55.0	56.6	58.3	60.0	61.6	63.3	65.0	66.6	68.3
44	49.2	50.7	52.3	53.8	55.4	56.9	58.4	60.0	61.5	63.1
45	45.1	46.5	47.9	49.3	50.7	52.1	53.6	55.0	56.4	57.8
46	41.0	42.3	43.6	44.8	46.1	47.4	48.7	50.0	51.3	52.5
47	36.9	38.0	39.2	40.4	41.5	42.7	43.8	45.0	46.1	47.3
48	32.8	33.8	34.8	35.9	36.9	37.9	38.9	40.0	41.0	42.0
49	28.7	29.6	30.5	31.4	32.3	33.2	34.1	35.0	35.9	36.8
50	24.6	25.4	26.1	26.9	27.7	28.4	29.2	30.0	30.7	31.5
51	20.5	21.1	21.8	22.4	23.1	23.7	24.3	25.0	25.6	26.3
52	16.4	16.9	17.4	17.9	18.4	18.9	19.5	20.0	20.5	21.0
53	12.3	12.7	13.1	13.4	13.8	14.2	14.6	15.0	15.4	15.7
54	8.2	8.4	8.7	8.9	9.2	9.5	9.7	10.0	10.2	10.5
55	4.1	4.2	4.3	4.5	4.6	4.7	4.8	5.0	5.1	5.2
56	0.0	0.0	0.0	0.0	0.0	0.0	0.0	0.0	0.0	0.0

Depuis 30° jusqu'à 56°

TABLE D'AUGMENTATION DES DEGRÉS
Table **XVII**

	210	215	220	225	230	235	240	245	250
30	140.0	143.3	146.6	150.0	153.3	156.6	160.0	163.3	166.6
31	134.6	137.8	141.0	144.2	147.4	150.6	153.8	157.0	160.2
32	129.2	132.3	135.4	138.4	141.5	144.6	147.7	150.8	153.8
33	123.8	126.7	129.0	132.7	135.6	138.5	141.5	144.5	147.4
34	118.4	121.2	124.1	126.9	129.7	132.5	135.4	138.2	141.0
35	113.0	115.7	118.4	121.1	123.8	126.5	129.2	131.9	134.6
36	107.6	110.2	112.8	115.4	117.9	120.5	123.1	125.6	128.2
37	102.3	104.7	107.2	109.6	112.0	114.4	116.9	119.4	121.8
38	96.9	99.2	101.5	103.8	106.1	108.4	110.8	113.1	115.4
39	91.5	93.6	95.9	98.1	100.2	102.4	104.6	106.8	108.9
40	86.1	88.1	90.2	92.3	94.3	96.4	98.4	100.5	102.5
41	80.7	82.6	84.6	86.5	88.4	90.3	92.3	94.2	96.1
42	75.3	77.1	78.9	80.7	82.5	84.3	86.1	87.9	89.7
43	70.0	71.6	73.3	75.0	76.6	78.3	80.0	81.7	83.3
44	64.6	66.1	67.7	69.2	70.7	72.3	73.8	75.4	76.9
45	59.2	60.6	62.0	63.4	64.6	66.2	67.7	69.1	70.5
46	53.8	55.1	56.4	57.7	58.9	60.2	61.5	62.8	64.1
47	48.4	49.6	50.7	51.9	53.0	54.2	55.4	56.5	57.7
48	43.0	44.1	45.1	46.1	47.1	48.2	49.2	50.2	51.3
49	37.7	38.5	39.5	40.4	41.2	42.1	43.1	44.0	44.8
50	32.3	33.0	33.8	34.6	35.3	36.1	36.9	37.7	38.4
51	26.9	27.5	28.2	28.8	29.4	30.1	30.7	31.4	32.0
52	21.5	22.0	22.5	23.0	23.6	24.1	24.6	25.1	25.6
53	16.1	16.5	16.9	17.3	17.7	18.0	18.4	18.8	19.2
54	10.7	11.0	11.3	11.5	11.8	12.0	12.3	12.5	12.8
55	5.4	5.5	5.6	5.7	5.9	6.0	6.1	6.3	6.4
56	0.0	0.0	0.0	0.0	0.0	0.0	0.0	0.0	0.0

Depuis 30° jusqu'à 56°

TABLE D'AUGMENTATION DES DEGRES
Table XVIII

	10	15	20	25	30	35	40	45	50	55
30	7.1	10.6	14.2	17.7	21.3	24.8	28.4	32.0	35.5	39.0
31	6.8	10.2	13.7	17.1	20.5	23.9	27.4	30.8	34.2	37.6
32	6.5	9.8	13.1	16.4	19.7	23.0	26.3	29.6	32.9	36.1
33	6.3	9.4	12.6	15.8	18.9	22.1	25.2	28.4	31.5	34.7
34	6.0	9.0	12.1	15.1	18.1	21.2	24.2	27.2	30.2	33.3
35	5.8	8.6	11.5	14.4	17.3	20.2	23.1	26.0	28.9	31.8
36	5.5	8.3	10.0	13.8	16.6	19.3	22.1	24.9	27.6	30.4
37	5.2	7.9	10.5	13.1	15.8	18.4	21.0	23.7	26.3	28.9
38	5.0	7.5	10.0	12.5	15.0	17.5	20.0	22.5	25.0	27.5
39	4.7	7.1	9.4	11.8	14.2	16.5	18.9	21.3	23.6	26.0
40	4.4	6.7	8.9	11.2	13.4	15.6	17.9	20.1	22.3	24.6
41	4.2	6.3	8.4	10.5	12.6	14.7	16.8	18.9	21.0	23.1
42	3.9	5.9	7.9	9.8	11.8	13.8	15.8	17.7	19.7	21.7
43	3.7	5.5	7.3	9.2	11.0	12.9	14.7	16.6	18.4	20.2
44	3.4	5.1	6.8	8.5	10.2	11.9	13.6	15.4	17.1	18.8
45	3.1	4.7	6.3	7.9	9.4	11.0	12.6	14.2	15.8	17.4
46	2.9	4.3	5.8	7.2	8.7	10.1	11.5	13.0	14.4	15.9
47	2.6	3.9	5.2	6.5	7.9	9.2	10.5	11.8	13.1	14.5
48	2.3	3.5	4.7	5.9	7.1	8.3	9.4	10.6	11.8	13.0
49	2.1	3.1	4.2	5.2	6.3	7.3	8.4	9.5	10.5	11.6
50	1.8	2.7	3.7	4.6	5.5	6.4	7.3	8.3	9.2	10.1
51	1.5	2.3	3.1	3.9	4.7	5.5	6.3	7.1	7.9	8.7
52	1.3	1.9	2.6	3.3	3.9	4.6	5.2	5.9	6.6	7.2
53	1.0	1.5	2.1	2.6	3.1	3.7	4.2	4.7	5.2	5.8
54	0.8	1.2	1.5	1.9	2.3	2.7	3.1	3.5	3.9	4.3
55	0.5	0.8	1.0	1.3	1.5	1.8	2.1	2.3	2.6	2.9
56	0.2	0.4	0.5	0.6	0.8	0.9	1.0	1.2	1.3	1.4
57	0.0	0.0	0.0	0.0	0.0	0.0	0.0	0.0	0.0	0.0

Depuis 30° jusqu'à 57°

TABLE D'AUGMENTATION DES DEGRÉS
Table XVIII

	60	65	70	75	80	85	90	95	100	105
30	42.6	46.1	49.7	53.2	56.8	60.4	63.9	67.5	71.0	74.6
31	41.0	44.4	47.9	51.3	54.7	58.2	61.6	65.0	68.4	71.8
32	39.5	42.7	46.0	49.3	52.6	55.9	59.2	62.5	65.7	69.0
33	37.9	41.0	44.2	47.3	50.5	53.7	56.8	60.0	63.1	66.3
34	36.3	39.3	42.3	45.4	48.4	51.4	54.5	57.5	60.5	63.5
35	34.7	37.6	40.5	43.4	46.3	49.2	52.1	55.0	57.8	60.7
36	33.1	35.9	38.7	41.4	44.2	47.0	49.7	52.5	55.2	58.0
37	31.6	34.2	36.8	39.4	42.1	44.7	47.3	50.0	52.6	55.2
38	30.0	32.5	35.0	37.5	40.0	42.5	45.0	47.5	50.0	52.5
39	28.4	30.8	33.1	35.5	37.9	40.3	42.6	45.0	47.3	49.7
40	26.8	29.0	31.3	33.5	35.8	38.0	40.2	42.5	44.7	46.9
41	25.2	27.3	29.4	31.5	33.7	35.8	37.9	40.0	42.1	44.2
42	23.7	25.6	27.6	29.6	31.6	33.5	35.5	37.5	39.4	41.4
43	22.1	23.9	25.8	27.6	29.4	31.3	33.1	35.0	36.8	38.6
44	20.5	22.2	23.9	25.6	27.3	29.1	30.8	32.5	34.2	35.9
45	18.9	20.5	22.1	23.7	25.2	26.8	28.4	30.0	31.5	33.1
46	17.3	18.8	20.2	21.7	23.1	24.6	26.0	27.5	28.9	30.4
47	15.8	17.1	18.4	19.7	21.0	22.4	23.7	25.0	26.3	27.6
48	14.2	15.4	16.6	17.7	18.9	20.1	21.3	22.5	23.7	24.8
49	12.6	13.7	14.7	15.8	16.8	17.9	18.9	20.0	21.0	22.1
50	11.0	11.9	12.9	13.8	14.7	15.6	16.6	17.5	18.4	19.3
51	9.4	10.2	11.0	11.8	12.6	13.4	14.2	15.0	15.8	16.5
52	7.9	8.5	9.2	9.8	10.5	11.2	11.8	12.5	13.1	13.8
53	6.3	6.8	7.3	7.9	8.4	8.9	9.4	10.0	10.5	11.0
54	4.7	5.1	5.5	5.9	6.3	6.7	7.1	7.5	7.9	8.3
55	3.1	3.4	3.7	3.9	4.2	4.4	4.7	5.0	5.2	5.5
56	1.5	1.7	1.8	1.9	2.1	2.2	2.3	2.5	2.6	2.7
57	0.0	0.0	0.0	0.0	0.0	0.0	0.0	0.0	0.0	0.0

Depuis 30° jusqu'à 57°

TABLE D'AUGMENTATION DES DEGRÉS
Table **XVIII**

	110	115	120	125	130	135	140	145	150	155
30	78.1	81.7	85.2	88.8	92.3	95.9	99.4	103.0	106.5	110.1
31	75.2	78.6	82.1	85.5	88.9	92.3	95.8	99.2	102.6	106.0
32	72.3	75.6	78.9	82.2	85.5	88 7	92.1	95.3	98.7	102.0
33	69.4	72.6	75.8	78.9	82.1	85.2	88.4	91.5	94.7	97.9
34	66.5	69.6	72.6	75.6	78.7	81.6	84.7	87.7	90.8	93.8
35	63.6	66.5	69.5	72.3	75.2	78.1	81.0	83.9	86.8	89.7
36	60.8	63.5	66.3	69.1	71.8	74.6	77.3	80.1	82.9	85.6
37	57.9	60.5	63.1	65.8	68.4	71.0	73.7	76.3	78.9	81.6
38	55.0	57.4	60.0	62.5	65.0	67.5	70.0	72.5	75.0	77.5
39	52.1	54.4	56.8	59.2	61.6	64.0	66.3	68.6	71.0	73.4
40	49.2	51.4	53.7	55.9	58.1	60.4	62 6	64.8	67.1	69.3
41	46.3	48.4	50.5	52.6	54.7	56.9	58.9	61.0	63.1	65.2
42	43.4	45.4	47.4	49.3	51.3	53.3	55.2	57.2	59.2	61.2
43	40.5	42.3	44.2	46.0	47.9	49.8	51.6	53.4	55.2	57.1
44	37.6	39.3	41.0	42.7	44.4	46.2	47.9	49.6	51 3	53.0
45	34.7	36.3	37.9	39.4	41.0	42.7	44.2	45.7	47.3	48.9
46	31.8	33.3	34.7	36.2	37.6	39.1	40.5	41.9	43.4	44.8
47	28 9	30.2	31.6	32.9	34.2	35.5	36.8	38.1	39.5	40.8
48	26.0	27.2	28.4	29.6	30.8	32.0	33.1	34.3	35.5	36.7
49	23.1	24.2	25.2	26.3	27.3	28.4	29.5	30.5	31.6	32.6
50	20.2	21.2	22.1	23.0	23.9	24.8	25.8	26.7	27.6	28.5
51	17.3	18.1	18.9	19.7	20.5	21.3	22.1	22.9	23.7	24.4
52	14.4	15.1	15.8	16.4	17.1	17.7	18.4	19.1	19.7	20.4
53	11.5	12.1	10.6	13.1	13.7	14.2	14.7	15.2	15.8	16.3
54	8.7	9.1	9.4	9.8	10.2	10.6	11.0	11.4	11.8	12.2
55	5.8	6.0	6.3	6.5	6.8	7.1	7.3	7.6	7.8	8.1
56	2.9	3.0	3.1	3.3	3.4	3.5	3.7	3.8	3.9	4.0
57	0.0	0.0	0.0	0.0	0.0	0.0	0.0	0.0	0.0	0.0

Depuis 30º jusqu'à 57º

TABLE D'AUGMENTATION DES DEGRÉS
Table XVIII

	160	165	170	175	180	185	190	195	200	205
30	113.6	117.1	120.7	124.3	127.8	131.4	135.0	138.5	142.0	145.6
31	109.4	112.9	116.3	119.7	123.1	126.5	130.0	133.2	136.8	140.2
32	105.2	108.5	111.8	115.1	118.4	121.7	125.0	128.2	131.5	134.8
33	101.0	104.2	107.3	110.5	113.6	116.8	120.0	123.1	126.2	129.4
34	96.8	99.8	102.8	105.9	108.9	111.9	115.0	118.0	121.0	124.0
35	92.6	95.5	98.4	101.3	104.2	107.1	110.0	112.9	115.7	118.6
36	88.4	91.2	93.9	96.7	99.4	102.2	105.0	107.7	110.5	113.2
37	84.2	86.8	89.4	92.1	94.7	97.3	100.0	102.6	105.2	107.8
38	80.0	82.5	85.0	87.5	90.0	92.5	95.0	97.4	100.0	102.5
39	75.8	78.1	80.5	82.9	85.2	87.6	90.0	92.3	94.7	97.1
40	71.5	73.8	76.0	78.3	80.5	82.7	85.0	87.2	89.4	91.7
41	67.3	69.5	71.5	73.7	75.8	77.9	80.0	82.1	84.2	86.3
42	63.1	65.1	67.1	69.1	71.0	73.0	75.0	76.9	78.9	80.9
43	58.9	60.8	62.6	64.4	66.3	68.1	70.0	71.8	73.6	75.5
44	54.7	56.4	58.1	59.8	61.6	63.3	65.0	66.7	68.4	70.1
45	50.5	52.1	53.6	55.2	56.8	58.4	60.0	61.5	63.1	64.7
46	46.3	47.7	49.2	50.6	52.1	53.5	55.0	56.4	57.9	59.3
47	42.1	43.4	44.7	46.0	47.3	48.7	50.0	51.3	52.6	53.9
48	37.9	39.1	40.2	41.4	42.6	43.8	45.0	46.2	47.3	48.5
49	33.7	34.7	35.7	36.8	37.9	38.9	40.0	41.0	42.1	43.1
50	29.4	30.4	31.3	32.2	33.1	34.0	35.0	35.9	36.8	37.7
51	25.2	26.0	26.5	27.6	28.4	29.2	30.0	30.8	31.6	32.3
52	21.0	21.7	22.3	23.0	23.7	24.3	25.0	25.6	26.3	26.9
53	16.8	17.3	17.8	18.4	18.9	19.4	20.0	20.5	21.0	21.5
54	12.6	13.0	13.4	13.8	14.2	14.6	15.0	15.4	15.8	16.2
55	8.4	8.7	8.9	9.2	9.4	9.7	10.0	10.2	10.5	10 8
56	4.2	4.3	4.4	4 6	4.7	4.8	5.0	5.1	5.2	5.4
57	0.0	0.0	0.0	0.0	0.0	0.0	0.0	0.0	0.0	0.0

Depuis 30° jusqu'à 57°

TABLE D'AUGMENTATION DES DEGRÉS
Table XVIII

	210	215	220	225	230	235	240	245	250
30	149.2	152.7	156.3	159.8	163.4	166.9	170.5	174.0	177.6
31	143.6	147.1	150.5	153.9	157.3	160.8	164.2	167.6	171.0
32	138.1	141.4	144.7	148.0	151.3	154.6	157.9	161.1	164.4
33	132.6	135.8	138.9	142.1	145.2	148.4	151.5	154.7	157.9
34	127.1	130.1	132.1	136.1	139.2	142.2	145.2	148.3	151.3
35	121.5	124.5	127.3	130.2	133.1	136.0	138.9	141.8	144.7
36	116.0	118.8	121.5	124.2	127.1	129.8	132.6	135.4	138.1
37	110.5	113.1	115.8	118.4	121.0	123.7	126.3	128.9	131.6
38	105.0	107.5	110.0	112.5	115.0	117.5	120.0	122.5	125.0
39	99.4	101.8	104.2	106.5	108.9	111.3	113.6	116.0	118.4
40	93.9	96.2	98.4	100.6	102.9	105.1	107.3	109.6	111.8
41	88.4	90.5	92.6	94.7	96.8	98.9	101.0	103.1	105.2
42	82.9	84.9	86.8	88.8	90.8	92.7	94.7	96.7	98.7
43	77.3	79.2	81.0	82.9	84.7	86.5	88.4	90.2	92.1
44	71.8	73.5	75.2	76.9	78.7	80.4	82.1	83.8	85.5
45	66.3	67.9	69.4	71.0	72.6	74.2	75.8	77.3	78.9
46	60.8	62.2	63.7	65.1	66.6	68.0	69.4	70.9	72.3
47	55.2	56.6	57.9	59.2	60.5	61.8	63.1	64.4	65.8
48	49.7	50.9	52.1	53.3	54.4	55.6	56.8	58.0	59.2
49	44.2	45.2	46.3	47.3	48.4	49.4	50.5	51.5	52.6
50	38.7	39.6	40.5	41.4	42.3	43.3	44.2	45.1	46.0
51	33.1	33.9	34.7	35.5	36.3	37.1	37.9	38.7	39.4
52	27.6	28.3	28.9	29.6	30.2	30.9	31.5	32.2	32.9
53	22.1	22.5	23.1	23.7	24.2	24.7	25.2	25.8	26.3
54	16.6	16.9	17.3	17.7	18.1	18.5	18.9	19.3	19.7
55	11.0	11.3	11.5	11.8	12.1	12.3	12.6	12.9	13.1
56	5.5	5.6	5.8	5.9	6.0	6.2	6.3	6.4	6.6
57	0.0	0.0	0.0	0.0	0.0	0.0	0.0	0.0	0.0

Depuis 30° jusqu'à 57°

TABLE D'AUGMENTATION DES DEGRÉS
Table XIX

	10	15	20	25	30	35	40	45	50	55
30	7.5	11.3	15.1	18.9	22.7	26.5	30.2	34.0	37.8	41.6
31	7.3	10.9	14.6	18.2	21.9	25.5	29.2	32.8	36.4	40.1
32	7.0	10.0	14.0	17.5	21.1	24.6	28.1	31.6	35.1	38.6
33	6.7	10.1	13.5	16.9	20.2	23.6	27.0	30.4	33.7	37.1
34	6.5	9.7	12.9	16.2	19.4	22.7	25.9	29.1	32.4	35.6
35	6.2	9.3	12.4	15.5	18.6	21.7	24.8	27.9	31.0	34.1
36	5.9	8.9	11.9	14.8	17.8	20 8	23.8	26.7	29.7	32.7
37	5.6	8.5	11.3	14.2	17.0	19.8	22.7	25.5	28.3	31.2
38	5.4	8.1	10.8	13.5	16.2	18.9	21.6	24.3	27.0	29.7
39	5.1	7.7	10.2	12.8	15.4	17.9	20.5	23.1	25.6	28.2
40	4.8	7.3	9.7	12.1	14.6	17.0	19.4	21.9	24.3	26.7
41	4.6	6.9	9.2	11.5	13.8	16.1	18.4	20.7	22.9	25.2
42	4.3	6.5	8.6	10.8	12.9	15.1	17.3	19.4	21.6	23.7
43	4.0	6.1	8.1	10.1	12.1	14.2	16.2	18.2	20.2	22.3
44	3.8	5.6	7.5	9.4	11.3	13.2	15.1	17.0	18.9	20.8
45	3.5	5.2	7.0	8.7	10.5	12.3	14.0	15.8	17.5	19.3
46	3.2	4.8	6.5	8.1	9.7	11.3	13.0	14.6	16.2	17.8
47	2.9	4.4	5.9	7.4	8.9	10.4	11.9	13.4	14.8	16.3
48	2.7	4.0	5.4	6.7	8.1	9.4	10.8	12.1	13.5	14.8
49	2.4	3.6	4.8	6.0	7.3	8.5	9.7	10.9	12.1	13.3
50	2.1	3.2	4.3	5.4	6.5	7.5	8.6	9.7	10.8	11.9
51	1.9	2.8	3.8	4.7	5.7	6.6	7.5	8.5	9.4	10.4
52	1.6	2.4	3.2	4.0	4.8	5.6	6.5	7.3	8.1	8.9
53	1.3	2.0	2.7	3.3	4.0	4.7	5.4	6.1	6.7	7.4
54	1.1	1.6	2.1	2.7	3.2	3.8	4.3	4.8	5.4	5.9
55	0.8	1.2	1.6	2.0	2.4	2.8	3.2	3.6	4.0	4.4
56	0.5	0.8	1.1	1.3	1.6	1.9	2.1	2.4	2.7	2.9
57	0.2	0.4	0.5	0.6	0.8	0.9	1.1	1.2	1.3	1.5
58	0.0	0.0	0.0	0.0	0.0	0.0	0.0	0.0	0.0	0.0

Depuis 30° jusqu'à 58°

TABLE D'AUGMENTATION DES DEGRÉS
Table XIX

	60	65	70	75	80	85	90	95	100	105
30	45.4	49.1	52.9	56.7	60.5	64.3	68.1	71.8	75.7	79.5
31	43.7	47.4	51.0	54.7	58.4	62.0	65.6	69.3	73.0	76.6
32	42.1	45.6	49.1	52.7	56.2	59.7	63.2	66.7	70.3	73.8
33	40.5	43.9	47.2	50.7	54.0	57.4	60.8	64.1	67.5	70.9
34	38.9	42.1	45.4	48.6	51.9	55.1	58.3	61.6	64.8	68.1
35	37.3	40.4	43.5	46.6	49.7	52.8	55.9	59.0	62.1	65.3
36	35.6	38.6	41.6	44.6	47.5	50.5	53.5	56.4	59.4	62.4
37	34.0	36.8	39.7	42.5	45.4	48.2	51.1	53.9	56.7	59.6
38	32.4	35.1	37.8	40.5	43.2	45.9	48.6	51.3	54.0	56.7
39	30.8	33.3	35.9	38.5	41.1	43.6	46.2	48.7	51.3	53.9
40	29.2	31.6	34.0	36.5	38.9	41.3	43.8	46.2	48.6	51.1
41	27.5	29.8	32.1	34.4	36.7	39.0	41.3	43.6	45.9	48.2
42	25.9	28.1	30.2	32.4	34.6	36.7	38.9	41.0	43.2	45.4
43	24.3	26.3	28.3	30.4	32.4	34.4	36.5	38.5	40.5	42.6
44	22.7	24.6	26.5	28.4	30.2	32.1	34.0	35.9	37.8	39.7
45	21.0	22.8	24.6	26.3	28.1	29.8	31.6	33.4	35.1	36.9
46	19.4	21.0	22.7	24.3	25.9	27.5	29.2	30.8	32.4	34.0
47	17.8	19.3	20.8	22.3	23.8	25.2	26.7	28.2	29.7	31.2
48	16.2	17.5	18.9	20.2	21.6	22.9	24.3	25.6	27.0	28.4
49	14.6	15.8	17.0	18.2	19.4	20.6	21.9	23.1	24.3	25.5
50	12.9	14.0	15.1	16.2	17.3	18.3	19.4	20.5	21.6	22.7
51	11.3	12.3	13.2	14.2	15.1	16.0	17.0	17.9	18.9	19.8
52	9.7	10.5	11.3	12.1	12.9	13.8	14.6	15.4	16.2	17.0
53	8.1	8.8	9.4	10.1	10.8	11.5	12.1	12.8	13.5	14.2
54	6.5	7.0	7.5	8.1	8.6	9.2	9.7	10.2	10.8	11.3
55	4.8	5.2	5.6	6.1	6.5	6.9	7.3	7.7	8.1	8.5
56	3.2	3.5	3.8	4.0	4.3	4.6	4.8	5.1	5.4	5.6
57	1.6	1.7	1.9	2.0	2.1	2.3	2.4	2.5	2.7	2.8
58	0.0	0.0	0.0	0.0	0.0	0.0	0.0	0.0	0.0	0.0

Depuis 30o jusqu'à 58°

TABLE D'AUGMENTATION DES DEGRÉS
Table XIX

	110	115	120	125	130	135	140	145	150	155
30	83.2	87.0	90.8	94.6	98.3	102.1	105.9	109.7	113.5	117.3
31	80.2	83.9	87.5	91.2	94.8	98.5	102.1	105.8	109.4	113.1
32	77.3	80.8	84.3	87.8	91.3	94.8	98.3	101.9	105.4	108.9
33	74.3	77.7	81.0	84.4	87.8	91.2	94.6	98.0	101.3	104.7
34	71.3	74.6	77.8	81.0	84.3	87.5	90.8	94.0	97.3	100.6
35	68.3	71.5	74.5	77.7	80.8	83.9	87.0	90.1	93.2	96.4
36	65.4	68.4	71.3	74.3	78.3	80.2	83.2	86.2	89.2	92.2
37	62.4	65.3	68.0	70.9	73.7	76.6	79.4	82.3	85.1	88.0
38	59.4	62.1	64.8	67.5	70.2	72.9	75.6	78.4	81.1	83.8
39	56.5	59.0	61.6	64.2	66.7	69.3	71.9	74.4	77.0	79.6
40	53.5	55.9	58.3	60.8	63.2	65.7	68.1	70.5	73.0	75.4
41	50.5	52.8	55.1	57.4	59.7	62.0	64.3	66.5	68.9	71.2
42	47.5	49.7	51.8	54.0	56.2	58.4	60.5	62.7	64.8	67.0
43	44.6	46.6	48.6	50.7	52.7	54.7	56.7	58.8	60.8	62.8
44	41.6	43.5	45.4	47.3	49.2	51.1	52.9	54.8	56.7	58.6
45	38.6	40.4	42.1	43.9	45.6	47.4	49.2	50.9	52.7	54.4
46	35.6	37.3	38.9	40.5	42.1	43.8	45.4	47.0	48.6	50.3
47	32.7	34.2	35.6	37.1	38.6	40.1	41.6	43.1	44.6	46.1
48	29.7	31.1	32.4	33.8	35.1	36.5	37.8	39.2	40.5	41.9
49	26.7	28.0	29.2	30.4	31.6	32.8	34.0	35.2	36.5	37.7
50	23.8	24.8	25.9	27.0	28.1	29.2	30.2	31.3	32.4	33.5
51	20.8	21.7	22.7	23.6	24.5	25.5	26.5	27.4	28.4	29.3
52	17.8	18.6	19.4	20.2	21.0	21.9	22.7	23.5	24.3	25.1
53	14.8	15.5	16.2	16.9	17.5	18.2	18.9	19.6	20.2	20.9
54	11.8	12.4	12.9	13.5	14.0	14.6	15.1	15.6	16.2	16.7
55	8.9	9.3	9.7	10.1	10.5	10.9	11.3	11.7	12.1	12.5
56	5.9	6.2	6.5	6.7	7.0	7.3	7.5	7.8	8.1	8.3
57	2.9	3.1	3.2	3.3	3.5	3.6	3.8	3.9	4.0	4.2
58	0.0	0.0	0.0	0.0	0.0	0.0	0.0	0.0	0.0	0.0

Depuis 30° jusqu'à 58°

TABLE D'AUGMENTATION DES DEGRÉS
Table XIX

	160	165	170	175	180	185	190	195	200	205
30	121.0	124.8	128.6	132.4	136.2	140.0	143.8	147.5	151.3	155.1
31	116.7	120.4	124.0	127.7	131.3	135.0	138.6	142.3	145.9	149.6
32	112.4	115.9	119.4	123.0	126.5	130.0	132.5	137.0	140.5	144.0
33	108.1	111.4	114.8	118.2	121.6	125.0	128.4	131.7	135.1	138.5
34	103.7	107.0	110.2	113.5	116.8	120.0	123.2	126.5	129.7	132.9
35	99.4	102.5	105.6	108.8	111.9	115.0	118.1	121.2	124.3	127.4
36	95.1	98.1	101.0	104.0	107.0	110.0	113.0	115.9	118.9	121.9
37	90.8	93.6	96.4	99.3	102.2	105.0	107.8	110.6	113.5	116.3
38	86.4	89.2	91.9	94.6	97.3	100.0	102.7	105.4	108.1	110.8
39	82.1	84.7	87.3	89.8	92.4	95.0	97.6	100.1	102.7	105.0
40	77.8	80.2	82.7	85.1	87.5	90.0	92.4	94.8	97.3	99.7
41	73.5	75.8	78.1	80.4	82.7	85.0	87.3	89.6	91.9	94.2
42	69.1	71.3	73.5	75.7	77.8	80.0	82.2	84.3	86.5	88.6
43	64.8	66.9	68.9	70.9	73.0	75.0	77.0	79.0	81.1	83.1
44	60.5	62.4	64.3	66.2	68.1	70.0	71.9	73.8	75.6	77.5
45	56.2	57.9	59.7	61.5	63.2	65.0	66.8	68.5	70.2	72.0
46	51.9	53.5	55.1	56.7	58.4	60.0	61.6	63.2	64.8	66.5
47	47.5	49.0	50.5	52.0	53.5	55.0	56.5	57.9	59.4	60.9
48	43.2	44.6	45.9	47.3	48.6	50.0	51.3	52.7	54.0	55.4
49	38.9	40.1	41.3	42.5	43.8	45.0	46.2	47.4	48.6	49.8
50	34.6	35.6	36.7	37.8	38.9	40.0	41.1	42.1	43.2	44.3
51	30.2	31.2	32.1	33.1	34.0	35.0	35.9	36.9	37.8	38.8
52	25.9	26.7	27.5	28.4	29.2	30.0	30.8	31.6	32.4	33.2
53	21.6	22.3	22.9	23.6	24.3	25.0	25.7	26.3	27.0	27.7
54	17.3	17.8	18.3	18.9	19.4	20.0	20.5	21.1	21.6	22.1
55	12.9	13.3	13.8	14.2	14.6	15.0	15.4	15.8	16.2	16.6
56	8.6	8.9	9.2	9.4	9.7	10.0	10.2	10.5	10.8	11.1
57	4.3	4.4	4.6	4.7	4.8	5.0	5.1	5.2	5.4	5.5
58	0.0	0.0	0.0	0.0	0.0	0.0	0.0	0.0	0.0	0.0

Depuis 30° jusqu'à 58°

TABLE D'AUGMENTATION DES DEGRÉS
Table XIX

	210	215	220	225	230	235	240	245	250
30	158.9	162.7	166.4	170.2	174.0	177.8	181.6	185.4	189.1
31	153.2	156.8	160.5	164.2	167.8	171.4	175.1	178.7	182.3
32	147.5	151.0	154.6	158.1	161.6	165.1	168.6	172.1	175.6
33	141.9	145.2	148.6	152.0	155.4	158.7	162.1	165.5	168.8
34	136.2	139.4	142.7	145.9	149.2	152.4	155.6	158.9	162.1
35	130.5	133.6	136.7	139.8	143.0	146.0	149.1	152.2	155.3
36	124.8	127.8	130.8	133.8	136.8	139.7	142.7	145.6	148.6
37	119.2	122.0	124.8	127.7	130.5	133.3	136.2	139.0	141.8
38	113.5	116.2	118.9	121.6	124.3	127.0	129.7	132.4	135.1
39	107.8	110.4	112.9	115.5	118.1	120.6	123.2	125.8	128.3
40	102.1	104.6	107.0	109.4	111.9	114.3	116.7	119.1	121.6
41	96.5	98.7	101.1	103.3	105.7	107.9	110.2	112.5	114.8
42	90.8	92.9	95.1	97.3	99.5	101.6	103.7	105.9	108.1
43	85.1	87.1	89.2	91.2	93.3	95.2	97.3	99.3	101.3
44	79.4	81.3	83.2	85.1	87.0	88.9	90.8	92.7	94.6
45	73.8	75.5	77.3	79.0	80.8	82.5	84.3	86.0	87.8
46	68.1	69.7	71.3	72.9	74.6	76.2	77.8	79.4	81.0
47	62.4	63.9	65.4	66.9	68.4	69.8	71.3	72.8	74.3
48	56.7	58.1	59.4	60.8	62.2	63.5	64.8	66.2	67.5
49	51.1	52.3	53.5	54.7	55.9	57.1	58.4	59.6	60.7
50	45.4	46.5	47.5	48.6	49.7	50.8	51.9	52.9	54.0
51	39.7	40.6	41.6	42.5	43.5	44.4	45.4	46.3	47.2
52	34.0	34.8	35.6	36.5	37.3	38.1	38.9	39.7	40.5
53	28.4	29.0	29.7	30.4	31.1	31.7	32.4	33.1	33.7
54	22.7	23.2	23.8	24.3	24.8	25.4	25.9	26.5	27.0
55	17.0	17.4	17.8	18.2	18.6	19.0	19.4	19.8	20.2
56	11.3	11.6	11.9	12.1	12.4	12.7	12.9	13.2	13.5
57	5.6	5.8	5.9	6.1	6.2	6.3	6.5	6.6	6.7
58	0.0	0.0	0.0	0.0	0.0	0.0	0.0	0.0	0.0

Depuis 30º jusqu'à 58º

TABLE D'AUGMENTATION DES DEGRÉS
Table XX

	10	15	20	25	30	35	40	45	50	55
30	8.0	12.0	16.1	20.1	24.1	28.2	32.2	36.2	40.2	44.3
31	7.7	11.6	15.5	19.4	23.3	27.2	31.1	35.0	38.9	42.7
32	7.5	11.2	15.0	18.7	22.5	26.2	30.0	33.7	37.5	41.2
33	7.2	10.8	14.1	18.0	21.7	25.3	28.9	32.5	36.1	39.7
34	6.9	10.4	13.9	17.3	20.8	24.3	27.7	31.2	34.7	38.1
35	6.6	10.0	13.3	16.0	20.0	23.3	26.6	30.0	33.3	36.6
36	6.4	9.5	12.7	15.9	19.1	22.4	25.5	28.7	31.9	35.1
37	6.1	9.1	12.2	15.2	18.3	21.4	24.4	27.5	30.5	33.6
38	5.8	8.7	11.6	14.6	17.5	20.4	23.3	26.2	29.1	32.0
39	5.5	8.3	11.1	13.9	16.6	19.4	22.2	25.0	27.8	30.5
40	5.2	7.9	10.5	13.2	15.8	18.5	21.1	23.7	26.4	29.0
41	5.0	7.5	10.0	12.5	15.0	17.5	20.0	22.5	25.0	27.5
42	4.7	7.0	9.4	11.8	14.1	16.5	18.9	21.2	23.6	25.9
43	4.4	6.6	8.9	11.1	13.3	15.5	17.7	20.0	22.2	24.4
44	4.1	6.2	8.3	10.4	12.5	14.6	16.6	18.7	20.8	22.9
45	3.9	5.8	7.7	9.7	11.6	13.6	15.5	17.5	19.4	21.3
46	3.6	5.4	7.2	9.0	10.8	12.6	14.4	16.2	18.0	19.8
47	3.3	5.0	6.6	8.3	10.0	11.6	13.3	15.0	16.6	18.3
48	3.0	4.5	6.1	7.6	9.1	10.7	12.2	13.7	15.2	16.8
49	2.7	4.1	5.5	6.9	8.3	9.7	11.1	12.5	13.9	15.2
50	2.5	3.7	5.0	6.2	7.5	8.7	10.0	11.2	12.5	13.7
51	2.2	3.3	4.4	5.5	6.6	7.7	8.9	10.0	11.1	12.2
52	1.9	2.9	3.8	4.8	5.8	6.8	7.7	8.7	9.7	10.7
53	1.6	2.5	3.3	4.1	5.0	5.8	6.6	7.5	8.3	9.1
54	1.4	2.1	2.7	3.4	4.1	4.8	5.5	6.2	6.9	7.6
55	1.1	1.6	2.2	2.7	3.3	3.9	4.4	5.0	5.5	6.1
56	0.8	1.2	1.6	2.1	2.5	2.9	3.3	3.7	4.1	4.6
57	0.5	0.8	1.1	1.4	1.6	1.9	2.2	2.5	2.7	3.0
58	0.2	0.4	0.5	0.7	0.8	0.9	1.1	1.2	1.4	1.5
59	0.0	0.0	0.0	0.0	0.0	0.0	0.0	0.0	0.0	0.0

Depuis 30⁰ jusqu'à 59⁰

TABLE D'AUGMENTATION DES DEGRES
Table **XX**

	60	65	70	75	80	85	90	95	100	105
30	48.3	52.3	56.4	60.4	64.4	68 5	72.5	76.5	80.5	84.5
31	46.6	50.5	54.4	58.3	62.2	66.1	70.0	73.9	77.7	81.6
32	45.0	48.7	52.5	56.2	60.0	63.7	67.5	71.2	75.0	78.7
33	43.3	46.9	50.5	54.1	57.7	61.4	65.0	68.6	72.2	75.8
34	41.6	45.1	48.6	52.1	55.5	59.0	62.5	65.9	69.4	72.9
35	40.0	43.3	46.6	50.0	53.3	56.6	60.0	63.3	66.6	70.0
36	38.3	41.5	44.7	47.9	51.1	54.3	57.5	60.7	63.9	67.0
37	36.6	39.7	42.7	45.8	48.9	51.9	55.0	58.0	61.1	64.1
38	35.0	37.9	40.8	43.7	46.6	49.6	52.5	55.4	58.3	61.2
39	33.3	36.1	38.9	41.6	44.4	47.2	50.0	52.7	55.5	58.3
40	31.6	34.3	36.9	39.6	42.2	44.8	47.5	50.1	52.7	55.4
41	30.0	32.5	35.0	37.5	40.0	42.5	45.0	47.5	50.0	52.5
42	28.3	30.7	33.0	35.4	37.7	40.1	42.5	44.8	47.2	49.5
43	26.6	28.9	31.1	33.3	35.5	37.7	40.0	42.2	44.4	46.6
44	25.0	27.0	29.1	31.2	33.3	35.4	37.5	39.6	41.6	43.7
45	23.3	25.2	27.2	29.1	31.1	33.0	35.0	36.9	38.9	40.8
46	21.6	23.4	25.3	27.1	28.9	30.7	32.5	34.3	36.1	37.9
47	20.0	21.6	23.3	25.0	26.6	28.3	30.0	31.6	33.3	35.0
48	18.3	19.8	21.4	22.9	24.4	25.9	27.5	29.0	30.5	32.1
49	16.6	18.0	19.4	20.8	22.2	23.6	25.0	26.4	27.7	29.1
50	15.0	16.2	17.5	18.7	20.0	21.2	22.5	23.7	25.0	26.2
51	13.3	14.4	15.5	16.6	17.7	18.9	20.0	21.1	22.2	23.3
52	11.6	12.6	13.6	14.6	15.5	16.5	17.5	18.4	19.4	20.4
53	10.0	10.8	11.6	12.5	13.3	14.1	15.0	15.8	16.6	17.5
54	8.3	9.0	9.7	10.4	11.1	11.8	12.5	13.2	13.9	14.6
55	6.6	7.2	7.7	8.3	8.9	9.4	10.0	10.5	11.1	11.6
56	5.0	5.4	5.8	6.2	6.6	7.1	7.5	7.9	8.3	8.7
57	3.3	3.6	3.9	4.1	4.4	4.7	5.0	5.2	5.5	5.8
58	1.6	1.8	1.9	2.1	2.2	2.3	2.5	2.6	2.7	2.9
59	0.0	0.0	0.0	0.0	0.0	0.0	0.0	0.0	0.0	0.0

Depuis 30o jusqu'à 59o

TABLE D'AUGMENTATION DES DEGRÉS
Table XX

	110	115	120	125	130	135	140	145	150	155
30	88.6	92.6	96.6	100.7	104.7	108.7	112.7	116.8	120.8	124.8
31	85.5	89.4	93.3	97.2	101.1	105.0	108.9	112.7	116.6	120.5
32	82.4	86.2	90.0	93.7	97.5	101.2	105.0	108.7	112.5	116.2
33	79.4	83.0	86.6	90.2	93.9	97.5	101.1	104.7	108.3	111.9
34	76.3	79.8	83.3	86.8	90.2	93.7	97.2	100.6	104.1	107.6
35	73.3	76.6	80.0	83.3	86.6	90.0	93.3	96.6	100.0	103.3
36	70.2	73.4	76.6	79.8	83.0	86.2	89.4	92.6	95.8	99.0
37	67.2	70.3	73.3	76.4	79.4	82.5	85.5	88.6	91.6	94.7
38	64.1	67.1	70.0	72.9	75.8	78.7	81.6	84.6	87.5	90.4
39	61.1	63.9	66.6	69.4	72.2	75.0	77.7	80.5	83.3	86.1
40	58.0	60.7	63.3	65.9	68.6	71.2	73.9	76.5	79.1	81.8
41	55.0	57.5	60.0	62.5	65.0	67.5	70.0	72.4	75.0	77.5
42	51.9	54.3	56.6	59.0	61.4	63.7	66.1	68.4	70.8	73.2
43	48.8	51.1	53.3	55.5	57.7	60.0	62.2	64.4	66.6	68.9
44	45.8	47.9	50.0	52.0	54.1	56.2	58.3	60.4	62.5	64.6
45	42.7	44.7	46.6	48.6	50.5	52.5	54.4	56.3	58.3	60.2
46	39.7	41.5	43.3	45.1	46.9	48.7	50.5	52.3	54.1	55.9
47	36.6	38.3	40.0	41.6	43.3	45.0	46.6	48.3	50.0	51.7
48	33.6	35.1	36.6	38.2	39.7	41.2	42.7	44.2	45.8	47.3
49	30.5	31.9	33.3	34.7	36.1	37.5	38.8	40.2	41.6	43.0
50	27.5	28.7	30.0	31.2	32.5	33.7	35.0	36.2	37.5	38.7
51	24.4	25.5	26.6	27.7	28.9	30.0	31.1	32.1	33.3	34.4
52	21.4	22.3	23.3	24.3	25.2	26.2	27.2	28.1	29.1	30.1
53	18.3	19.1	20.0	20.8	21.6	22.5	23.2	24.1	25.0	25.8
54	15.2	15.9	16.6	17.3	18.0	18.7	19.4	20.1	20.8	21.5
55	12.2	12.7	13.3	13.9	14.4	15.0	15.5	16.1	16.6	17.2
56	9.1	9.6	10.0	10.4	10.8	11.2	11.6	12.0	12.5	12.9
57	6.1	6.4	6.6	6.9	7.2	7.5	7.7	8.0	8.3	8.6
58	3.0	3.2	3.3	3.4	3.6	3.7	3.9	4.0	4.1	4.3
59	0.0	0.0	0.0	0.0	0.0	0.0	0.0	0.0	0.0	0.0

Depuis 30° jusqu'à 59°

TABLE D'AUGMENTATION DES DEGRES
Table XX

	160	165	170	175	180	185	190	195	200	205
30	128.9	132.9	136.9	140.9	145.0	149.0	153.0	157.0	161.1	165.1
31	124.4	128.3	132.2	136.1	140.0	143.9	147.7	151.6	155.5	159.4
32	120.0	123.7	127.5	131.2	135.0	138.7	142.4	146.2	150.0	153.7
33	115.5	119.1	122.7	126.4	130.0	133.6	137.2	140.8	144.4	148.0
34	111.1	114.5	118.0	121.5	125.0	128.4	131.9	135.4	138.9	142.3
35	106.6	110.0	113.3	116.6	120.0	123.3	126.6	130.0	133.3	136.6
36	102.2	105.4	108.6	111.8	115.0	118.2	121.3	124.5	127.7	130.9
37	97.7	100.8	103.8	106.9	110.0	113.0	116.0	119.1	122.2	125.2
38	93.3	96.2	99.1	102.1	105.0	107.9	110.8	113.7	116.6	119.5
39	88.9	91.6	94.4	97.2	100.0	102.8	105.5	108.3	111.1	113.8
40	84.4	87.0	89.7	92.3	95.0	97.6	100.2	102.9	105.5	108.1
41	80.0	82.5	85.0	87.5	90.0	92.5	94.9	97.5	100.0	102.4
42	75.5	77.9	80.2	82.6	85.0	87.3	89.7	92.0	94.4	96.7
43	71.1	73.3	75.5	77.7	80.0	82.2	84.4	86.6	88.9	91.0
44	66.6	68.7	70.8	72.9	75.0	77.1	79.1	81.2	83.3	85 3
45	62.2	64.1	66.1	68.0	70.0	71.9	73.8	75.8	77.7	79.6
46	57.7	59.5	61.4	63.2	65.0	66.8	68.5	70.4	72.2	74.0
47	53.3	55.0	56.6	58.3	60.0	61.6	63.3	65.0	66.6	68.3
48	48.9	50.4	51.9	53.4	55.0	56.5	58.0	59.5	61.1	62.6
49	44.4	45.8	47.2	48.6	50.0	51.4	52.7	54.1	55.5	56.9
50	40.0	41.2	42.5	43.7	45.0	46.2	47.4	48.1	50.0	51.2
51	35.5	36.6	37.7	38.9	40.0	41.1	42.1	43.3	44.4	45.5
52	31.1	32.1	33.0	34.0	35.0	35.9	36.9	37.9	38.9	39.8
53	26.6	27.5	28.3	29.1	30.0	30.8	31.6	32.5	33.3	34.1
54	22.2	22.9	23.6	24.3	25.0	25.7	26.3	27.1	27.7	28.4
55	17.7	18.3	18.9	19.4	20.0	20.5	21.1	21.6	22.2	22.7
56	13.3	13.7	14.1	14.6	15.0	15.4	15.8	16.2	16.6	17.0
57	8.9	9.1	9.4	9.7	10.0	10.2	10.5	10.8	11.1	11.4
58	4.4	4.6	4.7	4.8	5.0	5.1	5.2	5.4	5.5	5.7
59	0.0	0.0	0.0	0.0	0.0	0.0	0.0	0.0	0.0	0.0

Depuis 30° jusqu'à 59°

TABLE D'AUGMENTATION DES DEGRÉS
Table XX

	210	215	220	225	230	235	240	245	250
30	169.4	173.2	177.2	181.2	185.2	189.3	193.3	197.3	201.4
31	163.3	167.2	171.1	175.0	178.8	182.7	186.6	190.5	194.4
32	157.5	161.2	165.0	168.7	172.4	176.2	180.0	183.7	187.5
33	151.6	155.2	158.9	162.5	166.1	169.7	173.3	176.9	180.5
34	145.8	149.3	152.7	156.2	159.7	163.1	166.6	170.1	173.6
35	140 0	143.3	146.6	150.0	153.3	156.6	160.0	163.3	166.6
36	134.1	137.3	140.5	143.7	146.9	150.1	153.3	156.5	159.7
37	128.3	131.4	134.4	137.5	140.5	143.6	146.6	149.7	152.8
38	122.5	125.4	128.3	131.2	134.1	137.0	140.0	142.9	145.8
39	116.6	119.4	122.2	125.0	127.7	130.5	133.3	136.1	138.9
40	110.8	113.5	116.1	118.5	121.3	124.0	126.6	129.3	131.9
41	105.0	107.5	110.0	112.5	115.0	117.5	120.0	122.5	125.0
42	99.1	101.5	103.9	106.2	108.6	110.9	113.3	115.7	118.0
43	93.3	95.5	97.7	100.0	102.2	104.4	106.6	108.9	111.1
44	87.5	89.6	91.6	93.7	95.8	97.9	100.0	102.1	104.1
45	81.6	83.6	85.5	87.5	89.4	91.3	93.3	95.2	97.2
46	75.8	77.6	79.4	81.2	83.0	84.8	86.6	88.4	90.3
47	70.0	71.7	73.3	75.0	76.6	78.3	80.0	81.6	83.3
48	64.1	65.7	67.2	68.7	70.2	71.8	73.3	74.8	76.4
49	58.3	59.7	61.1	62.5	63.9	65.2	66.6	68.0	69.4
50	52.5	53.7	55.0	56.2	57.5	58.7	60.0	61.2	62.5
51	46.6	47.8	48.9	50.0	51.1	52.2	53.3	54.4	55.5
52	40.8	41.8	42.7	43.7	44.7	45.7	46.6	47.6	48.6
53	35.0	35.8	36.6	37.5	38.3	39.1	40.0	40.8	41.6
54	29.1	29.8	30.5	31.2	31.9	32.6	33.3	34.0	34.7
55	23.3	23.9	24.4	25.0	25.5	26.1	26.6	27.2	27.8
56	17.5	17.9	18.3	18.7	19.1	19.6	20.0	20.4	20.8
57	11.6	11.9	12.2	12.5	12.7	13.0	13.3	13.6	13.9
58	5.8	5.9	6.1	6.2	6.4	6.5	6.6	6.8	6.9
59	0.0	0.0	0.0	0.0	0.0	0.0	0.0	0.0	0.0

Depuis 30° jusqu'à 59°

TABLE D'AUGMENTATION DES DEGRÉS
Table XXI

	10	15	20	25	30	35	40	45	50	55
30	8.5	12.8	17.1	21.4	25.7	30.0	34.3	38.5	42.8	47.1
31	8.2	12.4	16.5	20.7	24.8	29.0	33.1	37.2	41.4	45.7
32	8.0	12.0	16.0	20.0	24.0	28.0	32.0	35.9	40.0	44.0
33	7.7	11.5	15.4	19.3	23.1	27.0	30.8	34.6	38.5	42.4
34	7.4	11.1	14.8	18.6	22.3	26.0	29.7	33.4	37.1	40.8
35	7.1	10.7	14.3	17.8	21.4	25.0	28.5	32.1	35.7	39.2
36	6.8	10.2	13.7	17.1	20.5	24.0	27.4	30.8	34.2	37.7
37	6.5	9.8	13.1	16.4	19.7	23.0	26.2	29.5	32.8	36.1
38	6.2	9.4	12.5	15.7	18.8	22.0	25.1	28.2	31.4	34.5
39	5.9	9.0	12.0	15.0	18.0	21.0	24.0	27.0	30.0	33.0
40	5.7	8.6	11.4	14.3	17.1	20.0	22.8	25.7	28.5	31.4
41	5.4	8.1	10.8	13.6	16.3	19.0	21.7	24.4	27.1	29.8
42	5.1	7.7	10.3	12.8	15.4	18.0	20.5	23.1	25.7	28.3
43	4.8	7.3	9.7	12.1	14.5	17.0	19.4	21.8	24.3	26.7
44	4.5	6.8	9.1	11.4	13.7	16.0	18.2	20.5	22.8	25.1
45	4.3	6.4	8.5	10.7	12.8	15.0	17.1	19.2	21.4	23.5
46	4.0	6.0	8.0	10.0	12.0	14.0	15.9	18.0	20.0	22.0
47	3.7	5.6	7.4	9.3	11.1	13.0	14.8	16.7	18.5	20.4
48	3.4	5.1	6.8	8.5	10.3	12.0	13.7	15.4	17.1	18.8
49	3.1	4.7	6.2	7.8	9.4	11.0	12.5	14.1	15.7	17.3
50	2.8	4.3	5.7	7.1	8.5	10.0	11.4	12.8	14.3	15.7
51	2.5	3.8	5.1	6.4	7.7	9.0	10.2	11.5	12.8	14.1
52	2.3	3.4	4.5	5.7	6.8	8.0	9.1	10.2	11.4	12.5
53	2.0	3.0	4.0	5.0	6.0	7.0	8.0	9.0	10.0	11.0
54	1.7	2.5	3.4	4.3	5.1	6.0	6.8	7.7	8.5	9.4
55	1.4	2.1	2.8	3.5	4.3	5.0	5.7	6.4	7.1	7.8
56	1.1	1.7	2.3	2.8	3.4	4.0	4.5	5.1	5.7	6.3
57	0.8	1.3	1.7	2.1	2.5	3.0	3.4	3.8	4.3	4.7
58	0.5	0.8	1.1	1.4	1.7	2.0	2.2	2.5	2.8	3.1
59	0.3	0.4	0.5	0.7	0.8	1.0	1.1	1.3	1.4	1.5
60	0.0	0.0	0.0	0.0	0.0	0.0	0.0	0.0	0.0	0.0

Depuis 30° jusqu'à 60°

TABLE D'AUGMENTATION DES DEGRÉS
Table XXI

	60	65	70	75	80	85	90	95	100	105
30	51.4	55.7	60.0	64.3	68.5	72.8	77.1	81.4	85.7	90.0
31	49.7	53.8	58.0	62.2	66.2	70.4	74.5	78.7	82.8	87.0
32	48.0	52.0	56.0	60.1	63.9	68.0	72.0	76.0	80.0	84.0
33	46.3	50.1	54.0	58.0	61.7	65.5	69.4	73.3	77.1	81.0
34	44.6	48.3	52.0	55.8	59.4	63.1	66.8	70.6	74.4	78.0
35	42.8	46.4	50.0	53.5	57.1	60.7	64.3	67.8	71.4	75.0
36	41.1	44.5	48.0	51.4	54.8	58.2	61.7	65.1	68.5	72.0
37	39.4	42.7	46.0	49.2	52.5	55.8	59.1	62.4	65.7	69.0
38	37.7	40.8	44.0	47.1	50.2	53.4	56.5	59.7	62.8	66.0
39	36.0	39.0	42.0	44.9	48.0	51.0	54.0	57.0	60.0	63.0
40	34.3	37.1	40.0	42.8	45.7	48.5	51.4	54.3	57.1	60.0
41	32.6	35.3	38.0	40.7	43.4	46.1	48.8	51.5	54.3	57.0
42	30.8	33.4	36.0	38.6	41.1	43.7	46.3	48.8	51.4	54.0
43	29.1	31.5	34.0	36.5	38.8	41.2	43.7	46.1	48.5	51.0
44	27.4	29.7	32.0	34.4	36.5	38.8	41.1	43.4	45.7	48.0
45	25.7	27.8	30.0	32.2	34.2	36.4	38.5	40.7	42.8	45.0
46	24.0	26.0	28.0	30.0	32.0	34.0	36.0	38.0	40.0	42.0
47	22.3	24.1	26.0	27.9	29.7	31.5	33.4	35.3	37.1	39 0
48	20.5	22.3	24.0	25.8	27.4	29.1	30.8	32.5	34.3	36.0
49	18.8	20.4	22.0	23.6	25.1	26.7	28.3	29.8	31.4	33.0
50	17.1	18.5	20.0	21.5	22.8	24.3	25.7	27.1	28.5	30.0
51	15.4	16.7	18.0	19.3	20.5	21.8	23.1	24.4	25.7	27.0
52	13.7	14.8	16.0	17.1	18.3	19.4	20.7	21.7	22.8	24.0
53	12.0	13.0	14.0	15.0	16.0	17.0	18.0	19.0	20.0	21.0
54	10.3	11.1	12.0	12.8	13.7	14.5	15.4	16.3	17.1	18.0
55	8.5	9.3	10.0	10.7	11.4	12.1	12.8	13.5	14.3	15.0
56	6.8	7.4	8.0	8.5	9.1	9.7	10.3	10.8	11.4	12.0
57	5.1	5.5	6.0	6.4	6.8	7.3	7.7	8.1	8.5	9.0
58	3.4	3.7	4.0	4.3	4.5	4.8	5.1	5.4	5.7	6.0
59	1.7	1.8	2.0	2.1	2.3	2.4	2.5	2.7	2.8	3.0
60	0.0	0.0	0.0	0 0	0.0	0.0	0.0	0.0	0.0	0.0

Depuis 30º jusqu'à 60º

TABLE D'AUGMENTATION DES DEGRÉS
Table XXI

	110	115	120	125	130	135	140	145	150	155
30	94.3	98.5	102.8	107.1	111.4	115.7	120.0	124.3	128.5	132.8
31	91.1	95.2	99.4	103.5	107.7	111.8	116.0	120.1	124.3	128.4
32	88.0	91.9	96.0	100.0	104.0	108.0	112.6	116.0	120.0	124.0
33	84.8	88.6	92.5	96.4	100.3	104 1	108.0	114.8	115.7	119.5
34	81.7	85.4	89.1	92.8	96.6	100.2	104.0	107.7	111.4	115.1
35	78.5	82.1	85 7	89.3	92.8	96.4	100.0	103.6	107.1	110.7
36	75.4	78.8	82.2	85.7	89.1	92.5	96.0	99.4	102.8	106.2
37	72.3	75.5	78.8	82.1	85.4	88.7	92.0	95.3	98.5	101.8
38	69.1	72.2	76.4	78.5	81.7	84.8	88.0	91.1	94.3	97.4
39	66.0	69.0	72.0	75.0	78.0	81.0	84.0	87.0	90.0	93.0
40	62.8	65.7	68.5	71.4	74.3	77.1	80.0	82.8	85.7	88.5
41	59 7	62.4	65.1	67.8	70.6	73.3	76.0	78.7	81.4	84.1
42	56.5	59.1	61.7	64.3	66.8	69.4	72.0	74.6	77.1	79.7
43	53.4	55.8	58.2	60.7	63.1	65.5	68.0	70.4	72.8	75.2
44	50.2	52.5	54.8	57.1	59.4	61.7	64.0	66.3	68.5	70.8
45	47.1	49.2	51.4	53.5	55.7	57.8	60.0	62.1	64.2	66.4
46	44.0	46.0	48.0	50.0	52.0	54.0	56.0	58.0	60.0	62.0
47	40.8	42.7	44.5	46.4	48.3	50.1	52.0	53.8	55.7	57.5
48	37.7	39.4	41.1	42.8	44.5	46.3	48.0	49.7	51.4	53.1
49	34.5	36.1	37.7	39.3	40.8	42.4	44.0	45.5	47.1	48.7
50	31.4	32.8	34.3	35.7	37.1	38.5	40.0	41.4	42.8	44.3
51	28.3	29.5	30.8	32.1	33.4	34.7	36.0	37.3	38.5	39.8
52	25.1	26.3	27.4	28.5	29.7	30.8	32.0	33.1	34.2	35.4
53	22.0	23.0	24.0	25.0	26.0	27.0	28.0	29.0	30.0	31.0
54	18.8	19.7	20.5	21.4	22.3	23.1	24.0	24.8	25.7	26.5
55	15.7	16.4	17.1	17.8	18.5	19.3	20.0	20.7	21.4	22.1
56	12.5	13.1	13.7	14.3	14.8	15.4	16.0	16.5	17.1	17.7
57	9.4	9.8	10.3	10.7	11.1	11 5	12.0	12.4	12.8	13.3
58	6.3	6.5	6.8	7.1	7.4	7.7	8.0	8.3	8.5	8.8
59	3.1	3.3	3.4	3.5	3.7	3.8	4.0	4.1	4.3	4.4
60	0.0	0.0	0.0	0.0	0.0	0.0	0.0	0.0	0.0	0.0

Depuis 30º jusqu'à 60º

TABLE D'AUGMENTATION DES DEGRÉS
Table XXI

	160	165	170	175	180	185	190	195	200	205
30	137.1	141.4	145.7	150.0	154.3	158.5	162.8	167.1	171.4	175.7
31	132.5	136.7	140.8	145.0	149.1	153.2	157.4	161.5	165.7	169.8
32	128.0	132.0	136.0	140.0	144.0	147.9	152.0	156.0	160.0	164.0
33	123.4	127.3	131.1	135.0	138.8	142.7	146.5	150.4	154.3	158.1
34	118.8	122.5	126.3	130.0	133.7	137.4	141.1	144.8	148.6	152.3
35	114.3	117.8	121.4	125.0	128.5	132.1	135.7	139.3	142.8	146.4
36	109.7	113.1	116.5	120.0	123.4	126.8	130.2	133.7	137.1	140.5
37	105.1	108.4	111.7	115.0	118.3	121.5	124.8	128.1	131.4	134.7
38	100.5	103.7	106.8	110.0	113.1	116.2	119.4	122.5	125.7	128.8
39	96.0	99.0	102.0	105.0	108.0	111.0	114.0	117.0	120.0	123.0
40	91.4	94.3	97.1	100.0	102.8	105.7	108.5	111.4	114.3	117.1
41	86.8	89.6	92.3	95.0	97.7	100.4	103.1	105.8	108.6	111.3
42	82.3	84.8	87.4	90.0	92.5	95.1	97.7	100.3	102.8	105.4
43	77.7	80.1	82.5	85.0	87.4	89.8	92.2	94.7	97.1	99.5
44	73.1	75.4	77.7	80.0	82.3	84.5	86.8	89.1	91.4	93.7
45	68.5	70.7	72.8	75.0	77.1	79.2	81.4	83.5	85.7	87.8
46	64.0	66.0	68.0	70.0	72.0	74.0	76.0	78.0	80.0	82.0
47	59.4	61.3	63.1	65.0	66.8	68.7	70.5	72.4	74.3	76.1
48	54.8	56.5	58.3	60.0	61.7	63.4	65.1	66.8	68.5	70.3
49	50.3	51.8	53.4	55.0	56.5	58.1	59.7	61.3	62.8	64.4
50	45.7	47.1	48.5	50.0	51.4	52.8	54.3	55.7	57.1	58.5
51	41.1	42.4	43.7	45.0	46.3	47.5	48.8	50.1	51.4	52.7
52	36.5	37.7	38.8	40.0	41.1	42.2	43.4	44.5	45.7	46.8
53	32.0	33.0	34.0	35.0	36.0	37.0	38.0	39.0	40.0	41.0
54	27.4	28.3	29.1	30.0	30.8	31.7	32.5	33.4	34.3	35.1
55	22.8	23.5	24.3	25.0	25.7	26.4	27.1	27.8	28.5	29.3
56	18.3	18.8	19.4	20.0	20.5	21.1	21.7	22.3	22.8	23.4
57	13.7	14.1	14.5	15.0	15.4	15.8	16.3	16.7	17.1	17.5
58	9.1	9.4	9.7	10.0	10.3	10.5	10.8	11.1	11.4	11.7
59	4.5	4.7	4.8	5.0	5.1	5.3	5.4	5.5	5.7	5.8
60	0.0	0.0	0.0	0.0	0.0	0.0	0.0	0.0	0.0	0.0

Depuis 30º jusqu'à 60º

TABLE D'AUGMENTATION DES DEGRÉS
Table XXI

	210	215	220	225	230	235	240	245	250
30	180.0	184.3	188.5	192.8	197.1	201.4	206.7	210.0	214.3
31	174.0	178.1	182.2	186.4	190.5	194.7	198.8	203.0	207.1
32	168.0	172.0	176.0	180.0	184.0	188.0	192.0	196.0	200.0
33	162.0	165.9	169.7	173.5	177.4	181.3	185.1	189.0	192.8
34	156.0	159.7	163.4	167.1	170.8	174.5	178.3	182.0	185.7
35	150.0	153.6	157.1	160.7	164.3	167.8	171.4	175.0	178.6
36	144.0	147.4	150.8	154.3	157.7	161.1	164.5	168.0	171.4
37	138.0	141.3	144.5	147.8	151.4	154.4	157.7	161.0	164.3
38	132.0	135.1	138.2	141.4	144.5	147.7	150.8	154.0	157.1
39	126.0	129.0	132.0	135.0	138.0	141.0	144.0	147.0	150.0
40	120.0	122.8	125.7	128.5	131.4	134.3	137.1	140.0	142.8
41	114.0	116.7	119.4	122.1	124.8	127.5	130.3	133.0	135.7
42	108.0	110.6	113.1	115.7	118.3	120.8	123.4	126.0	128.6
43	102.0	104.4	106.8	109.3	111.7	114.1	116.5	119.0	121.4
44	96.0	98.3	100.5	102.8	105.1	107.4	109.7	112.0	114.3
45	90.0	92.1	94.3	96.4	98.5	100.7	102.8	105.0	107.1
46	84.0	86.0	88.0	90.0	92.0	94.0	96.0	98.0	100.0
47	78.0	79.8	81.7	83.5	85.4	87.3	89.1	91.0	92.8
48	72.0	73.7	75.4	77.1	78.8	80.5	82.3	84.0	85.7
49	66.0	67.5	69.1	70.7	72.3	73.8	75.4	77.0	78.6
50	60.0	61.4	62.8	64.3	65.7	67.1	68.5	70.0	71.4
51	54.0	55.3	56.5	57.8	59.1	60.3	61.7	63.0	64.3
52	48.0	49.1	50.3	51.4	52.5	53.6	54.8	56.0	57.1
53	42.0	43.0	44.0	45.0	46.0	46.9	48.0	49.0	50.0
54	36.0	36.8	37.7	38.5	39.4	40.3	41.1	42.0	42.8
55	30.0	30.7	31.4	32.1	32.8	33.5	34.3	35.0	35.7
56	24.0	24.5	25.1	25.7	26.3	26.8	27.4	28.0	28.5
57	18.0	18.4	18.8	19.3	19.7	20.1	20.5	21.0	21.4
58	12.0	12.3	12.5	12.8	13.1	13.4	13.7	14.0	14.3
59	6.0	6.1	6.3	6.4	6.5	6.7	6.8	7.0	7.1
60	0.0	0.0	0.0	0.0	0.0	0.0	0.0	0.0	0.0

Depuis 30° jusqu'à 60°

FIN DES TABLES

D'AUGMENTATION DES DEGRÉS

DEUXIÈME PARTIE

———

TABLES

DE

RÉDUCTION DES DEGRÉS

TABLE DE RÉDUCTION DES DEGRÉS
Table XXII

	10	15	20	25	30	35	40	45	50	55
70	7.5	11.2	15.0	18.7	22.5	26.2	30.0	33.7	37.5	41.2
69	7.2	10.8	14.5	18.1	21.7	25.3	29.0	32.6	36.2	39.8
68	7.0	10.5	14.0	17.5	21.0	24.5	28.0	31.5	35.0	38.5
67	6.7	10.1	13.5	16.8	20.2	23.6	27.0	30.3	33.7	37.1
66	6.5	9.7	13.0	16.2	19.5	22.7	26.0	29.2	32.5	35.7
65	6.2	9.3	12.5	15.6	18.7	21.8	25.0	28.1	31.2	34.3
64	6.0	9.0	12.0	15.0	18.0	21.0	24.0	27.0	30.0	33.3
63	5.7	8.6	11.5	14.4	17.2	20.1	23.0	25.9	28.0	31.6
62	5.5	8.2	11.0	13.7	16.5	19.2	22.0	24.7	27.5	30.2
61	5.2	7.8	10.5	13.1	15.7	18.4	21.0	23.6	26.3	28.9
60	5.0	7.5	10.0	12.5	15.0	17.5	20.0	22.5	25.0	27.5
59	4.7	7.1	9.5	11.9	14.2	16.6	19.0	21.4	23.8	26.1
58	4.5	6.7	9.0	11.2	13.5	15.7	18.0	20.2	22.5	24.7
57	4.2	6.3	8.5	10.6	12.7	14.9	17.0	19.1	21.3	23.3
56	4.0	6.0	8.0	10.0	12.0	14.0	16.0	18.0	20.0	22.0
55	3.7	5.6	7.5	9.4	11.2	13.1	15.0	16.9	18.8	20.6
54	3.5	5.2	7.0	8.7	10.5	12.2	14.0	15.7	17.5	19.2
53	3.2	4.8	6.5	8.1	9.7	11.4	13.0	14.6	16.3	17.9
52	3.0	4.5	6.0	7.5	9.0	10.5	12.0	13.5	15.0	16.5
51	2.7	4.1	5.5	6.9	8.2	9.6	11.0	12.4	13.8	15.1
50	2.5	3.7	5.0	6.2	7.5	8.7	10.0	11.2	12.5	13.7
49	2.2	3.3	4.5	5.6	6.7	7.8	9.0	10.1	11.3	12.4
48	2.0	3.0	4.0	5.0	6.0	7.0	8.0	9.0	10.0	11.0
47	1.7	2.6	3.5	4.4	5.2	6.1	7.0	7.8	8.8	9.6
46	1.5	2.2	3.0	3.7	4.5	5.2	6.0	6.7	7.5	8.2
45	1.2	1.8	2.5	3.1	3.7	4.4	5.0	5.6	6.3	6.9
44	1.0	1.5	2.0	2.5	3.0	3.5	4.0	4.5	5.0	5.5
43	0.7	1.1	1.5	1.9	2.2	2.6	3.0	3.4	3.8	4.1
42	0.5	0.7	1.0	1.2	1.5	1.7	2.0	2.2	2.5	2.7
41	0.2	0.3	0.5	0.6	0.7	0.8	1.0	1.1	1.2	1.3
40	0.0	0.0	0.0	0.0	0.0	0.0	0.0	0.0	0.0	0.0

Depuis 70° jusqu'à 40°

Note. — Voir pages 23, 24 et 25, la remarque.

TABLE DE RÉDUCTION DES DEGRÉS
Table XXII

	60	65	70	75	80	85	90	95	100	105
70	45.0	48.7	52.5	56.2	60.0	63.7	67.5	71.2	75.0	78.7
69	43.5	47.1	50.7	54.3	58.0	61.6	65.2	68.8	72.5	76.1
68	42.0	45.5	49.0	52.5	56.0	59.5	63.0	66.5	70.0	73.5
67	40.5	43.8	47.2	50.7	54.0	57.5	60.7	64.1	67.5	70.1
66	39.0	42.0	45.5	48.8	52.0	55.2	58.5	61.7	65.0	68.2
65	37.5	40.6	43.7	46.9	50.0	53.1	56.2	59.3	62.5	65.6
64	36.0	39.0	42.0	45.0	48.0	51.0	54.0	57.0	60.0	63.0
63	34.5	37.4	40.2	43.1	46.0	48.9	51.7	54.6	57.5	60.4
62	33.0	35.7	38.5	41.2	44.0	46.7	49.5	52.2	55.0	57.7
61	31.5	34.1	36.7	39.4	42.0	44.6	47.2	49.8	52.5	55.1
60	30.0	32.5	35.0	37.5	40.0	42.5	45.0	47.5	50.0	52.5
59	28.5	30.9	33.2	35.6	38.0	40.4	42.7	45.1	47.5	49.9
58	27.0	29.2	31.5	33.7	36.0	38.2	40.5	42.7	45.0	47.2
57	25.5	27.6	29.7	31.9	34.0	36.1	38.2	40.3	42.5	44.6
56	24.0	26.0	28.0	30.0	32.0	34.0	36.0	38.0	40.0	42.0
55	22.5	24.4	26.2	28.1	30.0	31.9	33.7	35.6	37.5	39.4
54	21.0	22.7	24.5	26.2	28.0	29.7	31.5	33.2	35.0	36.7
53	19.5	21.1	22.7	24.4	26.0	27.6	29.2	30.8	32.5	34.1
52	18.0	19.5	21.0	22.5	24.0	25.5	27.0	28.5	30.0	31.5
51	16.5	17.9	19.2	20.6	22.0	23.4	24.7	26.1	27.5	28.9
50	15.0	16.2	17.5	18.7	20.0	21.2	22.5	23.7	25.0	26.2
49	13.5	14.6	15.7	16.9	18.0	19.1	20.2	21.4	22.5	23.6
48	12.0	13.0	14.0	15.0	16.0	17.0	18.0	19.0	20.0	21.0
47	10.5	11.4	12.2	13.1	14.0	14.9	15.7	16.6	17.5	18.4
46	9.0	9.7	10.5	11.2	12.0	12.7	13.5	14.2	15.0	15.7
45	7.5	8.1	8.7	9.4	10.0	10.6	11.2	11.9	12.5	13.1
44	6.0	6.5	7.0	7.5	8.0	8.5	9.0	9.5	10.0	10.5
43	4.5	4.9	5.2	5.6	6.0	6.4	6.7	7.1	7.5	7.9
42	3.0	3.2	3.5	3.7	4.0	4.2	4.5	4.7	5.0	5.2
41	1.5	1.6	1.7	1.8	2.0	2.1	2.2	2.3	2.5	2.6
40	0.0	0.0	0.0	0.0	0.0	0.0	0.0	0.0	0.0	0.0

Depuis 70° jusqu'à 40°

TABLE DE RÉDUCTION DES DEGRÉS
Table XXII

	110	115	120	125	130	135	140	145	150	155
70	82.5	86.2	90.0	93.7	97.5	101.3	105.0	108.7	112.5	116.2
69	79.7	83.3	87.0	90.6	94.2	97.8	101.5	105.1	108.7	112.3
68	77.0	80.5	84.0	87.5	91.0	94.5	98.0	101.5	105.0	108.5
67	74.2	77.6	81.0	84.2	87.7	91.1	94.5	97.8	101.2	104.6
66	71.5	74.7	78.0	81.2	84.5	87.7	91.0	94.2	97.5	100.7
65	68.7	71.8	75.0	78.1	81.2	84.4	87.5	90.6	93.7	96.9
64	66.0	69.0	72.0	75.0	78.0	81.0	84.0	87.0	90.0	93.0
63	63.2	66.1	69.0	71.8	74.7	77.6	80.5	83.4	86.2	89.1
62	60.5	63.2	66.0	68.7	71.5	74.2	77.0	79.7	82.5	85.2
61	57.7	60.3	63.0	65.6	68.2	70.9	73.5	76.1	78.7	81.4
60	55.0	57.5	60.0	62.5	65.0	67.5	70.0	72.5	75.0	77.5
59	52.2	54.6	57.0	59.4	61.7	64.1	66.5	68.9	71.2	73.6
58	49.5	51.7	54.0	56.2	58.5	60.7	63.0	65.2	67.5	69.7
57	46.7	48.8	51.0	53.1	55.2	57.4	59.5	61.6	63.7	65.9
56	44.0	46.0	48.0	50.0	52.0	54.0	56.0	58.0	60.0	62.0
55	41.2	43.1	45.0	46.9	48.7	50.6	52.5	54.4	56.2	58.1
54	38.5	40.2	42.0	43.7	45.5	47.2	49.0	50.7	52.5	54.2
53	35.7	37.4	39.0	40.6	42.2	43.9	45.5	47.1	48.7	50.4
52	33.0	34.5	36.0	37.5	39.0	40.5	42.0	43.5	45.0	46.5
51	30.2	31.6	33.0	34.4	35.7	37.1	38.5	39.9	41.2	42.6
50	27.5	28.7	30.0	31.2	32.5	33.7	35.0	36.2	37.5	38.7
49	24.7	25.9	27.0	28.1	29.2	30.4	31.5	32.6	33.7	34.9
48	22.0	23.0	24.0	25.0	26.0	27.0	28.0	29.0	30.0	31.0
47	19.2	20.1	21.0	21.9	22.7	23.6	24.5	25.4	26.2	27.1
46	16.5	17.2	18.0	18.7	19.5	20.2	21.0	21.7	22.5	23.2
45	13.7	14.4	15.0	15.6	16.2	16.8	17.5	18.1	18.7	19.4
44	11.0	11.5	12.0	12.5	13.0	13.5	14.0	14.5	15.0	15.5
43	8.2	8.6	9.0	9.4	9.7	10.1	10.5	10.9	11.2	11.6
42	5.5	5.7	6.0	6.2	6.5	6.7	7.0	7.2	7.5	7.7
41	2.7	2.8	3.0	3.1	3.2	3.3	3.5	3.6	3.7	3.8
40	0.0	0.0	0.0	0.0	0.0	0.0	0.0	0.0	0.0	0.0

Depuis 70° jusqu'à 40°

TABLE DE RÉDUCTION DES DEGRÉS
Table XXII

	160	165	170	175	180	185	190	195	200	205
70	120.0	123.7	127.5	131.2	135.0	138.7	142.5	146.2	150.0	153.7
69	116.0	119.6	123.2	126.9	130.5	134.1	137.7	141.4	145.0	148.6
68	112.0	115.5	119.4	122.5	126.0	129.5	133.0	136.5	140.0	143.5
67	108.0	111.4	114.7	118.1	121.5	124.9	128.2	131.6	135.0	138.4
66	104.0	107.2	110.5	113.7	117.0	120.2	123.5	126.7	130.0	133.2
65	100.0	103.1	106.2	109.4	112.5	115.6	118.7	121.9	125.0	128.1
64	96.0	99.0	102.0	105.0	108.0	111.0	114.0	117.0	120.0	123.0
63	92.0	94.9	97.7	100.6	103.5	106.4	109.2	112.1	115.0	117.9
62	88.0	90.7	93.5	96.2	99.0	101.7	104.5	107.2	110.0	112.7
61	84.0	86.6	89.2	91.9	94.5	97.1	99.7	102.4	105.0	107.6
60	80.0	82.5	85.0	87.5	90.0	92.5	95.0	97.5	100.0	102.5
59	76.0	78.4	80.7	83.1	85.5	87.9	90.2	92.6	95.0	97.4
58	72.0	74.2	76.5	78.7	81.0	83.2	85.5	87.7	90.0	92.2
57	68.0	70.1	72.2	74.4	76.5	78.7	80.7	82.9	85.0	87.1
56	64.0	66.0	68.0	70.0	72.0	74.0	76.0	78.0	80.0	82.0
55	60.0	61.9	63.7	65.6	67.5	69.4	71.2	73.1	75.0	76.9
54	56.0	57.7	59.5	61.2	63.0	64.7	66.5	68.2	70.0	71.7
53	52.0	53.6	55.2	56.9	58.5	60.1	61.7	63.4	65.0	66.6
52	48.0	49.5	51.0	52.5	54.0	55.5	57.0	58.5	60.0	61.5
51	44.0	45.4	46.7	48.1	49.5	50.9	52.2	53.6	55.0	56.4
50	40.0	41.2	42.5	43.7	45.0	46.2	47.5	48.7	50.0	51.2
49	36.0	37.1	38.2	39.4	40.5	41.6	42.7	43.9	45.0	46.1
48	32.0	33.0	34.0	35.0	36.0	37.0	38.0	39.0	40.0	41.0
47	28.0	28.9	29.7	30.6	31.5	32.4	33.2	34.1	35.0	35.9
46	24.0	24.7	25.5	26.2	27.0	27.7	28.5	29.2	30.0	30.7
45	20.0	20.6	21.2	21.9	22.5	23.1	23.7	24.4	25.0	25.6
44	16.0	16.5	17.0	17.5	18.0	18.5	19.0	19.5	20.0	20.5
43	12.0	12.4	12.7	13.1	13.5	13.9	14.2	14.6	15.0	15.4
42	8.0	8.2	8.5	8.7	9.0	9.2	9.5	9.7	10.0	10.2
41	4 0	4.1	4.2	4.3	4.5	4.0	4.7	4.8	5.0	5.1
40	0.0	0.0	0.0	0.0	0.0	0.0	0.0	0.0	0.0	0.0

Depuis 70° jusqu'à 40°

TABLE DE RÉDUCTION DES DEGRÉS
Table XXII

	210	215	220	225	230	235	240	245	250
70	157.5	161.2	165.0	168.7	172.5	176.2	180.0	183.7	187.5
69	152.2	155.9	159.5	163.1	166.7	170.4	174.0	177.6	181.2
68	147.0	150.5	154.0	157.5	161.0	166.5	168.0	171.5	175.0
67	141.7	145.1	148.5	151.9	155.2	158.6	162.0	165.4	168.7
66	136.5	139.7	143.0	146.2	149.5	152.7	156.0	159.3	162.5
65	131.2	134.4	137.5	140.6	143.7	146.9	150.0	153.1	156.2
64	126.0	129.0	132.0	135.0	188.0	141.0	144.0	147.0	150.0
63	120.7	123.6	126.5	129.4	132.2	135.1	138.0	140.9	143.7
62	115.5	118.2	121.0	123.7	126.5	129.2	132.0	134.7	137.5
61	110.2	112.9	115.5	118.1	120.7	123.4	126.0	128 6	131.2
60	105.0	107.5	110.0	112.5	115.0	117.5	120.0	122.5	125.0
59	99.7	102.1	104.5	106.9	109.2	111.6	114.0	116.4	118.7
58	94.5	96.7	99.0	101.2	103.5	105.7	108.0	110.2	112.5
57	89.2	91.4	93.5	95.6	97.7	99.9	102.0	104.1	106.2
56	84.0	86.9	88.0	90.0	92.0	94.0	96.0	98.0	100.0
55	78.7	80.6	82.5	84.4	86.2	88.1	90.0	91.9	93.7
54	73.5	75.2	77.0	78.7	80.5	82.2	84.0	85.7	87.5
53	68.2	69.9	71.5	73.1	74.7	76.4	78.0	79.6	81.2
52	63.0	64.5	66.0	67.5	69.0	70.5	72.0	73.5	75.0
51	57.7	59.1	60.5	61.9	63.2	64.6	66.0	67.4	68.7
50	52.5	53.7	55.0	56.2	57.5	58.7	60.0	61.2	62.5
49	47.2	48.4	49.5	50.6	51.7	52.9	54.0	55.1	56.2
48	42.0	43.0	44.0	45.0	46.0	47.0	48.0	49.0	50.0
47	36.7	37.6	38.5	39.4	40.2	41.1	42.0	42.9	43.7
46	31.5	32.2	33.0	33.7	34.5	35.2	36.0	36.7	37.5
45	26.2	26.8	27.5	28.1	28.7	29.4	30.0	30.6	31.2
44	21.0	21.5	22.0	22.5	23.0	23.5	24.0	24.5	25.0
43	15.7	16.1	16.5	16.8	17.2	17.6	18.0	18.4	18.7
42	10.5	10.7	11.0	11.2	11.5	11.7	12.0	12.4	12.5
41	5.2	5.3	5.5	5.6	5.7	5.8	6.0	6.1	6.2
40	0.0	0.0	0.0	0.0	0.0	0.0	0.0	0.0	0.0

Depuis 70° jusqu'à 40°

TABLE DE RÉDUCTION DES DEGRÉS
Table XXIII

	10	15	20	25	30	35	40	45	50	55
70	7.0	10.6	14.1	17.7	21.2	24.7	28.2	31.8	35.3	38.9
69	6.8	10.2	13.6	17.0	20.4	23.9	27.3	30.7	34.1	37.5
68	6.6	9.8	13.1	16.4	19.7	23.0	26.3	29.6	32.9	36.2
67	6.3	9.5	12.7	15.8	19.0	22.2	25.3	28.5	31.7	34.9
66	6.1	9.1	12.2	15.2	18.2	21.3	24.3	27.4	30.4	33.5
65	5.8	8.8	11.7	14.6	17.5	20.4	23.4	26.3	29.2	32.2
64	5.6	8.4	11.2	14.0	16.8	19.6	22.4	25.2	28.0	30.8
63	5.3	8.0	10.7	13.4	16.1	18.7	21.4	24.1	26.8	29.5
62	5.1	7.7	10.2	12.8	15.3	17.9	20.4	23.0	25.6	28.1
61	4.8	7.3	9.7	12.2	14.6	17.0	19.5	21.9	24.4	26.8
60	4.6	6.9	9.2	11.6	13.9	16.2	18.5	20.8	23.1	25.5
59	4.4	6.6	8.8	10.9	13.1	15.3	17.5	19.7	21.9	24.1
58	4.1	6.2	8.3	10.3	12.4	14.5	16.6	18.6	20.7	22.8
57	3.9	5.8	7.8	9.7	11.7	13.6	15.6	17.5	19.5	21.4
56	3.6	5.5	7.3	9.1	10.9	12.8	14.6	16.4	18.3	20.1
55	3.4	5.1	6.8	8.5	10.2	11.9	13.6	15.3	17.0	18.8
54	3.1	4.7	6.3	7.9	9.5	11.1	12.7	14.2	15.8	17.4
53	2.9	4.4	5.8	7.3	8.7	10.2	11.7	13.1	14.6	16.1
52	2.7	4.0	5.3	6.7	8.0	9.4	10.7	12.0	13.4	14.7
51	2.4	3.6	4.8	6.1	7.3	8.5	9.7	11.0	12.2	13.4
50	2.2	3.3	4.4	5.5	6.6	7.6	8.7	9.9	10.9	12.0
49	1.9	2.9	3.9	4.8	5.8	6.8	7.8	8.8	9.7	10.7
48	1.7	2.5	3.4	4.2	5.1	5.9	6.8	7.7	8.5	9.4
47	1.4	2.2	2.9	3.6	4.4	5.1	5.8	6.6	7.3	8.0
46	1.2	1.8	2.4	3.0	3.6	4.2	4.9	5.5	6.1	6.7
45	0.9	1.4	1.9	2.4	2.9	3.4	3.9	4.4	4.8	5.3
44	0.7	1.1	1.4	1.8	2.2	2.5	2.9	3.3	3.6	4.0
43	0.5	0.7	0.9	1.2	1.4	1.7	1.9	2.2	2.4	2.7
42	0.2	0.3	0.5	0.6	0.7	0.8	0.9	1.1	1.2	1.3
41	0.0	0.0	0.0	0.0	0.0	0.0	0.0	0.0	0.0	0.0

Depuis 70° jusqu'à 41°

TABLE DE REDUCTION DES DEGRÉS
Table **XXIII**

	60	65	70	75	80	85	90	95	100	105
70	42.4	45.9	49.5	53.0	56.6	60.1	63.6	67.2	70.7	74.2
69	40.9	44.3	47.8	51.2	54.6	58.0	61.4	64.9	68.3	71.7
68	39.5	42.8	46.1	49.4	52.7	55.9	59.2	62.5	65.8	69.1
67	38.0	41.2	44.3	47.5	50.7	53.9	57.0	60.2	63.4	66.6
66	36.6	39.6	42.6	45.7	48.8	51.8	54.8	57.9	61.0	64.0
65	35.1	38.0	40.9	43.9	46.8	49.7	52.6	55.6	58.5	61.4
64	33.6	36.4	39.2	42.0	44.9	47.6	50.5	53.3	56.1	58.9
63	32.2	34.8	37.5	40.2	42.9	45.6	48.3	51.0	53.6	56 3
62	30.7	33.3	35.8	38.4	40.9	43.5	46.1	48.6	51.2	53.8
61	29.2	31.7	34.1	36.6	39.0	41.4	43.9	46.3	48.8	51.2
60	27.8	30.1	32.4	34.7	37.0	39.4	41.7	44.0	46.3	48.6
59	26.3	28.5	30.7	32.9	35.1	37.3	39.5	41.7	43.9	46.1
58	24.9	26.9	29.0	31.1	33.1	35.2	37.3	39.4	41.4	43.5
57	23.4	25.3	27.3	29.2	31.2	33.1	35.1	37.1	39.0	40.9
56	21.9	23.8	25.6	27.4	29.2	31.1	32.9	34.7	36.6	38.4
55	20.5	22.2	23.9	25.6	27.3	29.0	30.7	32.4	34.1	35.8
54	19.0	20.6	22.2	23.8	25.3	26.9	28.5	30.1	31.7	33.3
53	17.5	19.0	20.5	21.9	23.4	24.8	26.3	27.8	29.3	30.7
52	16.1	17.4	18.8	20.1	21.4	22.8	24.1	25.5	26.8	28.1
51	14.6	15.8	17.0	18.3	19.5	20.7	21.9	23.1	24.4	25.6
50	13.1	14.2	15.3	16.4	17.5	18.6	19.7	20.8	21.9	23.0
49	11.7	12.7	13.6	14.6	15.6	16.6	17.5	18.5	19.5	20.5
48	10.2	11.1	11.9	12.8	13.6	14.5	15.3	16.2	17.1	17.9
47	8.8	9.5	10.2	10.9	11.7	12.4	13.1	13.9	14.6	15.3
46	7.3	7.9	8.5	9.1	9.7	10.3	11 0	11.6	12.2	12.8
45	5.8	6.3	6.8	7.3	7.8	8.3	8.8	9.2	9.7	10.2
44	4.4	4.7	5.1	5.4	5.8	6.2	6.6	6.9	7.3	7.7
43	2.9	3.1	3.4	3.6	3.9	4.1	4.4	4.6	4.8	5.1
42	1.4	1.6	1.7	1.8	1.9	2.0	2.2	2.3	2.4	2.5
41	0.0	0.0	0.0	0.0	0.0	0.0	0.0	0.0	0.0	0.0

Depuis 70⁰ jusqu'à 41⁰

TABLE DE RÉDUCTION DES DEGRÉS
Table XXIII

	110	115	120	125	130	135	140	145	150	155
70	77.8	81.3	84.8	88.4	91.9	95.4	99.0	102.5	106.1	109.6
69	75.1	78.5	81.9	85.3	88.7	92.1	95.6	99.0	102.4	105.8
68	72.4	75.7	79.0	82.3	85.6	88 9	92.2	95.4	98.8	102.0
67	69.7	72.9	76.0	79.2	82.4	85.6	88.7	91.9	95.1	98.3
66	67.0	70.1	73.1	76.2	79.2	82.3	85.3	88.4	91.4	94.5
65	64.4	67.3	70.2	73.1	76.1	79.0	81.9	84.8	87.8	90.7
64	61.7	64.5	67.3	70.1	72.9	75.7	78.5	81.3	84.1	86.9
63	59.0	61.7	64.3	67 0	69.7	72.4	75.1	77.8	80.5	83.1
62	56.3	58.9	61.4	64.0	66.5	69.1	71.7	74.2	76.8	79.4
61	53.6	56.1	58.5	61.0	63.4	65.8	68.3	70.7	73.1	75.6
60	51.0	53.3	55.5	57.9	60.2	62.5	64.9	67.2	69.5	71.8
59	48.3	50.5	52.6	54.9	57.0	59.2	61.4	63.6	65.8	68.0
58	45.6	47.7	49.7	51.8	53.9	55.9	58.0	60.1	62.2	64.2
57	42.9	44.8	46.8	48.8	50.7	52.6	54.6	56.6	58.5	60.5
56	40.2	42.0	43.8	45.7	47.5	49.3	51.2	53.0	54.8	56.7
55	37.5	39.2	40.9	42.7	44.4	46.1	47.8	49.5	51.2	52.9
54	34.8	36.4	38.0	39.6	41.2	42.8	44.4	45.9	47.5	49.1
53	32.2	33.6	35.1	36.6	38.0	39.5	40.9	42.4	43.9	45.3
52	29.5	30.8	32.1	33.5	34.8	36.2	37.5	38.9	40.2	41.6
51	26.8	28.0	29.2	30.5	31.7	32.9	34.1	35.3	36.6	37.8
50	24.1	25.2	26.3	27.4	28.5	29.6	30.7	31.8	32.9	34.0
49	21.4	22.4	23.4	24.4	25.3	26.3	27.3	28.3	29.2	30.2
48	18.8	19.6	20.4	21.3	22.2	23.0	23.9	24.7	25.6	26.4
47	16.1	16.8	17.5	18.3	19.0	19.7	20.5	21.2	21.9	22.7
46	13.4	14.0	14.6	15.2	15.8	16.4	17.0	17.6	18.3	18.9
45	10.7	11.2	11.7	12.2	12.7	13.1	13.6	14.1	14.6	15.1
44	8.0	8.4	8.7	9.1	9.5	9.8	10.2	10.6	10.9	11.3
43	5.3	5.6	5.8	6.1	6.3	6.6	6.8	7.0	7.3	7.5
42	2.7	2.8	2.9	3.0	3.1	3.3	3.4	3.5	3.6	3.8
41	0.0	0.0	0.0	0.0	0.0	0.0	0.0	0.0	0.0	0.0

Depuis 70° jusqu'à 41°

TABLE DE RÉDUCTION DES DEGRÉS
Table XXIII

	160	165	170	175	180	185	190	195	200	205
70	113.1	116.7	120.2	123.7	127.3	130.8	134.4	137.9	141.4	145.0
69	109.2	112.6	116.0	119.5	122.9	126.3	129.7	133.1	136.6	140.0
68	105.3	108.6	111.9	115.2	118.5	121.8	125.1	128.4	131.7	135.0
67	101.4	104.6	107.8	110.9	114.1	117.3	120.5	123.6	126.8	130.0
66	97.5	100.6	103.6	106.7	109.7	112.8	115.8	118.9	121.9	125.0
65	93.6	96.6	99.5	102.4	105.3	108.3	111.2	114.1	117.1	120.0
64	89.7	92.5	95.3	98.2	100.9	103.8	106.6	109.4	112.2	115.0
63	85.8	88.5	91.2	93.9	96.6	99.2	101.9	104.6	107.3	110.0
62	81.9	84.5	87.0	89.6	92.2	94.7	97.3	99.8	102.4	105.0
61	78.0	80.5	82.9	85.4	87.8	90.2	92.7	95.1	97.5	100.0
60	74.1	76.4	78.7	81.1	83.4	85.7	88.0	90.3	92.7	95.0
59	70.2	72.4	74.6	76.8	79.0	81.2	83.4	85.6	87.8	90.0
58	66.3	68.4	70.4	72.6	74.6	76.7	78.8	80.8	82.9	85.0
57	62.4	64.4	66.3	68.3	70.2	72.2	74.1	76.1	78.0	80.0
56	58.5	60.3	62.2	64.0	65.8	67.7	69.5	71.3	73.1	75.0
55	54.6	56.3	58.0	59.7	61.4	63.1	64.9	66.6	68.3	70.0
54	50.7	52.3	53.9	55.5	57.0	58.6	60.2	61.8	63.4	65.0
53	46.8	48.3	49.7	51.2	52.7	54.1	55.6	57.1	58.5	60.0
52	42.9	44.2	45.6	46.9	48.3	49.6	51.0	52.3	53.6	55.0
51	39.0	40.2	41.4	42.7	43.9	45.1	46.3	47.5	48.8	50.0
50	35.1	36.2	37.3	38.4	39.5	40.6	41.7	42.8	43.9	45.0
49	31.2	32.2	33.1	34.1	35.1	36.1	37.1	38.0	39.0	40.0
48	27.3	28.1	29.0	29.8	30.7	35.5	32.4	33.3	34.1	35.0
47	23.4	24.1	24.8	25.6	26.3	27.0	27.8	28.5	29.2	30.0
46	19.5	20.1	20.7	21.3	21.9	22.5	23.1	23.8	24.4	25.0
45	15.6	16.1	16.6	17.0	17.5	18.0	18.5	19.0	19.5	20.0
44	11.7	12.0	12.4	12.8	13.1	13.5	13.9	14.2	14.6	15.0
43	7.8	8.0	8.3	8.5	8.8	9.0	9.2	9.5	9.7	10.0
42	3.9	4.0	4.1	4.2	4.4	4.5	4.6	4.7	4.8	5.0
41	0.0	0.0	0.0	0.0	0.0	0.0	0.0	0.0	0.0	0.0

Depuis 70° jusqu'à 41°

TABLE DE RÉDUCTION DES DEGRES
Table **XXIII**

	210	215	220	225	230	235	240	245	250
70	148.5	152.0	155.6	159.1	162.6	166.2	169.7	173.2	176.8
69	143.4	146.8	150.2	153.6	157.0	160.4	163.9	167.3	170.7
68	138.2	141.5	144.8	148.1	151.4	154.7	158.0	161.3	164.6
67	133.1	136.3	139.5	142.6	145.8	149.0	152.2	155.3	158.5
66	128.0	131.0	134.1	137.1	140.2	143.2	146.3	149.3	152.4
65	122.9	125.8	128.7	131.7	134.6	137.5	140.5	143.4	146.3
64	117.8	120.6	123.4	126.2	129.0	131.8	134.6	137.4	140.2
63	112.6	115.3	118.0	120.7	123.4	126.1	128.8	131.4	134.1
62	107.5	110.1	112.6	115.2	117.8	120.3	122.9	125.5	128.0
61	102.4	104.8	107.3	109.7	112.2	114.6	117.0	119.5	121.9
60	97.3	99.6	101.9	104.2	106.6	108.9	111.2	113.5	115.8
59	92.2	94.3	96.6	98.7	100.9	103.1	105.3	107.5	109.7
58	87.0	89.1	91.2	93.2	95.3	97.4	99.5	101.6	103.0
57	81.9	83.9	85.8	87.8	89.7	91.7	93.6	95.6	97.5
56	76.8	78.6	80.5	82.3	84.1	85.9	87.8	89.6	91.4
55	71.7	73.4	75.1	76.8	78.5	80.2	81.9	83.6	85.3
54	66.5	68.7	69.7	71.3	72.9	74.5	76.1	77.7	79.2
53	61.4	62.9	64.4	65.8	67.3	68.7	70.2	71.7	73.1
52	56.3	57.6	59.0	60.3	61.7	63.0	64.4	65.7	67.0
51	51.2	52.4	53.6	54.8	56.1	57.3	58.5	59.7	60.9
50	46.1	47.2	48.3	49.3	50.5	51.6	52.6	53.8	54.9
49	40.9	41.9	42.9	43.9	44.8	45.8	46.8	47.8	48.8
48	35.8	36.7	37.5	38.4	39.2	40.1	40.9	41.8	42.6
47	30.7	31.4	32.2	32.9	33.6	34.4	35.1	35.8	36.5
46	25.6	26.2	26.8	27.4	28.0	28.6	29.2	29.9	30.5
45	20.5	20.9	21.4	21.9	22.4	22.9	23.4	23.9	24.4
44	15.3	15.7	16.1	16.4	16.8	17.2	17.5	17.9	18.3
43	10.2	10.5	10.7	10.9	11.2	11.4	11.7	11.9	12.2
42	5.1	5.2	5.3	5.5	5.6	5.7	5.8	5.9	6.1
41	0.0	0.0	0.0	0.0	0.0	0.0	0.0	0.0	0.0

Depuis 70° jusqu'à 41°

TABLE DE RÉDUCTION DES DEGRÉS
Table XXIV

	10	15	20	25	30	35	40	45	50	55
70	6.6	10.0	13.3	16.6	20.0	23.3	26.6	30.0	33.3	36.7
69	6.4	9.6	12.8	16.0	19.3	22.5	25.7	28.9	32.1	35.6
68	6.2	9.3	12.4	15.4	18.5	21.6	24.7	27.8	30.9	34.0
67	5.9	8.9	11.9	14.8	17.8	20.8	23.8	26.8	29.7	32.7
66	5.7	8.5	11.4	14.3	17.1	20.0	22.8	25.7	28.5	31.4
65	5.4	8.2	10.9	13.7	16.4	19.1	21.9	24.6	27.4	30.1
64	5.2	7.8	10.4	13.1	15.7	18.3	20.8	23.5	26.2	28.8
63	5.0	7.5	10.0	12.5	15.0	17.5	20.0	22.5	25.0	27.5
62	4.7	7.1	9.5	11.9	14.3	16.6	19.0	21.4	23.8	26.2
61	4.5	6.8	9.0	11.3	13.5	15.8	18.2	20.3	22.6	24.9
60	4.3	6.4	8.5	10.7	12.8	15.0	17.2	19.2	21.4	23.5
59	4.0	6.0	8.1	10.1	12.1	14.1	16.3	18.2	20.2	22.2
58	3.8	5.7	7.6	9.5	11.4	13.3	15.3	17.1	19.0	20.9
57	3.5	5.3	7.1	8.9	10.7	12.5	14.4	16.0	17.8	19.6
56	3.3	5.0	6.6	8.3	10.0	11.6	13.4	15.0	16.6	18.3
55	3.1	4.6	6.2	7.7	9.3	10.8	12.5	13.9	15.4	17.0
54	2.8	4.3	5.7	7.1	8.5	10.0	11.5	12.8	14.3	15.7
53	2.6	3.9	5.2	6.5	7.8	9.1	10.5	11.8	13.1	14.4
52	2.4	3.5	4.7	5.9	7.1	8.3	9.5	10.7	11.9	13.1
51	2.1	3.2	4.3	5.3	6.4	7.5	8.5	9.6	10.7	11.8
50	1.9	2.8	3.8	4.7	5.7	6.6	7.6	8.5	9.5	10.4
49	1.6	2.5	3.3	4.1	5.0	5.8	6.6	7.5	8.3	9.2
48	1.4	2.1	2.8	3.5	4.3	5.0	5.7	6.4	7.1	7.8
47	1.2	1.8	2.4	2.9	3.5	4.1	4.7	5.3	5.9	6.5
46	0.9	1.4	1.9	2.4	2.8	3.3	3.8	4.3	4.7	5.2
45	0.7	1.0	1.4	1.8	2.1	2.5	2.8	3.2	3.5	3.9
44	0.4	0.7	0.9	1.2	1.4	1.6	1.9	2.1	2.4	2.8
43	0.2	0.3	0.4	0.6	0.7	0.8	0.9	1.0	1.2	1.3
42	0.0	0.0	0.0	0.0	0.0	0.0	0.0	0.0	0.0	0.0

Depuis 70° jusqu'à 42°

TABLE DE RÉDUCTION DES DEGRÉS
Table XXIV

	60	65	70	75	80	85	90	95	100	105
70	40.0	43.3	46.6	50.0	53.3	56.6	60.0	63.3	66.6	70.0
69	38.6	41.7	45.0	48.2	51.4	54.6	57.8	61.0	64.2	67.5
68	37.1	40.2	43.3	46.4	49.5	52.6	55.7	58.8	61.8	65.0
67	35.7	38.6	41.6	44.6	47.6	50.6	53.5	56.5	59.5	62.5
66	34.3	37.1	40.0	42.8	45.7	48.6	51.4	54.3	57.1	60.0
65	32.8	35.6	38.3	41.0	43.8	46.5	49.3	52.0	54.7	57.5
64	31.4	34.0	36.6	39.3	41.9	44.5	47.1	49.7	52.4	55.0
63	30.0	32.5	35.0	37.5	40.0	42.5	45.0	47.5	50.0	52.5
62	28.5	30.9	33.3	35.7	38.1	40.5	42.8	45.2	47.6	50.0
61	27.1	29.4	31.6	33.9	36.2	38.4	40.7	42.9	45.2	47.5
60	25.7	27.8	30.0	32.1	34.3	36.4	38.5	40.7	42.8	45.0
59	24.3	26.3	28.3	30.3	32.4	34.4	36.4	38.4	40.4	42.5
58	22.8	24.7	26.6	28.5	30.5	32.4	34.3	36.2	38.1	40.0
57	21.4	23.2	25.0	26.8	28.6	30.3	32.1	33.9	35.7	37.5
56	20.0	21.6	23.3	25.0	26.7	28.3	30.0	31.6	33.3	35.0
55	18.5	20.1	21.6	23.2	24.8	26.3	27.8	29.4	30.9	32.5
54	17.1	18.5	20.0	21.4	22.9	24.3	25.7	27.1	28.5	30.0
53	15.7	17.0	18.3	19.6	21.0	22.2	23.5	24.8	26.2	27.5
52	14.3	15.4	16.6	17.8	19.0	20.2	24.4	22.6	23.8	25.0
51	12.8	13.9	15.0	16.0	17.1	18.2	19.3	20.3	21.4	22.5
50	11.4	12.4	13.3	14.3	15.2	16.1	17.1	18.1	19.0	20.0
49	10.0	10.8	11.6	12.5	13.3	14.1	15.0	15.8	16.6	17.5
48	8.5	9.3	10.0	10.7	11.4	12.1	12.8	13.5	14.3	15.0
47	7.1	7.7	8.3	8.9	9.5	10.1	10.7	11.3	11.9	12.5
46	5.7	6.2	6.6	7.1	7.6	8.1	8.5	9.0	9.5	10.0
45	4.3	4.6	5.0	5.3	5.7	6.0	6.4	6.8	7.1	7.5
44	2.8	3.1	3.3	3.5	3.8	4.0	4.3	4.5	4.7	5.0
43	1.4	1.5	1.6	1.8	1.9	2.0	2.1	2.2	2.4	2.5
42	0.0	0.0	0.0	0.0	0.0	0.0	0.0	0.0	0.0	0.0

Depuis 70° jusqu'à 42°

TABLE DE RÉDUCTION DES DEGRÉS
Table XXIV

	110	115	120	125	130	135	140	145	150	155
70	73.3	76.6	80.0	83.3	86.6	90.0	93.3	96.6	100.0	103.3
69	70.7	73.9	77.1	80.3	83.5	86.8	90.0	93.2	96.4	99.6
68	68.1	71.1	74.2	77.3	80.4	83.5	86.6	89.7	92.8	95.9
67	65.5	68.4	71.4	74.4	77.3	80.3	83.3	86.3	89.3	92.2
66	62.8	65.6	68.5	71.4	74.2	77.1	80.0	82.8	85.7	88.5
65	60.2	62.9	65.7	68.4	71.2	73.9	76.6	79.4	82.1	84.8
64	57.5	60.2	62.8	65.4	68.1	70.7	73.3	75.9	78.5	81.2
63	55.0	57.4	60.0	62.4	65.0	67.5	70.0	72.5	75.0	77.5
62	52.4	54.7	57.1	59.5	61.9	64.3	66.6	69.0	71.4	73.8
61	49.7	51.9	54.3	56.5	58.8	61.1	63.3	65.6	67.8	70.1
60	47.1	49.2	51.4	53.5	55.7	57.8	60.0	62.1	64.3	66.4
59	44.5	46.5	48.6	50.6	52.6	54.6	56.6	58.7	60.7	62.7
58	41.9	43.7	45.7	47.6	49.5	51.4	53.3	55.2	57.1	59.0
57	39.3	41.0	42.8	44.6	46.4	48.2	50.0	51.8	53.5	55.3
56	36.6	38.2	40.0	41.6	43.3	45.0	46.6	48.3	50.0	51.6
55	34.0	35.5	37.1	38.6	40.2	41.8	43.3	44.9	46.4	47.9
54	31.4	32.8	34.3	35.7	37.1	38.5	40.0	41.4	42.8	44.3
53	28.8	30.0	31.4	32.7	34.0	35.3	36.6	37.9	39.2	40.6
52	26.2	27.3	28.6	29.7	30.9	32.1	33.3	34.5	35.7	36.9
51	23.5	24.6	25.7	26.7	27.8	28.9	30.0	31.0	32.1	33.2
50	20.9	21.9	22.8	23.8	24.7	25.7	26.6	27.6	28.5	29.5
49	18.3	19.2	20.0	20.8	21.6	22.5	23.3	24.1	25.0	25.8
48	15.7	16.4	17.1	17.8	18.5	19.3	20.0	20.7	21.4	22.1
47	13.1	13.7	14.3	14.8	15.4	16.0	16.6	17.2	17.8	18.4
46	10.4	10.9	11.4	11.9	12.4	12.8	13.3	13.8	14.3	14.7
45	7.8	8.2	8.5	8.9	9.3	9.6	10.0	10.3	10.7	11.0
44	5.2	5.4	5.7	5.9	6.2	6.4	6.6	6.9	7.1	7.4
43	2.6	2.7	2.8	2.9	3.1	3.2	3.3	3.4	3.5	3.7
42	0.0	0.0	0.0	0.0	0.0	0.0	0.0	0.0	0.0	0.0

Depuis 70° jusqu'à 42°

TABLE DE RÉDUCTION DES DEGRÉS
Table XXIV

	160	165	170	175	180	185	190	195	200	205
70	106.6	110.0	113.3	116.6	120.0	123.3	126.6	130.0	133.3	136.6
69	102.8	106.0	109.3	112.5	115.7	118.9	122.1	125.3	128.5	131.7
68	99.0	102.1	105.2	108.3	111.4	114.5	117.6	120.7	123.8	126.9
67	95.2	98.2	101.2	104.1	107.1	110.1	113.1	116.1	119.0	122.0
66	91.4	94.2	97.1	100.0	102.8	105.7	108.5	111.4	114.2	117.1
65	87.6	90.3	93.1	95.8	98.5	101.3	104.0	106.7	109.5	112.2
64	83.8	86.4	89.0	91.6	94.3	96.9	99.5	102.1	104.7	107.3
63	80.0	82.5	85.0	87.5	90.0	92.5	95.0	97.5	100.0	102.5
62	76.2	78.5	80.9	83.3	85.7	88.1	90.4	92.8	95.2	97.6
61	72.4	74.6	76.9	79.1	81.4	83.7	85.9	88.2	90.4	92.7
60	68.6	70.7	72.8	75.0	77.1	79.3	81.4	83.5	85.7	87.8
59	64.7	66.8	68.8	70.8	72.8	74.8	76.9	78.9	80.9	82.9
58	60.9	62.8	64.7	66.6	68.5	70.4	72.3	74.3	76.2	78.1
57	57.1	58.9	60.7	62.5	64.3	66.0	67.8	69.6	71.4	73.2
56	53.3	55.0	56.6	58.3	60.0	61.6	63.3	65.0	66.6	68.3
55	49.5	51.0	52.6	54.1	55.7	57.2	58.8	60.3	61.9	63.4
54	45.7	47.1	48.5	50.0	51.4	52.8	54.3	55.7	57.1	58.5
53	41.9	43.2	44.5	45.8	47.1	41.4	49.7	51.0	52.4	53.7
52	38.1	39.3	40.4	41.6	42.8	44.0	45.2	46.4	47.6	48.8
51	34.3	35.3	36.4	37.5	38.5	39.6	40.7	41.8	42.8	43.9
50	30.5	31.4	32.4	33.3	34.3	35.2	36.2	37.1	38.1	38.0
49	26.6	27.5	28.3	29.1	30.0	30.8	31.6	32.5	33.3	34.1
48	22.8	23.5	24.3	25.0	25.7	26.4	27.1	27.8	28.5	29.3
47	19.0	19.6	20.2	20.8	21.4	22.0	22.6	23.2	23.8	24.4
46	15.2	15.7	16.2	16.6	17.1	17.6	18.1	18.5	19.0	19.5
45	11.4	11.8	12.1	12.5	12.8	13.2	13.5	13.9	14.3	14.6
44	7.6	7.8	8.1	8.3	8.5	8.8	9.0	9.3	9.5	9.7
43	3.8	3.9	4.0	4.1	4.3	4.4	4.5	4.6	4.7	4.9
42	0.0	0.0	0.0	0.0	0.0	0.0	0.0	0.0	0.0	0.0

Depuis 70° jusqu'à 42°

TABLE DE RÉDUCTION DES DEGRÉS
Table XXIV

	210	215	220	225	230	235	240	245	250
70	140.0	143.3	146.6	150.0	153.3	156.6	160.0	163.3	166.6
69	135.0	138.2	141.4	144.6	147.8	151.0	154.3	157.5	160.7
68	130.0	133.1	136.2	139.2	142.4	145.4	148.6	151.6	154.7
67	125.0	128.0	130.9	133.9	136.9	139.9	142.8	145.8	148.8
66	120.0	122.9	125.7	128.5	131.4	134.3	137.1	140.0	142.8
65	115.0	117.7	120.4	123.2	125.9	128.7	131.4	134.1	136.9
64	110.0	112.6	115.2	117.8	120.5	123.1	125.7	128.3	130.9
63	105.0	107.5	110.0	112.5	115.0	117.5	120.0	122.5	125.0
62	100.0	102.3	104.7	107.1	109.5	111.9	114.3	116.6	119.0
61	95.0	97.3	99.5	101.7	104.0	106.3	108.6	110.8	113.1
60	90.0	92.1	94.3	96.4	98.6	100.7	102.8	105.0	107.1
59	85.0	87.0	89.0	91.0	93.1	95.1	97.1	99.1	101.2
58	80.0	81.9	83.8	85.7	87.6	89.5	91.4	93.3	95.2
57	75.0	76.8	78.5	80.3	82.1	83.9	85.7	87.5	89.3
56	70.0	71.6	73.3	75.0	76.7	78.3	80.0	81.6	83.3
55	65.0	66.5	68.1	69.6	71.2	72.7	74.3	75.8	77.3
54	60.0	61.4	62.8	64.3	65.7	67.1	68.5	70.0	71.4
53	55.0	56.3	57.6	58.9	60.2	61.5	62.8	64.1	65.4
52	50.0	51.2	52.4	53.5	54.7	55.9	57.1	58.3	59.5
51	45.0	46.0	47.1	48.2	49.3	50.3	51.4	52.5	53.5
50	40.0	40.9	41.9	42.8	43.8	44.7	45.7	46.6	47.6
49	35.0	35.8	36.6	37.5	38.3	39.1	40.0	40.8	41.6
48	30.0	30.7	31.4	32.1	32.8	33.5	34.3	35.0	35.7
47	25.0	25.6	26.2	26.8	27.4	28.0	28.5	29.1	29.7
46	20.0	20.4	20.9	21.4	21.9	22.4	22.8	23.3	23.8
45	15.0	15.3	15.7	16.0	16.4	16.8	17.1	17.5	17.8
44	10.0	10.2	10.4	10.7	10.9	11.2	11.4	11.6	11.9
43	5.0	5.1	5.2	5.3	5.4	5.6	5.7	5.8	5.9
42	0.0	0.0	0.0	0.0	0.0	0.0	0.0	0.0	0.0

Depuis 70° jusqu'à 42°

TABLE DE RÉDUCTION DES DEGRÉS
Table XXV

	10	15	20	25	30	35	40	45	50	55
70	6.2	9.4	12.5	15.7	18.8	22.0	25.1	28.2	31.4	34.5
69	6.0	9.0	12.1	15.1	18.1	21.1	24.2	27.2	30.2	33.2
68	5.8	8.7	11.6	14.5	17.4	20.3	23.2	26.1	29.0	32.0
67	5.6	8.3	11.1	13.9	16.7	19.5	22.3	25.1	27.9	30.7
66	5.3	8.0	10.7	13.3	16.0	18.7	21.4	24.0	26.7	29.4
65	5.1	7.6	10.2	12.8	15.3	17.9	20.4	23.0	25.6	28.1
64	4.9	7.3	9.7	12.2	14.6	17.1	19.5	21.9	24.4	26.8
63	4.6	6.8	9.3	11.6	13.9	16.2	18.6	20.9	23.2	25.6
62	4.4	6.6	8.8	11.0	13.2	15.4	17.6	19.8	22.1	24.3
61	4.2	6.3	8.3	10.4	12.5	14.6	16.7	18.8	20.9	23.0
60	3.9	5.9	7.9	9.9	11.8	13.8	15.8	17.8	79.7	21.7
59	3.7	5.6	7.4	9.3	11.1	13.0	14.9	16.7	18.6	20.4
58	3.5	5.2	6.9	8.7	10.4	12.2	13.9	15.7	17.4	19.2
57	3.2	4.9	6.5	8.1	9.7	11.4	13.0	14.6	16.3	17.9
56	3.0	4.5	6.0	7.5	9.0	10.6	12.1	13.6	15.1	16.6
55	2.8	4.2	5.6	6.9	8.3	9.7	11.1	12.5	13.9	15.3
54	2.5	3.8	5.1	6.4	7.6	8.9	10.2	11.5	12.8	14.0
53	2.3	3.5	4.6	5.8	6.9	8.1	9.3	10.4	11.6	12.8
52	2.1	3.1	4.2	5.2	6.2	7.3	8.3	9.4	10.4	11.5
51	1.8	2.8	3.7	4.6	5.6	6.5	7.4	8.3	9.3	10.2
50	1.6	2.4	3.2	4.0	4.9	5.7	6.5	7.3	8.1	8.9
49	1.4	2.1	2.8	3.5	4.2	4.9	5.6	6.3	6.9	7.6
48	1.1	1.7	2.3	2.9	3.5	4.0	4.6	5.2	5.8	6.4
47	0.9	1.4	1.8	2.3	2.8	3.2	3.7	4.2	4.6	5.1
46	0.7	1.0	1.4	1.7	2.1	2.4	2.8	3.1	3.5	3.8
45	0.4	0.7	0.9	1.1	1.4	1.6	1.8	2.1	2.3	2.5
44	0.2	0.3	0.4	0.6	0.7	0.8	0.9	1.0	1.1	1.2
43	0.0	0.0	0.0	0.0	0.0	0.0	0.0	0.0	0.0	0.0

Depuis 70° jusqu'à 43°

TABLE DE RÉDUCTION DES DEGRÉS
Table XXV

	60	65	70	75	80	85	90	95	100	105
70	37.7	40.8	43.9	47.1	50.2	53.4	56.5	59.6	62.8	65.9
69	36.3	39.3	42.3	45.3	48.3	51.4	54.4	57.4	60.4	63.4
68	34.9	37.7	40.6	43.6	46.5	49.4	52.3	55.2	58.1	61.0
67	33.5	36.2	39.0	41.8	44.6	47.4	50.2	53.0	55.8	58.6
66	32.1	34.7	37.4	40.1	42.8	45.4	48.1	50.8	53.5	56.1
65	30.7	33.2	35.8	38.4	40.9	43.5	46.0	48.6	51.1	53.7
64	29.3	31.7	34.1	36.6	39.0	41.5	43.9	46.4	48.8	51.2
63	27.7	30.2	32.5	34.9	37.2	39.5	41.9	44.2	46.5	48.8
62	26.5	28.7	30.9	33.1	35.3	37.5	39.8	42.0	44.2	46.4
61	25.1	27.2	29.3	31.4	33.5	35.5	37.7	39.7	41.8	43.9
60	23.7	25.7	27.6	29.6	31.6	33.6	35.6	37.5	39.5	41.5
59	22.3	24.1	26.0	27.9	29.7	31.6	33.5	35.3	37.2	39.0
58	20.9	22.6	24.4	26.1	27.9	29.6	31.4	33.1	34.9	36.3
57	19.5	21.1	22.8	24.4	26.0	27.6	29.5	30.9	32.5	34.2
56	18.1	19.6	21.1	22.7	24.2	25.7	27.2	28.7	30.2	31.7
55	16.7	18.1	19.5	20.9	22.3	23.7	25.1	26.5	27.9	29.3
54	15.3	16.6	17.9	19.2	20.4	21.7	23.0	24.3	25.6	26.8
53	13.9	15.1	16.3	17.4	18.6	19.7	20.9	22.1	23.2	24.4
52	12.5	13.6	14.6	15.7	16.7	17.8	18.8	19.9	20.9	21.9
51	11.1	12.1	13.0	13.9	14.9	15.8	16.7	17.6	18.6	19.5
50	9.7	10.5	11.4	12.2	13.0	13.8	14.6	15.4	16.3	17.1
49	8.3	9.0	9.7	10.4	11.1	11.8	12.5	13.2	13.9	14.6
48	7.0	7.5	8.1	8.7	9.3	9.9	11.4	11.0	11.6	12.2
47	5.6	6.0	6.5	6.9	7.4	7.9	8.3	8.8	9.3	9.7
46	4.2	4.5	4.9	5.2	5.6	5.9	6.2	6.6	7.0	7.4
45	2.8	3.0	3.2	3.5	3.7	3.9	4.2	4.4	4.6	4.9
44	1.4	1.5	1.6	1.7	1.8	1.9	2.1	2.2	2.3	2.4
43	0.0	0.0	0.0	0.0	0.0	0.0	0.0	0.0	0.0	0.0

Depuis 70⁰ jusqu'à 43⁰

TABLE DE RÉDUCTION DES DEGRÉS
Table XXV

	110	115	120	125	130	135	140	145	150	155
70	69.0	72.2	75.3	78.4	81.6	84.7	87.8	91.0	94.2	97.3
69	66.5	69.5	72.5	75.5	78.6	81.6	84.6	87.7	90.7	93.7
68	63.9	66.8	69.7	72.6	75.5	78.5	81.3	84.3	87.2	90.1
67	61.4	64.2	66.9	69.7	72.5	75.3	78.1	80.9	83.7	86.5
66	58.8	61.5	64.2	66.8	69.5	72.2	74.8	77.5	80.2	82.9
65	56.3	58.8	61.4	63.9	66.5	69.0	71.6	74.2	76.7	79.3
64	53.7	56.1	58.6	61.0	63.5	65.9	68.3	70.8	73.2	75.7
63	51.1	53.5	55.8	58.1	60.4	62.8	65.1	67.4	69.7	72.1
62	48.6	50.8	53.0	55.2	57.4	59.6	61.8	64.1	66.2	68.5
61	46.0	48.1	50.2	52.3	54.4	56.5	58.6	60.7	62.8	64.9
60	43.5	45.5	47.4	49.4	51.4	53.3	55.3	57.3	59.3	61.2
59	40.9	42.8	44.6	46.5	48.3	50.2	52.1	53.9	55.8	57.7
58	38.4	40.1	41.8	43.6	45.3	47.1	48.8	50.6	52.3	54.0
57	35.8	37.4	39.0	40.6	42.3	43.9	45.6	47.2	48.8	50.4
56	33.2	34.8	36.3	37.7	39.3	40.8	42.3	43.8	45.3	46.8
55	30.7	32.1	33.5	34.8	36.3	37.6	39.0	40.4	41.8	43.2
54	28.1	29.4	30.7	31.9	33.2	34.5	35.8	37.1	38.4	39.6
53	25.6	26.7	27.9	29.0	30.2	31.4	32.5	33.7	34.9	36.0
52	23.0	24.1	25.1	26.1	27.2	28.2	29.3	30.3	31.4	32.4
51	20.4	21.4	22.3	23.2	24.2	25.1	26.0	27.0	27.9	28.8
50	17.9	18.3	19.5	20.3	21.1	21.9	22.8	23.6	24.4	25.2
49	15.3	16.0	16.7	17.4	18.1	18.8	19.5	20.2	20.9	21.6
48	12.8	13.3	13.9	14.5	15.1	15.7	16.3	16.8	17.4	18.0
47	10.2	10.7	11.1	11.6	12.1	12.5	13.0	13.5	13.9	14.4
46	7.6	8.0	8.3	8.7	9.0	9.4	9.7	10.2	10.4	10.8
45	5.1	5.3	5.6	5.8	6.0	6.2	6.5	6.7	6.9	7.2
44	2.5	2.6	2.8	2.9	3.0	3.1	3.2	3.3	3.5	3.6
43	0.0	0.0	0.0	0.0	0.0	0.0	0.0	0.0	0.0	0.0

Depuis 70° jusqu'à 43°

TABLE DE RÉDUCTION DES DEGRÉS
Table XXV

	160	165	170	175	180	185	190	195	200	205
70	100.4	103.6	106.7	109.8	113.0	116.2	119.3	122.4	125.6	128.7
69	96.7	99.7	102.8	105.8	108.9	111.8	114.9	117.9	120.9	123.9
68	93.0	95.9	98.8	101.7	104.6	107.5	110.5	113.3	116.2	119.1
67	89.3	92.0	94.8	97.6	100.4	103.2	106.6	108.8	111.6	114.4
66	85.6	88.2	90.9	93.6	96.2	98.9	101.6	104.3	106.9	109.6
65	81.8	84.4	86.9	89.5	92.0	94.6	97.2	99.7	102.3	104.8
64	78.1	80.6	83.0	85.4	87.9	90.3	92.8	95.2	97.6	100.1
63	74.4	76.7	79.0	81.4	83.7	86.0	88.4	90.7	93.0	95.3
62	70.7	72.9	75.1	79.3	79.5	81.7	83.9	86.1	88.3	90.5
61	67.0	69.0	71.1	73.2	75.3	77.4	79.5	81.6	83.7	85.8
60	63.2	65.2	67.2	69.2	71.1	73.1	75.1	77.1	79.0	81.0
59	59.5	61.4	63.2	65.1	66.9	68.8	70.7	72.5	74.4	76.2
58	55.8	57.5	59.3	61.0	62.8	64.5	66.3	68.0	69.7	71.5
57	52.1	53.7	55.3	56.9	58.6	60.3	61.8	63.5	65.1	66.7
56	48.3	49.9	51.4	52.9	54.4	56.9	57.4	58.9	60.4	61.9
55	44.6	46.0	47.4	48.8	50.2	51.6	53.0	54.4	55.8	57.2
54	40.9	42.2	43.5	44.7	46.0	47.3	48.6	49.9	51.1	52.4
53	37.2	38.4	39.5	40.7	41.8	43.3	44.2	45.3	46.5	47.6
52	33.5	34.5	35.5	36.6	37.6	38.7	39.7	40.8	41.8	42.9
51	29.7	30.7	31.6	32.5	33.5	34.4	35.3	36.2	37.2	38.1
50	26.0	26.8	27.6	28.5	29.3	30.1	30.9	31.7	32.5	33.4
49	22.3	23.0	23.7	24.4	25.1	25.8	26.5	27.2	27.9	28.6
48	18.6	19.2	19.7	20.3	20.9	21.5	22.1	22.6	23.2	23.8
47	14.9	15.3	15.8	16.2	16.7	17.2	17.6	18.1	18.6	19.1
46	11.1	11.5	11.8	12.2	12.5	12.9	13.2	13.6	13.9	14.3
45	7.4	7.6	7.9	8.1	8.3	8.6	8.8	9.0	9.3	9.5
44	3.7	3.8	3.9	4.0	4.2	4.3	4.4	4.5	4.6	4.7
43	0.0	0.0	0.0	0.0	0.0	0.0	0.0	0.0	0.0	0.0

Depuis 70° jusqu'à 43°

TABLE DE RÉDUCTION DES DEGRÉS
Table XXV

	210	215	220	225	230	235	240	245	250	
70	131.8	135.0	138.1	141.2	144.4	147.5	150.6	153.8	157.0	
69	126.9	130.0	133.0	136.0	139 0	142.1	145.1	148 1	151.1	
68	122.1	125.0	127.9	130.8	133.7	136.6	139.5	142.4	145.3	
67	117.2	120.0	122.8	125.5	128.3	131.1	133.9	136.7	139.5	
66	112.3	115.0	117.6	120.3	123.0	12 .7	128.3	131.0	133.7	
65	107.4	110.0	112.5	115.1	117.6	120.2	122.7	125.3	127.9	
64	102.5	105.0	107.4	109.9	112.3	114.8	117.2	119.6	122.1	
63	97.6	100.0	102.3	104.6	106.9	109.3	111.6	113.9	116.3	
62	92.7	95.0	97.2	99.4	101.6	103.8	106.0	108.2	110.4	
61	87.9	90.0	92.4	94.2	96.2	98.4	100.4	102.5	104.6	
60	83.0	85.0	86.9	88.9	90.9	92.9	94.9	96.8	98.8	
59	78.1	80.0	81.8	83.7	85.6	87.4	89.3	91.1	93.0	
58	73.2	75.0	76.4	78.5	80.2	82.0	83.7	85.4	87.2	
57	68.3	70.0	71.6	73.2	74.9	76.5	78.1	79.7	81.4	
56	63.4	65.0	66.5	68.0	69.5	71.0	72.5	74.0	75.6	
55	58.6	60.0	61.4	62.8	64.2	65.6	66.9	68.3	69.7	
54	53.7	55.0	56.3	57.5	58.8	60.1	61.4	62.6	63.9	
53	48.8	50.0	51.1	52.3	53.5	54.6	55.8	56.9	58.1	
52	43.9	45.0	46.0	47.4	48.1	49.2	50.2	51.2	52.3	
51	39.0	40.0	40.9	41.8	42.8	43.7	44.6	45.5	46.5	
50	34.2	35.0	35.8	36.6	37.4	38.2	39.0	39.8	40.7	
49	29.3	30.0	30.7	31.4	32.1	32.8	33.5	34.1	34.9	
48	24.4	25.0	25.6	26.1	26.7	27.3	27.9	28.4	29.0	
47	19.5	20.0	20.4	20.9	21.4	21.8	22.3	22.7	23.1	
46	14.6	15.0	15.3	15.7	16.0	16.4	16.7	17.1	17.4	
45	9.7	10.0	10.2	10.4	10.7	10.9	11.1	11.4	11.6	
44	4.9	5.0	5.1	5.2	5.3	5.4	5.6	5.7	5.8	
43	0.0	0.0	0.0	0.0	0.0	0.0	0.0	0.0	0.0	

Depuis 70° jusqu'à 43°

TABLE DE RÉDUCTION DES DEGRÉS
Table XXVI

	10	15	20	25	30	35	40	45	50	55
70	5.9	8.8	11.8	14.7	17.7	20.6	23.6	26.5	29.5	32.5
69	5.7	8.5	11.3	14.2	17.0	19.9	22.7	25.5	28.4	31.2
68	5.4	8.2	10.9	13.6	16.3	19.1	21.8	24.5	27.2	30.0
67	5.2	7.8	10.4	13.0	15.7	18.3	20.9	23.5	26.1	28.7
66	5.0	7.5	10.0	12.5	15.0	17.5	20.0	22.5	25.0	27.5
65	4.7	7.1	9.5	11.9	14.3	16.7	19.1	21.4	23.8	26.2
64	4.5	6.8	9.0	11.3	13.6	15.9	18.2	20.4	22.7	25.0
63	4.3	6.4	8.6	10.8	12.9	15.1	17.2	19.4	21.6	23.7
62	4.1	6.1	8.2	10.2	12.2	14.3	16.3	18.4	20.4	22.5
61	3.9	5.8	7.7	9.6	11.6	13.5	15.4	17.4	19.3	21.2
60	3.6	5.4	7.2	9.1	10.9	12.7	14.5	16.3	18.2	20.0
59	3.4	5.1	6.8	8.5	10.2	11.9	13.6	15.3	17.0	18.7
58	3.1	4.7	6.3	7.7	9.5	11.1	12.7	14.3	15.9	17.5
57	2.9	4.4	5.9	7.4	8.8	10.3	11.8	13.3	14.7	16.2
56	2.7	4.1	5.4	6.8	8.2	9.5	10.9	12.2	13.6	15.0
55	2.5	3.7	5.0	6.2	7.5	8.7	10.0	11.2	12.5	13.7
54	2.2	3.4	4.5	5.7	6.8	7.9	9.1	10.2	11.3	12.5
53	2.0	3.0	4.0	5.1	6.1	7.1	8.2	9.2	10.2	11.2
52	1.8	2.7	3.6	4.5	5.4	6.3	7.2	8.2	9.1	10.0
51	1.6	2.4	3.2	3.9	4.7	5.5	6.3	7.1	7.9	8.7
50	1.3	2.0	2.7	3.7	4.1	4.7	5.4	6.1	6.8	7.5
49	1.1	1.7	2.2	2.8	3.4	3.9	4.5	5.1	5.7	6.2
48	0.9	1.3	1.8	2.2	2.7	3.2	3.6	4.1	4.5	5.0
47	0.7	1.0	1.3	1.7	2.0	2.4	2.7	3.0	3.4	3.7
46	0.4	0.7	0.9	1.1	1.3	1.6	1.8	2.0	2.2	2.5
45	0.2	0.3	0.4	0.5	0.7	0.8	0.9	1.0	1.1	1.2
44	0.0	0.0	0.0	0.0	0.0	0.0	0.0	0.0	0.0	0.0

Depuis 70° jusqu'à 44°

TABLE DE RÉDUCTION DES DEGRÉS
Table XXVI

	60	65	70	75	80	85	90	95	100	105
70	35.4	38.4	41.3	44.3	47.2	50.2	53.1	56.1	59.0	62.0
69	34.1	36.9	39.7	42.6	45.4	48.3	51.1	54.0	56.8	59.6
68	32.7	35.4	38.2	40.9	43.6	46.3	49.2	51 8	54.5	57.2
67	31.3	33.9	36.6	39.2	41.8	44.4	47.0	49.6	52.2	54.8
66	30.0	32.5	35.0	37.5	40.0	42.5	45.0	47.5	50.0	52.5
65	28.6	31.0	33.4	35.8	38.1	40.5	42.9	45.3	47.9	50.4
64	27.2	29.5	31.8	34.1	36.3	38.6	40.9	43.2	45.4	47.7
63	25.9	28.0	30.2	32.4	34.5	36.7	38.8	41.0	43.1	45.3
62	24.5	26.6	28.6	30.7	32.7	34.7	36.8	38.8	40.9	42.9
61	23.2	25.1	27.0	29.0	30.2	32 8	34.7	36.7	38.6	40.5
60	21.8	23.6	25.4	27.2	29.1	30.9	32.7	34.5	36.3	38.2
59	20.4	22.1	23.8	25.5	27.3	28.9	30.7	32.4	34.1	35.8
58	19.1	20.7	22.2	23.8	25.4	27.0	28.6	30.2	31.8	33.4
57	17.7	19.2	20.7	22.1	23.6	25.1	26.6	28.0	29.5	31.0
56	16.3	17.7	19.1	20.4	21.8	23.2	24.5	25.9	27.2	28.6
55	15.0	16.2	17.5	18.7	20.0	21.2	22.5	23.7	25.0	26.2
54	13.6	14.7	15.9	17.0	18.2	19.3	20.4	21.6	22.7	23.8
53	12.2	13.3	14.3	15.3	16.3	17.4	18.4	19.4	20.4	21.5
52	10.9	11.8	12.7	13.6	14.5	15.4	16.3	17.2	18.2	19.1
51	9.5	10.3	11.1	11.9	12.7	13.5	14.3	15.1	15.9	16.7
50	8.2	8.8	9.5	10.2	10.9	11.6	12.2	12.9	13 6	14.3
49	6.8	7.4	7.9	8.5	9.1	9.6	10.2	10.8	11.3	11.9
48	5.4	5.9	6.3	6.8	7.2	7.7	8.2	8.6	9.1	9.5
47	4.1	4.4	4.7	5.1	5.4	5.8	6.1	6.4	6.8	7.1
46	2.7	2.9	3.2	3.4	3.6	3.8	4.1	4.3	4.5	4.7
45	1.3	1.4	1.6	1.7	1.8	1.9	2.0	2.1	2.2	2.4
44	0.0	0.0	0.0	0.0	0.0	0.0	0.0	0.0	0.0	0.0

Depuis 70o jusqu'à 44o

TABLE DE RÉDUCTION DES DEGRÉS
Table XXVI

	110	115	120	125	130	135	140	145	150	155
70	65.0	67.9	70.9	73.8	76.8	79.7	82.7	85.7	88.6	91.6
69	62.5	65.3	68.1	71.0	73.8	76.7	79.5	82.4	85.2	88.0
68	60.0	62.7	65.4	68.2	70.9	73.6	76.3	79.1	81.8	84.5
67	57.5	60.1	62.7	65.3	67.9	70.5	73.2	75.8	78.4	81.0
66	55.0	57.5	60.0	62.5	65.0	67.5	70.0	72.5	75.0	77.5
65	52.5	54.9	57.2	59.6	62.0	64.4	66.8	69.2	71.6	73.9
64	50.0	52.3	54.5	56.8	59.1	61.3	63.6	65.9	68.2	70.4
63	47.0	49.6	51.8	53.9	56.1	58.3	60.4	62.6	64.8	66.9
62	45.0	47.0	49.1	51.1	53.2	55.2	57.2	59.3	61.3	63.4
61	42.5	44.4	46.3	48.3	50.2	52.1	54.1	56.0	57.9	59.9
60	40.0	41.8	43.6	45.4	47.2	49.1	50.9	52.7	54.5	56.3
59	37.5	39.2	40.9	42.6	44.3	46.0	47.7	49.4	51.1	52.8
58	35.0	36.6	38.2	39.7	41.3	42.9	44.5	46.1	47.7	49.3
57	32.5	34.0	35.4	36.9	38.4	39.9	41.3	42.8	44.3	45.8
56	30.0	31.3	32.7	34.1	35.4	36.8	38.2	39.5	40.9	42.2
55	27.5	28.7	30.0	31.2	32.5	33.7	35.0	36.2	37.5	38.7
54	25.0	26.1	27.2	28.4	29.5	30.7	31.8	32.9	34.1	35.2
53	22.5	23.5	24.5	25.5	26.6	27.6	28.6	29.6	30.7	31.7
52	20.0	20.9	21.8	22.7	23.6	24.5	25.4	26.3	27.2	28.2
51	17.5	18.3	19.4	19.9	20.7	21.4	22.2	23.0	23.8	24.6
50	15.0	15.7	16.3	17.0	17.7	18.4	19.1	19.8	20.4	21.1
49	12.5	13.0	13.6	14.2	14.8	15.3	15.9	16.5	17.0	17.6
48	10.0	10.4	10.9	11.3	11.8	12.2	12.7	13.2	13.6	14.1
47	7.5	7.8	8.2	8.5	8.8	9.2	9.5	9.9	10.2	10.5
46	5.0	5.2	5.4	5.7	5.9	6.1	6.3	6.6	6.8	7.0
45	2.5	2.6	2.7	2.8	2.9	3.0	3.2	3.3	3.4	3.5
44	0.0	0.0	0.0	0.0	0.0	0.0	0.0	0.0	0.0	0.0

Depuis 70° jusqu'à 44°

TABLE DE RÉDUCTION DES DEGRÉS
Table XXVI

	160	165	170	175	180	185	190	195	200	205
70	94.5	97.5	100.4	103.4	106.3	109.3	112.3	115.2	118.2	121.1
69	90.8	93.7	96.6	99.4	102.2	105.1	107.9	110.8	113.6	116.5
68	87.2	90.0	92.7	95.4	98.1	100.9	103.6	106.3	109.0	111.8
67	83.6	86.2	88.8	91.4	94.1	96.7	99.3	101.9	104.5	107.1
66	79.9	82.5	85.0	87.5	90.0	92.5	95.0	97.5	100.0	102.5
65	76.3	78.7	81.1	83.5	85.9	88.3	90.6	93.0	95.4	97.8
64	72.7	75.0	77.2	79.5	81.8	84.1	86.3	88.6	90.9	93.2
63	69.0	71.2	73.4	75.5	77.7	79.9	82.0	84.2	86.3	88.5
62	65.4	67.5	69.5	71.5	73.6	75.7	77.7	79.7	81.8	83.8
61	61.8	63.7	65.7	67.6	69.5	71.5	73.4	75.3	77.2	79.2
60	58.1	60.0	61.8	63.6	65.4	67.3	69.1	70.9	72.7	74.5
59	54.5	56.2	57.9	59.6	61.3	63.1	64.7	66.5	68.2	69.9
58	50.9	52.5	54.1	55.6	57.2	58.8	60.4	62.0	63.6	65.2
57	47.2	48.7	50.2	51.7	53.2	54.6	56.1	57.6	59.1	60.5
56	43.6	45.0	46.3	47.7	49.1	50.4	51.8	53.2	55.5	55.9
55	40.0	41.2	42.5	43.7	45.0	46.2	47.5	48.7	50.0	51.2
54	36.3	37.5	38.6	39.7	40.9	42.0	43.2	44.3	45.4	46.6
53	32.7	33.7	34.7	35.8	36.8	37.8	38.8	39.9	40.9	41.9
52	29.1	30.0	30.9	31.8	32.7	33.6	34.5	35.4	36.3	37.3
51	25.4	26.2	27.0	27.8	28.6	29.4	30.2	31.0	31.8	32.6
50	21.8	22.5	23.2	23.8	24.5	25.2	25.9	26.6	27.3	27.9
49	18.2	18.7	19.3	19.8	20.4	21.0	21.6	22.1	22.8	23.3
48	14.5	15.0	15.4	15.8	16.3	16.8	17.2	17.7	18.3	18.6
47	10.9	11.2	11.6	11.8	12.2	12.6	12.9	13.3	13.6	14.0
46	7.2	7.5	7.7	7.9	8.2	8.4	8.6	8.8	9.1	9.3
45	3.6	3.7	3.8	3.9	4.1	4.2	4.3	4.4	4.5	4.6
44	0.0	0.0	0.0	0.0	0.0	0.0	0.0	0.0	0.0	0.0

Depuis 70° jusqu'à 44°

TABLE DE RÉDUCTION DES DEGRÉS
Table XXVI

	210	215	220	225	230	235	240	245	250
70	124.1	127.0	130.0	132.9	135.9	138.8	141.8	144.7	147.7
69	119.3	122.1	125.0	127.8	130.6	133.5	136.3	139.2	142.0
68	114.5	117.2	120.0	122.7	125.4	128.2	130.9	133.6	136.3
67	109.7	112.3	115.0	117.6	120.2	122.8	125.4	128.0	130.6
66	105.0	107.5	110.0	112.5	114.9	117.5	120.0	122.5	125.0
65	100.2	102.6	105.0	107.3	109.7	112.1	114.5	116.9	119.3
64	95.4	97.7	100.0	102.2	104.5	106.8	109.1	111.3	113.6
63	90.7	92.8	95.0	97.1	99.3	101.5	103.6	105.8	107.9
62	85.9	87.9	90.0	92.0	94.0	96.1	98.2	100.2	102.2
61	81.1	83.0	85.0	86.9	88.8	90.8	92.7	94.6	96.6
60	76.3	78.1	80.0	81.8	83.6	85.4	87.3	89.1	90.9
59	71.6	73.3	75.0	76.7	78.4	80.1	81.8	83.5	85.2
58	66.9	68.4	70.0	71.6	73.2	74.8	76.3	77.9	79.5
57	62.0	63.5	65.0	66.4	67.9	69.4	70.9	72.4	73.8
56	57.2	58.6	60.0	61.3	62.7	64.1	65.4	66.8	68.2
55	52.5	53.7	55.0	56.2	57.5	58.7	60.0	61.2	62.5
54	47.7	48.8	50.0	51.1	52.2	53.4	54.5	55.7	56.8
53	42.9	43.9	45.0	46.0	47.0	48.0	49.2	50.2	51.1
52	38.2	39.0	40.0	40.9	41.8	42.7	43.6	44.5	45.4
51	33.4	34.2	35.0	35.8	36.6	37.4	38.2	39.0	39.7
50	28.6	29.3	30.0	30.7	31.3	32.0	32.7	33.4	34.1
49	23.8	24.4	25.0	25.5	26.1	26.7	27.2	27.8	28.4
48	19.1	19.5	20.0	20.4	20.9	21.3	21.8	22.2	22.7
47	14.3	14.6	15.0	15.3	15.7	16.0	16.3	16.7	17.0
46	9.5	9.7	10.0	10.2	10.4	10.7	10.9	11.1	11.3
45	4.7	4.9	5.0	5.1	5.2	5.3	5.4	5.5	5.7
44	0.0	0.0	0.0	0.0	0.0	0.0	0.0	0.0	0.0

Depuis 70° jusqu'à 44°

TABLE DE RÉDUCTION DES DEGRÉS
Table XXVII

	10	15	20	25	30	35	40	45	50	55
70	5.5	8.3	11.1	13.9	16.6	19.4	22.2	25.0	27.7	30.5
69	5.3	8.0	10.6	13.3	16.0	18.6	21.3	24.0	26.6	29.3
68	5.1	7.6	10.2	12.7	15.3	17.9	20.4	23.0	25.5	28.1
67	4.9	7.3	9.7	12.2	14.6	17.1	19.5	22.0	24.4	26.9
66	4.6	7.0	9.3	11.6	14.0	16.3	18.6	21.0	23.3	25.6
65	4.4	6.6	8.9	11.1	13.3	15.5	17.7	20.0	22.2	24.4
64	4.2	6.3	8.4	10.5	12.6	14.7	16.9	19.0	21.1	23.2
63	4.0	6.0	8.0	10.0	12.0	14.0	16.0	18.0	20.0	22.0
62	3.7	5.6	7.5	9.4	11.3	13.2	15.1	17.0	18.9	20.7
61	3.5	5.3	7.1	8.9	10.6	12.4	14.2	16.0	17.7	19.5
60	3.3	5.0	6.6	8.3	10.0	11.6	13.3	15.0	16.6	18.3
59	3.1	4.6	6.2	7.7	9.3	10.8	12.8	14.0	15.5	17.1
58	2.9	4.3	5.7	7.2	8.6	10.1	11.5	13.0	14.4	15.8
57	2.6	4.0	5.3	6.6	8.0	9.3	10.6	12.0	13.3	14.6
56	2.4	3.6	4.8	6.1	7.3	8.5	9.7	11.0	12.2	13.4
55	2.2	3.3	4.4	5.5	6.6	7.7	8.8	10.0	11.1	12.2
54	2.0	3.0	4.0	5.0	6.0	7.0	8.0	9.0	10.0	11.0
53	1.7	2.6	3.5	4.4	5.3	6.2	7.1	8.0	8.9	9.7
52	1.5	2.3	3.1	3.9	4.6	5.4	6.2	7.0	7.7	8.5
51	1.3	2 0	2.6	3.3	4.0	4.6	5.3	6.0	6.6	7.3
50	1.1	1.6	2.2	2.7	3.3	3.8	4.4	5.0	5.5	6.1
49	0.9	1.3	1.7	2.2	2.6	3.1	3.5	4.0	4.4	4.8
48	0.6	1.0	1.3	1.6	2.0	2.3	2.6	3.0	3.3	3.6
47	0.4	0.6	0.8	1.1	1.3	1.5	1.7	2.0	2.2	2.4
46	0.2	0.3	0.4	0.5	0.6	0.7	0.8	1.0	1.1	1.2
45	0.0	0.0	0.0	0.0	0.0	0.0	0.0	0.0	0.0	0.0

Depuis 70º jusqu'à 45°

TABLE DE RÉDUCTION DES DEGRÉS
Table XXVII

	60	65	70	75	80	85	90	95	100	105
70	33.3	36.1	38.9	41.6	44.4	47.2	50.0	52.8	55.5	58.3
69	32.0	34.6	37.3	40.0	42.6	45.3	48.0	50.6	53.3	56.0
68	30.6	33.2	35.7	38.3	40.9	43.4	46.0	48.5	51.1	53.6
67	29.3	31.7	34.2	36.6	39.1	41.5	44.0	46.4	48.9	51.3
66	28.0	30.3	32.6	35.0	37.3	39.6	42.0	44.3	46.6	49.0
65	26.6	28.9	31.1	33.3	35.5	37.7	40.0	42.2	44.4	46.6
64	25.3	27.4	29.5	31.6	33.7	35.9	38.0	40.1	42.2	44.3
63	24.0	26 0	28.0	30.0	32.0	34.0	36.0	38.0	40.0	42.0
62	22.6	24.5	26.4	28.3	30.2	32.1	34.0	35.9	37.7	39.6
61	21.3	23.1	24 9	26.6	28.4	30.2	32.0	33.7	35.5	37.3
60	20.0	21.6	23.3	25.0	26.6	28.3	30.0	31.6	33.3	35.0
59	18.6	20.2	21.7	23.2	24.8	26.4	28.0	29.5	31.1	32.6
58	17.3	18.7	20.4	21.6	23.1	24.5	26.0	27.4	28.9	30.3
57	16.0	17.3	18 6	20.0	21.3	22.6	24.0	25.3	26.6	28.0
56	14.6	15.8	17.1	18.3	19.5	20.7	22.0	23.2	24.4	25.7
55	13.3	14.4	15.5	16.6	17.7	18.8	20.0	21.1	22.2	23.3
54	12.0	13.0	14.0	15.0	16.0	17.0	18.0	19.0	20.0	21.0
53	10.6	11.5	12.4	13.3	14.2	15.1	16.0	16.8	17.7	18.7
52	9.3	10.1	10.8	11.6	12.4	13.2	14.0	14.7	15.5	16.3
51	8.0	8.6	9.3	10.0	10.6	11.3	12.0	12.6	13.3	14.0
50	6.6	7.2	7.7	8.3	8.8	9.4	10.0	10.5	11.1	11.7
49	5.3	5.7	6.2	6.6	7.1	7.5	8.0	8.4	8.9	9.3
48	4.0	4.3	4.6	5.0	5.3	5.7	6.0	6.3	6.6	7.0
47	2.6	2.8	3.1	3.3	3.5	3.8	4.0	4.2	4.4	4.7
46	1.2	1.4	1.5	1.6	1.7	1.9	2.0	2.1	2.2	2.3
45	0.0	0.0	0.0	0 0	0.0	0.0	0.0	0.0	0.0	0.0

Depuis 70° jusqu'à 45°

TABLE DE RÉDUCTION DES DEGRÉS
Table XXVII

	110	115	120	125	130	135	140	145	150	155
70	61.1	63.9	66.6	69.4	72.2	75.0	77.8	80.5	83.3	86.1
69	58.6	61.3	64.0	66.6	69.3	72.0	74.6	77.3	80.0	82.6
68	56.2	58.7	61.3	63.9	65.4	69.0	71.6	74.1	76.6	79.2
67	53.7	56.2	58.6	61.1	62.5	66.0	68.4	70.9	73.3	75.7
66	51.3	53.6	56.0	58.3	59.6	63.0	65.3	67.6	70.0	72.3
65	48.9	51.1	53.3	55.5	56.7	60.0	62.2	64.4	66.6	68.9
64	46.4	48.5	50.6	52.7	53.9	57.0	59.1	61.2	63.5	65.4
63	44.0	46.0	48.0	50.0	51.0	54.0	55.0	58.0	60.0	62.0
62	41.5	43.4	45.3	47.2	48.1	51.0	52.9	54.7	56.6	58.5
61	39.1	40.9	42.6	44.4	45.2	48.0	49.7	51.5	53.3	55.1
60	36.6	38.3	40.0	41.6	43.2	45.0	46.6	48.3	50.0	51.6
59	34.2	35.7	37.2	38.8	40.4	42.0	43.5	45.1	46.6	48.2
58	31.6	33.2	34.6	36.1	37.4	39.0	40.4	41.8	43.3	44.7
57	29.2	30.6	32.0	33.3	34.6	36.0	37.3	38.6	40.0	41.3
56	26.8	28.1	29.2	30.5	31.6	33.0	34.2	35.4	36.6	37.9
55	24.4	25.5	26.6	27.7	28.8	30.0	31.0	32.2	33.3	34.4
54	22.0	23.0	24.0	25.0	26.0	27.0	28.0	29.0	30.0	31.0
53	19.4	20.4	21.2	22.2	23.0	24.0	24.8	25.7	26.6	27.5
52	17.0	17.8	18.6	19.5	20.2	21.0	21.7	22.5	23.3	24.1
51	14.6	15.3	16.0	16.6	17.2	18.0	18.6	19.3	20.0	20.6
50	12.2	12.7	13.2	13.8	14.4	15.0	15.5	16.1	16.6	17.2
49	9.6	10.2	10.3	11.1	11.4	12.0	12.4	12.8	13.3	13.7
48	7.2	7.8	8.0	8.3	8.6	9.0	9.3	9.7	10.0	10.3
47	4.8	5.3	5.4	5.5	5.6	6.0	6.2	6.4	6.6	6.9
46	2.4	2.5	2.6	2.8	2.9	3.0	3.1	3.2	3.3	3.4
45	0.0	0.0	0.0	0.0	0.0	0.0	0.0	0.0	0.0	0.0

Depuis 70° jusqu'à 45°

TABLE DE RÉDUCTION DES DEGRÉS
Table **XXVII**

	160	165	170	175	180	185	190	195	200	205
70	88.9	91.6	94.4	97.2	100.0	102.8	105.5	108.3	111.1	113.9
69	85.3	88.0	90.6	93.3	96.0	98.6	101.3	104.0	106.6	109.3
68	81.7	84.3	86.9	89.4	92.0	94.5	97.1	99.6	102.2	104.7
67	78.2	80.6	83.1	85.5	88.0	90.4	92.9	95.3	97.7	100.2
66	74.6	77.0	79.3	81.6	84.0	86.3	88.6	91.0	93.3	95.6
65	71.1	73.3	75.5	77.7	80.0	82.2	84.4	86.6	88.9	91.1
64	67.5	69.6	71.7	73.9	76.0	78.1	80.2	82.3	84.4	86.5
63	64.0	66.0	68.0	70.0	72.0	74.0	76.0	78.0	80.0	82.0
62	60.4	62.3	64.2	66.1	68.0	69.9	71.7	73.6	75.5	77.4
61	56.9	58.6	60.4	62.2	64.0	65.7	67.5	69.3	71.1	72.9
60	53.3	55.0	56.6	58.3	60.0	61.6	63.3	65.0	66.6	68.3
59	49.7	51.3	52.9	54.4	56.0	57.5	59.1	60.6	62.2	63.7
58	46.2	47.6	49.1	50.5	52.0	53.4	54.9	56.3	57.7	59.2
57	42.6	44.0	45.3	46.6	48.0	49.3	50.6	52.0	53.3	54.6
56	39.1	40.3	41.5	42.7	44.0	45.2	46.4	47.6	48.9	50.1
55	35.5	36.6	37.7	38.9	40.0	41.1	42.2	43.3	44.4	45.5
54	32.0	33.0	34.0	35.0	36.0	37.0	38.0	39.0	40.0	41.4
53	28.4	29.3	30.2	31.1	32.0	32.9	33.7	34.6	35.5	36.4
52	24.9	25.6	26.4	27.2	28.0	28.7	29.5	30.3	31.1	31.9
51	21.3	22.0	22.6	23.3	24.0	24.6	25.3	26.0	26.6	27.3
50	17.7	18.3	18.9	19.4	20.0	20.5	21.1	21.6	22.2	22.7
49	14.2	14.6	15.1	15.5	16.0	16.4	16.9	17.3	17.7	18.2
48	10.6	11.0	11.3	11.6	12.0	12.3	12.6	13.0	13.3	13.6
47	7.1	7.3	7.5	7.7	8.0	8.2	8.4	8.6	8.9	9.1
46	3.5	3.6	3.7	3.9	4.0	4.1	4.2	4.3	4.4	4.5
45	0.0	0.0	0.0	0.0	0.0	0.0	0.0	0.0	0.0	0.0

Depuis 70° jusqu'à 45°

TABLE DE RÉDUCTION DES DEGRÉS
Table **XXVII**

	210	215	220	225	230	235	240	245	250
70	116.6	119.4	122.2	125.0	127.7	130.5	133.3	136.1	138.9
69	112.0	114.6	117.3	1 0.0	122.6	125.3	128.0	130.6	133.3
68	107.3	109.9	112.4	115.0	117.5	120.1	122.6	125.2	127.7
67	102.6	105.1	107.5	110.0	112.4	114.9	117.3	119.7	122.2
66	98.0	100.3	102.6	105.0	107.3	109.6	112.0	114.3	116.6
65	93.2	95.5	97.7	100.0	102.2	104.4	106.6	108.9	111.1
64	88.6	90.7	92.9	95.0	97.1	99.2	101.3	103.4	105.5
63	84.0	86.0	88.0	90.0	92.0	94.0	96.9	98.0	100.0
62	79.3	81.2	82.1	85.0	86.9	88.7	90.6	92.5	94.4
61	74.6	76.4	78.2	80.0	81.7	83.5	85.3	87.1	88.9
60	70.0	71.6	73.3	75.0	76.6	78.3	80.0	81.6	83.3
59	65.3	66.9	68.4	70.0	71.5	73.1	74.6	76.2	77.7
58	60.6	62.1	63.5	65.0	66.4	67.9	69.3	70.7	72.2
57	56.0	57.3	58.6	60.0	61.3	62.6	64.0	65.3	66.6
56	51.3	52.5	53.7	55.0	56.2	57.4	58.6	59.9	61.1
55	46.6	47.7	48.9	50.0	51.1	52.2	53.3	54.4	55.5
54	42.0	43.0	44.0	45.0	46.0	47.0	48.0	49.0	50.0
53	37.3	38.2	39.1	40.0	40.9	41.7	42.6	43.5	44.4
52	32.6	33.4	34.2	35.0	35.7	36.5	37.3	38.1	38.9
51	28.0	28.6	29.3	30.0	30.6	31.3	32.0	32.6	33.3
50	23.3	23.9	24.4	25.0	25.5	26.1	26.6	27.2	27.7
49	18.6	19.1	19.5	20.0	20.4	20.9	21.3	21.7	22.2
48	14.0	14.3	14.6	15.0	15.3	15.6	16.0	16.3	16.6
47	9.3	9.5	9.7	10.0	10.2	10.4	10.6	10.9	11.1
46	4.6	4.7	4.9	5.0	5.1	5.2	5.3	5.4	5.5
45	0.0	0.0	0.0	0 0	0.0	0.0	0.0	0.0	0.0

Depuis 70° jusqu'à 45°

TABLE DE RÉDUCTION DES DEGRÉS
Table XXVIII

	10	15	20	25	30	35	40	45	50	55
70	5.2	7.8	10.4	13.0	15 6	18.2	20.8	23.5	26.4	28.7
69	5.0	7.5	10.0	12.5	15.0	17.5	20.0	22.5	25.0	27.5
68	4.7	7.1	9.5	11.9	14.3	16.7	19.1	21.5	23.9	26.3
67	4.5	6.8	9.1	11.4	13.6	15.9	18.2	20.5	22 8	25.1
66	4.3	6.5	8.6	10.8	13.0	15.2	17.4	19.5	21.7	23.9
65	4.1	6.2	8.2	10.3	12.3	14.4	16.5	18.6	20.6	22.7
64	3.9	5.8	7.8	9.7	11 7	13.7	15.6	17.6	19.6	21.5
63	3.7	5.5	7.4	9.2	11.0	12.9	14.7	16.6	18.5	20.3
62	3.4	5.2	6.9	8.7	10.4	12.1	13.9	15.6	17.4	19.1
61	3.2	4.9	6.5	8.1	9.7	11.4	13.0	14.7	16.3	17.9
60	3.0	4.5	6.1	7.6	9.1	10.6	12.4	13.7	15.2	16.7
59	2.8	4.2	5.6	7.0	8.4	9.9	11.3	12.7	14.1	15.5
58	2.6	3.9	5.2	6.5	7.8	9.1	10.4	11.7	13.0	14.3
57	2.4	3.6	4.7	5.9	7.1	8.3	9.5	10.7	11.9	13.1
56	2.1	3.2	4.3	5.4	6.5	7.6	8.7	9.8	10.8	11.9
55	1.9	2.9	3.9	4.9	5.8	6 8	7.8	8.8	9.8	10.7
54	1.7	2.6	3.4	4.3	5.2	6.1	6.9	7.8	8.7	9.5
53	1.5	2.3	3.0	3.8	4.5	5.3	6.1	6.8	7.6	8.3
52	1.3	1.9	2.6	3.2	3.9	4.5	5.2	5.8	6.5	7.1
51	1.1	1.6	2.1	2.7	3.2	3.8	4.3	4.9	5.4	5.9
50	0.8	1.3	1.7	2.1	2.6	3.0	3.4	3.9	4.3	4.8
49	0.6	0.9	1.3	1.6	1.9	2.3	2.6	2.9	3.2	3.6
48	0.4	0.6	0.8	1.1	1.3	1.5	1.7	1.9	2.1	2.4
47	0.2	0.3	0.4	0.5	0.6	0.7	0.8	0.9	1.1	1.2
46	0.0	0.0	0.0	0.0	0.0	0.0	0.0	0.0	0.0	0.0

Depuis 70° jusqu'à 46°

TABLE DE RÉDUCTION DES DEGRÉS
Table **XXVIII**

	60	65	70	75	80	85	90	95	100	105
70	31.3	33.9	36.5	39.1	41.7	44.3	46.9	49.5	52.1	54.7
69	29.9	32.5	35.0	37.5	40.0	42.5	45.0	47.5	50.0	52.5
68	28.6	31.1	33.5	35.8	38.2	40.6	43.0	45.4	47.8	50.2
67	27.3	29.7	31.9	34.2	36.5	38.8	41.0	43.4	45.6	47.9
66	26.0	28.2	30.4	32.6	34.8	36.9	39.1	41.3	43.4	45.6
65	24.7	26.8	28.9	30.9	33.0	35.1	37.1	39.2	41.3	43.3
64	23.4	25.4	27.4	29.3	31.3	33.2	35.2	37.2	39.1	41.1
63	22.1	24.0	25.9	27.7	29.5	31.4	33.2	35.1	36.9	38.8
62	20.8	22.6	24.3	26.1	27.8	29.5	31.3	33.0	34.8	36.5
61	19.5	21.2	22.8	24.4	26.1	27.7	29.3	31.0	32.6	34.2
60	18.2	19.8	21.3	22.8	24.3	25.8	27.3	28.9	30.4	31.9
59	16.9	18.4	19.8	21.2	22.6	24.0	25.4	26.8	28.2	29.6
58	15.6	16.9	18.2	19.5	20.8	22.1	23.4	24.8	26.1	27.4
57	14.3	15.5	16.7	17.9	19.1	20.3	21.5	22.7	23.9	25.1
56	13.0	14.1	15.2	16.3	17.4	18.4	19.5	20.6	21.7	22.8
55	11.7	12.7	13.7	14.6	15.6	16.6	17.6	18.6	19.5	20.5
54	10.4	11.3	12.1	13.0	13.9	14.7	15.6	16.5	17.4	18.2
53	9.1	9.9	10.6	11.4	12.1	12.9	13.7	14.4	15.2	15.9
52	7.8	8.4	9.1	9.8	10.4	11.0	11.7	12.4	13.0	13.7
51	6.5	7.0	7.6	8.1	8.7	9.2	9.8	10.3	10.8	11.4
50	5.2	5.6	6.1	6.5	6.9	7.4	7.8	8.2	8.7	9.1
49	3.9	4.2	4.5	4.9	5.2	5.5	5.8	6.2	6.5	6.8
48	2.6	2.8	3.0	3.2	3.4	3.7	3.9	4.1	4.3	4.5
47	1.3	1.4	1.5	1.6	1.7	1.8	1.9	2.1	2.1	2.3
46	0.0	0.0	0.0	0.0	0.0	0.0	0.0	0.0	0.0	0.0

Depuis 70° jusqu'à 46°

TABLE DE RÉDUCTION DES DEGRÉS
Table XXVIII

	110	115	120	125	130	135	140	145	150	155
70	57.4	60.0	62 6	65.2	67 8	70.4	73.0	75.6	78.2	80.8
69	55.0	57.5	60.0	62.5	65.0	67 5	70.0	72.5	75.0	77.5
68	52.6	55.0	57.4	59.8	62.1	64.5	66.9	69.3	71.7	74.1
67	50.2	52.5	54.8	57.1	59.3	61.6	63.9	66.1	68.4	70.7
66	47.8	50.0	52.1	54.3	56.5	58.7	60.8	63.0	65.2	67.4
65	45.4	47.5	49.5	51.6	53.7	55.7	57.8	59.8	61.9	64.0
64	43.0	45.0	46.9	48.9	50.8	52 8	54.8	56.7	58.7	60.6
63	40.6	42.5	44.3	46.2	48.0	49.9	51.7	53 5	55.4	57.3
62	38.2	40.0	41.7	43.5	45.2	46.9	48 7	50.4	52.1	53.9
61	35.8	37.5	39.1	40.7	42.4	44.0	45.6	47.2	48 9	50.5
60	33.4	35.0	36.5	38.0	39.5	41.1	42.6	44.1	45.6	47.1
59	31.1	32.5	33.9	35.3	36.7	38.1	39.5	40.9	42.4	43.8
58	28.7	30.0	31.3	32 6	33.9	35.2	36.5	37.8	39.1	40 4
57	26.3	27.5	28.7	29.9	31.1	32.3	33.4	34.6	35.8	37.0
56	23.7	25.0	26.1	27.1	28.2	29.3	30.4	31.5	32.6	33.7
55	21.5	22.5	23.5	24.4	25.4	26.4	27.4	28.3	29.3	30.3
54	19.1	20.0	20.8	21.7	22.6	23.4	24.3	25.2	26.1	26.9
53	16.7	17.5	18.2	19.0	19.8	20.5	21.3	22.0	22.8	23.6
52	14.3	15.0	15.6	16.3	16.9	17.6	18.2	18.9	19 5	20.2
51	11.9	12.5	13.0	13.6	14.1	14.6	15.2	15.7	16.3	16.8
50	9.5	10.0	10.4	10.8	11.3	11.7	12.1	12.6	13.0	13.4
49	7.1	7.5	7.8	8.1	8.4	8.8	9.1	9.4	9.8	10.1
48	4.8	5.0	5.2	5.4	5.6	5.8	6.1	6.3	6.5	6.7
47	2.4	2.5	2.6	2.7	2.8	2.9	3.0	3.1	3.2	3.3
46	0.0	0.0	0.0	0.0	0.0	0.0	0.0	0.0	0.0	0.0

Depuis 70° jusqu'à 46°

TABLE DE RÉDUCTION DES DEGRÉS
Table XXVIII

	160	165	170	175	180	185	190	195	200	205
70	83.4	86.0	88.7	91.3	93.9	96.5	99.1	101.7	104.3	106.9
69	80.0	82.4	85.0	87.5	90.0	92.5	95.0	97.5	100.0	102.4
68	76.5	78.9	81.3	83.7	86.1	88.5	90.8	93.2	95.6	98.0
67	73.0	75.3	77.6	79.9	82.1	84.4	86.7	89.0	91.3	93.5
66	69.5	71.7	73.9	76.1	78.2	80.4	82.6	84.8	86.9	89.1
65	66.1	68.1	70.2	72.3	74.3	76.4	78.4	80.5	82.6	84.6
64	62.6	64.5	66.5	68.5	70.4	72.4	74.3	76.3	78.2	80.2
63	59.1	60.9	62.8	64.7	66.5	68.3	70.2	72.0	73.9	75.7
62	55.6	57.3	59.1	60.9	62.6	64.3	66.1	67.8	69.5	71.3
61	52.1	53.7	55.4	57.1	58.7	60.3	61.9	63.6	65.2	66.8
60	48.7	50.2	51.7	53.3	54.8	56.3	57.8	59.3	60.8	62.4
59	45.2	46.6	48.0	49.5	50.9	52.3	53.7	55.1	56.5	57.9
58	41.7	43.0	47.3	45.7	46.9	48.2	49.5	50.8	52.1	52.4
57	38.2	39.4	40.6	41.9	43.0	44.2	45.4	46.6	47.8	49.0
56	34.8	35.8	36.9	38.1	39.1	40.2	41.3	42.4	43.5	44.5
55	31.3	32.2	33.2	34.2	35.2	36.2	37.1	38.1	39.1	40.1
54	27.8	28.6	29.5	30.4	31.3	32.1	33.0	33.9	34.8	35.6
53	24.3	25.1	25.8	26.6	27.4	28.1	28.9	29.6	30.4	31.2
52	20.8	21.5	22.1	22.8	23.5	24.1	24.8	25.4	26.1	26.7
51	17.4	17.9	18.5	19.0	19.5	20.1	20.6	21.2	21.7	22.3
50	13.9	14.3	14.8	15.2	15.6	16.1	16.5	16.9	17.4	17.5
49	10.4	10.7	11.4	11.4	11.7	12.0	12.4	12.7	13.0	13.3
48	6.9	7.1	7.4	7.6	7.8	8.0	8.2	8.4	8.7	8.9
47	3.4	3.6	3.7	3.8	3.9	4.0	4.1	4.2	4.3	4.4
46	0.0	0.0	0.0	0.0	0.0	0.0	0.0	0.0	0.0	0.0

Depuis 70° jusqu'à 46°

TABLE DE RÉDUCTION DES DEGRÉS
Table XXVIII

	210	215	220	225	230	235	240	245	250
70	109.5	112.2	114.8	117.4	120.0	122.6	125.2	127 8	130.4
69	105.0	107.5	110.0	112.5	115.0	117.5	119.9	122.5	125.0
68	100.4	102.8	105.2	107.6	110.0	112.4	114.7	117.1	119.6
67	95.8	98.1	100.4	102.7	105.0	107.3	109.5	111.8	114.1
66	91.3	93.5	95.6	97.8	100.0	102.2	104.3	106.5	108.7
65	86.7	88.8	90.8	92.9	95.0	97.0	99.1	101.2	103.2
64	82.1	84.1	86.1	88.0	90.0	91.9	93.8	95.8	97.8
63	77.6	79.4	81.3	83.1	85.0	86.8	88.7	90.5	92.4
62	73.0	74.8	76.5	78.2	80.0	81.7	83.4	85.2	86.9
61	68.4	70.1	71.7	73.3	75.0	76.6	78.2	79.9	81.5
60	63.9	65.4	66.9	68.4	70.0	71.5	73.0	74.5	76.1
59	59.3	60.7	62.1	63.5	65.0	66.4	67.8	69.2	70.6
58	54.7	56.1	57.4	58.7	60.0	61.3	62.6	63.9	65.2
57	50.2	51.4	52.6	53.8	55.0	56.2	57.4	58.6	59.8
56	45.6	46.7	47.8	48.9	50.0	51.1	52 2	53.2	54.3
55	41.1	42.0	43.0	44.0	45.0	46.0	46.9	47.9	48.9
54	36.5	37.4	38.2	39.1	40.0	40.8	41.7	42.6	43.4
53	31.9	32.7	33.4	34.2	35.0	35.7	36.5	37.3	38.0
52	27.4	28.0	28.7	29.3	30.0	30.6	31.3	31.9	32.6
51	22.8	23.3	23.9	24.4	25.0	25.5	26.1	26.6	27.1
50	18.2	18.7	19.1	19.5	20.0	20.4	20.8	21.3	21.7
49	13.7	14.0	14.3	14.6	15.0	15.3	15.6	16.0	16.3
48	9.1	9.3	9.5	9.8	10 0	10.2	10.4	10.6	10.8
47	4.5	4.6	4.8	4.9	5.0	5.1	5.2	5.3	5.4
46	0.0	0.0	0.0	0.0	0.0	0.0	0.0	0.0	0.0

Depuis 70° jusqu'à 46°

TABLE DE RÉDUCTION DES DEGRÉS
Table XXIX

	10	15	20	25	30	35	40	45	50	55
70	4.9	7.3	9.8	12.2	14.7	17.1	19.5	22.0	24.4	26.9
69	4.6	7.0	9.3	11.7	14.0	16.3	18.7	21.0	23.4	25.7
68	4.4	6.7	8.9	11.1	13.4	15.6	17.8	20.1	22.3	24.5
67	4.2	6.4	8.5	10.6	12.7	14.9	17.0	19.1	21.2	23.4
66	4.0	6.0	8.1	10.1	12.1	14.1	16.1	18.1	20.1	22.2
65	3.8	5.7	7.6	9.5	11.5	13.4	15.3	17.2	19.1	21.0
64	3.6	5.4	7.2	9 0	10.8	12.6	14.4	16.2	18.0	19.9
63	3.4	5.1	6.8	8.5	10.2	11.9	13.6	15.3	16.9	18.7
62	3.1	4.8	6.4	7.9	9.6	11.1	12.7	14.3	15.9	17.5
61	2.9	4.4	5.9	7.4	8.9	10.4	11.9	13.4	14.8	16.4
60	2.7	4.1	5.5	6.9	8.3	9.6	11.0	12.4	13.8	15.2
59	2.5	3.8	5.1	6.4	7.6	8.9	10.2	11.5	12.7	14.0
58	2.3	3.5	4.7	5.8	7.0	8.2	9.3	10.5	11.6	12.8
57	2.1	3.2	4.2	5.3	6.4	7.4	8.5	9.5	10.6	11.7
56	1.9	2.8	3.8	4.8	5.7	6.7	7.6	8.6	9.5	10.5
55	1.7	2.5	3.4	4.2	5.1	5.9	6.8	7.6	8.5	9.3
54	1.5	2.2	2.9	3.7	4.4	5.2	5.9	6.7	7.4	8.2
53	1.2	1.9	2.5	3.2	3.8	4.4	5.1	5.7	6.3	7.0
52	1.0	1.6	2.1	2.6	3.2	3.7	4.2	4.8	5.3	5.8
51	0.8	1.2	1.7	2.1	2.5	2.9	3.4	3.8	4.2	4.7
50	0.6	0.9	1.2	1.6	1.9	2.2	2.5	2.8	3.2	3.5
49	0.4	0.6	0.8	1.0	1.2	1.5	1.7	1.9	2.1	2.3
48	0.2	0.3	0.4	0.5	0.6	0.7	0.8	0.9	1.0	1.2
47	0.0	0.0	0.0	0.0	0.0	0.0	0.0	0.0	0.0	0.0

Depuis 70o jusqu'à 47o

TABLE DE RÉDUCTION DES DEGRÉS
Table XXIX

	60	65	70	75	80	85	90	95	100	105
70	29.3	31.8	34.2	36.7	39.1	41.6	44.0	46.4	48.9	51.3
69	28.1	30.4	32.7	35.1	37.4	39.8	42.1	44.4	46.8	49.1
68	26.8	29.0	31.2	33.5	35.7	38.0	40.2	42.4	44.7	46.9
67	25.5	27.6	29.8	31.9	34.0	36.2	38.3	40.4	42.5	44.6
66	24.2	26.2	28.3	30.3	32.3	34.3	36.4	38.4	40.4	42.4
65	22.9	24.9	26.8	28.7	30.6	32.5	34.4	36.3	38.3	40.2
64	21.7	23.6	25.3	27.1	28.9	30.7	32.5	34.3	36.2	37.9
63	20.4	22.1	23.8	25.5	27.2	28.2	30.6	32.3	34.0	35.7
62	19.1	20.7	22.3	23.9	25.5	27.1	28.7	30.3	31.9	33.5
61	17.8	19.3	20.8	22.3	23.8	25.3	26.8	28.3	29.8	31.2
60	16.6	17.9	19.3	20.7	22.1	23.5	24.9	26.2	27.6	29.0
59	15.3	16.6	17.8	19.1	20.4	21.7	23.0	24.2	25.5	26.8
58	14.0	15.2	16.4	17.5	18.7	19.9	21.0	22.2	23.4	24.5
57	12.7	13.8	14.9	15.9	17.0	18.1	19.1	20.2	21.3	22.3
56	11.5	12.4	13.4	14.3	15.3	16.3	17.2	18.2	19.1	20.1
55	10.2	11.0	11.9	12.7	13.6	14.4	15.3	16.1	17.0	17.8
54	8.9	9.6	10.4	11.1	11.9	12.6	13.4	14.1	14.9	15.6
53	7.6	8.3	8.9	9.5	10.2	10.8	11.5	12.1	12.7	13.4
52	6.4	6.9	7.4	8.0	8.5	9.0	9.6	10.1	10.6	11.1
51	5.1	5.5	5.9	6.7	6.8	7.2	7.6	8.1	8.5	8.9
50	3.8	4.1	4.4	4.8	5.1	5.4	5.7	6.0	6.4	6.7
49	2.5	2.7	2.9	3.2	3.4	3.6	3.8	4.0	4.2	4.4
48	1.2	1.4	1.5	1.6	1.7	1.8	1.9	2.0	2.1	2.2
47	0.0	0.0	0.0	0.0	0.0	0.0	0.0	0.0	0.0	0.0

Depuis 70º jusqu'à 47º

TABLE DE RÉDUCTION DES DEGRÉS
Table XXIX

	110	115	120	125	130	135	140	145	150	155
70	53.8	56.2	58.7	61 1	63.6	66.0	68.5	70.9	73.4	75.8
69	51.5	53.8	56.1	58.5	60.8	63.2	65.5	67.8	70.2	72.5
68	49.1	51.3	53.6	55.8	58.0	60.3	62.5	64.8	67.0	69.2
67	46.8	48.9	51.0	53.2	55.3	57.4	59.5	61.7	63.8	65.9
66	44.4	46.4	48.5	50.5	52.5	54.5	56.6	58.6	60.6	62.6
65	42.1	44.0	45.9	47.8	49.7	51.7	53.6	55.5	57.4	59.3
64	39.8	41.6	43.4	45.2	47.0	48.8	50.6	52.4	54.2	56.0
63	37.4	39.1	40.8	42.5	44.2	45 9	47 6	49.3	51.0	52.7
62	35.1	36.7	38.3	39.9	41.4	43.1	44.6	46.2	47.8	49.4
61	32.7	34.2	35.7	37.2	38.7	40.2	41.7	43.2	44.6	46.1
60	30.4	31.8	33.2	34.5	35.9	37.3	38.7	40.1	41.5	42.8
59	28.1	29.3	30.6	31.9	33.1	34.4	35.7	37.0	38.3	39.5
58	25.7	26.9	28.1	29.2	30.4	31.6	32.7	33.9	35.1	36.2
57	23.4	24.4	25.5	26.6	27.6	28.7	29.7	30.8	31.9	32.9
56	21.0	22.0	23.0	23.9	24.9	25.8	26.8	27.7	28.7	29.6
55	18.7	19.5	20.4	21.2	22.1	23.0	23.8	24.7	25.5	26.4
54	16.4	17.1	17.8	18.6	19.3	20.1	20.8	21.6	22.3	23.1
53	14.0	14.7	15.3	15.9	16.6	17.2	17.8	18.5	19.1	19.8
52	11.7	12.2	12.7	13.3	13.8	14.3	14.9	15.4	15.9	16.5
51	9.3	9.8	10.2	10.6	11.0	11.5	11.9	12.3	12.7	13.2
50	7.0	7.3	7.6	7.9	8.3	8.6	8.9	9.2	9.5	9.9
49	4.7	4.9	5.1	5.3	5.5	5.7	5.9	6.1	6.4	6.5
48	2.3	2.4	2.5	2.6	2.7	2.8	2.9	3.1	3.2	3.3
47	0.0	0.0	0.0	0.0	0.0	0.0	0.0	0.0	0.0	0.0

Depuis 70° jusqu'à 47°

TABLE DE RÉDUCTION DES DEGRÉS
Table XXIX

	160	165	170	175	180	185	190	195	200	205
70	78.3	80.7	83.2	85.6	88.1	90.5	92 9	95.4	97.8	100.3
69	74.9	77.2	79.5	81.9	84.2	86.6	88.9	91.3	93.6	95.9
68	71.4	73.7	75.9	78.2	80.4	82.6	84.9	87.1	89 3	91.6
67	68.0	70.2	72.3	74.4	76.6	78.7	80.8	83.0	85.1	87.2
66	64.6	66.7	68.7	70.7	72.7	74.8	76.8	78.8	80.8	82.8
65	61.2	63.2	65.1	67.0	68.9	70.8	72.7	74.7	76.6	78.5
64	57.8	59.6	61.5	63.3	65.1	66.9	68.7	70.5	72.3	74.1
63	54.4	56.1	57.8	59.5	61.2	62.9	64.6	66.4	68.1	69.8
62	51.0	52.6	54.2	55.8	57.4	59.0	60.6	62.2	63.8	65.4
61	47.6	49.1	50.6	52.1	53.6	55.1	56.6	58.1	59.5	61.0
60	44.2	45.6	47.0	48.4	49.8	51.1	52.5	53.9	55.3	56.7
59	40.8	41.2	43.4	44.7	45.9	47.2	48.5	49.8	51.0	52.3
58	37.4	38.6	39.8	40.9	42.1	43.3	44.4	45.6	46.8	47.9
57	34.0	35.1	36.1	37.2	38.3	39.3	40.4	41.5	42.5	43.6
56	30.6	31.6	32.5	33.5	34.4	35.4	36.3	37.3	38.3	39.2
55	27.2	28.1	28.9	29.8	30.6	31.5	32.3	33.2	34.0	34.9
54	23.8	24.5	25.3	26.0	26.8	27.5	28.3	29 0	29.8	30.5
53	20.4	21.0	21.7	22.3	22.9	23.6	24.2	24.8	25.5	26.1
52	17.0	17.5	18.1	18.6	19.1	19.7	20.2	20.7	21.3	21.8
51	13.6	14.0	14.4	14.9	15.3	15.7	16.1	16.6	17.0	17.4
50	10.2	10.5	10.8	11.1	11.5	11.8	12.1	12.4	12.7	13.1
49	6.8	7.0	7.2	7.4	7.6	7.8	8.1	8.3	8.5	8.7
48	3.4	3.5	3.6	3.7	3.8	3.9	4.0	4.1	4.2	4.3
47	0.0	0.0	0.0	0.0	0.0	0.0	0.0	0.0	0.0	0.0

Depuis 70° jusqu'à 47°

TABLE DE RÉDUCTION DES DEGRÉS
Table XXIX

	210	215	220	225	230	235	240	245	250
70	102.7	105.2	107.6	110.1	112.5	115.0	117.4	119.9	122.3
69	98.3	100.6	102.9	105.3	107.6	110.0	112.3	114.7	117.0
68	93.8	96.0	98.3	100.5	102.7	105.0	107.2	109.4	111.7
67	89.4	91.4	93.6	95.7	97.8	100.0	102.1	104.2	106.4
66	84.9	86.9	88.9	90.9	92.9	95.0	97.0	99.0	101.1
65	80.4	82.3	84.2	86.1	88.0	90.0	91.9	93.8	95.7
64	75.9	77.7	79.5	81.3	83.2	85.0	86.8	88.6	90.4
63	71.5	73.1	74.9	76.6	78.3	80.0	81.7	83.4	85.1
62	67.0	68.6	70.2	71.8	73.4	75.0	76.6	78.2	79.8
61	62.5	64.0	65.5	67.0	68.5	70.0	71.5	73.0	74.5
60	58.1	59.4	60.8	62.2	63.6	65.0	66.3	67.8	69.1
59	53.6	54.9	56.1	57.4	58.7	60.0	61.2	62.5	63.8
58	49.1	50.3	51.5	52.6	53.8	55.0	56.1	57.3	58.5
57	44.7	45.7	46.8	47.9	48.9	50.0	51.0	52.1	53.2
56	40.2	41.1	42.1	43.0	44.0	45.0	45.9	46.9	47.9
55	35.7	36.6	37.4	38.3	39.1	40.0	40.8	41.7	42.5
54	31.2	32.0	32.7	33.5	34.2	35.0	35.7	36.5	37.2
53	26.8	27.4	28.1	28.7	29.3	30.0	30.6	31.3	31.9
52	22.3	22.8	23.4	23.9	24.4	25.0	25.5	26.0	26.6
51	17.8	18.3	18.7	19.1	19.5	20.0	20.4	20.8	21.3
50	13.4	13.7	14.0	14.3	14.6	15.0	15.3	15.6	15.9
49	8.9	9.1	9.3	9.5	9.8	10.0	10.2	10.4	10.6
48	4.4	4.5	4.7	4.8	4.9	5.0	5.1	5.2	5.3
47	0.0	0.0	0.0	0.0	0.0	0.0	0.0	0.0	0.0

Depuis 70° jusqu'à 47°

TABLE DE RÉDUCTION DES DEGRÉS
Table XXX

	10	15	20	25	30	35	40	45	50	55
70	4.6	6.8	9.1	11.4	13.7	16.0	18.3	20.6	22.9	25.1
69	4.3	6.5	8.7	10.9	13.1	15.3	17.5	19.6	21.8	24.0
68	4.1	6.2	8.3	10.4	12.5	14.6	16.7	18.7	20.8	22.9
67	3.9	5.9	7.9	9.9	11.8	13.8	15.8	17.7	19.8	21.7
66	3.7	5.6	7.5	9.3	11.2	13.1	15.0	16.8	18.7	20.6
65	3.5	5.3	7.0	8.8	10.6	12.4	14.2	15.9	17.7	19.4
64	3.3	5.0	6.6	8.3	10.0	11.6	13.2	14.9	16.6	18.3
63	3.1	4.7	6.2	7.8	9.3	10.9	12.5	14.0	15.6	17.1
62	2.9	4.3	5.8	7.3	8.7	10.2	11.6	13.1	14.5	16.0
61	2.7	4.0	5.4	6.7	8.1	9.5	10.8	12.2	13.5	14.8
60	2.5	3.7	5.0	6.2	7.5	8.7	10.0	11.2	12.5	13.7
59	2.3	3.4	4.5	5.7	6.8	8.0	9.1	10.3	11.4	12.5
58	2.1	3.1	4.1	5.2	6.2	7.3	8.3	9.3	10.4	11.4
57	1.8	2.8	3.7	4.7	5.6	6.5	7.5	8.4	9.3	10.2
56	1.6	2.4	3.3	4.1	5.0	5.8	6.6	7.5	8.3	9.1
55	1.4	2.2	2.9	3.6	4.3	5.1	5.8	6.5	7.3	8.0
54	1.2	1.8	2.5	3.1	3.7	4.3	5.0	5.6	6.2	6.8
53	1.0	1.5	2.1	2.6	3.1	3.6	4.1	4.7	5.2	5.7
52	0.8	1.2	1.6	2.1	2.5	2.9	3.3	3.7	4.1	4.5
51	0.6	0.9	1.2	1.5	1.8	2.2	2.5	2.8	3.1	3.4
50	0.4	0.6	0.8	1.0	1.2	1.4	1.6	1.8	2.1	2.3
49	0.2	0.3	0.4	0.5	0.6	0.7	0.8	0.9	1.0	1.1
48	0.0	0.0	0.0	0.0	0.0	0.0	0.0	0.0	0.0	0.0

Depuis 70° jusqu'à 48°

TABLE DE RÉDUCTION DES DEGRÉS
Table XXX

	60	65	70	75	80	85	90	95	100	105
70	27.5	29.7	31.9	34.4	36.6	38.9	41.2	43.5	45.8	48.1
69	26.2	28.4	30.5	32.8	35.0	37.1	39.3	41.5	43.7	45.9
68	25.0	27.0	29.0	31.2	33.3	35.4	37.5	39.6	41.6	43.7
67	23.7	25.7	28.6	29.7	31.6	33.6	35.6	37.6	39.5	41.5
66	22.5	24.3	27.2	28.1	30.0	31.8	33.7	35.6	37.4	39.3
65	21.2	23.0	25.7	26.5	28.3	30.1	31.8	33.6	35.4	37.1
64	20.0	21.6	24.3	25.0	26.6	28.3	30.0	31.6	33.3	35.0
63	18.7	20.3	22.8	23.4	25.0	26.5	28.1	29.7	31.2	32.8
62	17.5	18.9	21.4	21.8	23.3	24.8	26.2	27.7	29.1	30.6
61	16.2	17.6	19.9	20.3	21.6	23.0	24.3	25.7	27.0	28.4
60	15.0	16.2	17.5	18.7	20.0	21.2	22.5	23.7	25.0	26.2
59	13.7	14.9	16.0	17.1	18.3	19.4	20.6	21.7	22.9	24.0
58	12.5	13.5	14.5	15.6	16.6	17.7	18.7	19.8	20.8	21.8
57	11.2	12.1	13.1	14.0	15.0	15.9	16.8	17.8	18.7	19.6
56	10.0	10.8	11.6	12.5	13.3	14.1	15.0	15.8	16.6	17.5
55	8.7	9.4	10.2	10.9	11.6	12.4	13.1	13.8	14.5	15.3
54	7.5	8.1	8.7	9.3	10.0	10.6	11.2	11.8	12.5	13.1
53	6.2	6.7	7.3	7.8	8.3	8.8	9.3	9.9	10.4	10.9
52	5.0	5.4	5.8	6.2	6.6	7.1	7.5	7.9	8.3	8.7
51	3.7	4.0	4.3	4.7	5.0	5.3	5.6	5.9	6.2	6.5
50	2.5	2.7	2.9	3.1	3.3	3.5	3.7	3.9	4.1	4.3
49	1.2	1.3	1.4	1.5	1.6	1.7	1.8	1.9	2.1	2.2
48	0.0	0.0	0.0	0.0	0.0	0.0	0.0	0.0	0.0	0.0

Depuis 70° jusqu'à 48°

TABLE DE RÉDUCTION DES DEGRÉS
Table XXX

	110	115	120	125	130	135	140	145	150	155
70	50.4	52.7	55.0	57.3	59.6	61.8	64.1	66.4	68.7	71.0
69	48.0	50.3	52.5	54.7	56.9	59.0	61.2	63.4	65.6	67.8
68	45.8	47.9	50.0	52.1	54.1	56.2	58.3	60.4	62.5	64.6
67	43.5	45.5	47.5	49.5	51.4	53.4	55.4	57.4	59.3	61.3
66	41.2	43.1	45.0	46.8	48.7	50.6	52.4	54.3	56.2	58.1
65	38.9	40.7	42.5	44.2	46.0	47.8	49.5	51.3	53.1	54.9
64	36.6	38.3	40.0	41.6	43.3	45.0	46.6	48.3	50.0	51.6
63	34.3	35.9	37.5	39.0	40.6	42.2	43.7	45.3	46.8	48.4
62	32.0	33.5	35.0	36.4	37.9	39.3	40.8	42.3	43.7	45.2
61	29.7	31.1	32.5	33.8	35.2	36.5	37.9	39.2	40.6	42.0
60	27.5	28.7	30.0	31.2	32.5	33.7	35.0	36.2	37.5	38.7
59	25.2	26.3	27.5	28.6	29.8	30.9	32.1	33.2	34.3	35.5
58	22.9	23.9	25.0	26.0	27.0	28.1	29.1	30.2	31.2	32.3
57	20.6	21.5	22.5	23.4	24.3	25.3	26.2	27.2	28.1	29.0
56	18.3	19.1	20.0	20.8	21.6	22.5	23.3	24.1	25.0	25.8
55	16.0	16.7	17.5	18.2	18.9	19.6	20.4	21.1	21.8	22.6
54	13.7	14.3	15.0	15.6	16.2	16.8	17.5	18.1	18.7	19.3
53	11.4	12.0	12.5	13.0	13.5	14.0	14.6	15.1	15.6	16.1
52	9.1	9.6	10.0	10.4	10.8	11.2	11.6	12.1	12.5	12.9
51	6.8	7.2	7.5	7.8	8.1	8.4	8.7	9.0	9.3	9.7
50	4.6	4.8	5.0	5.2	5.4	5.6	5.8	6.0	6.2	6.4
49	2.3	2.4	2.5	2.6	2.7	2.8	2.9	3.0	3.1	3.2
48	0.0	0.0	0.0	0.0	0.0	0.0	0.0	0.0	0.0	0.0

Depuis 70° jusqu'à 48°

TABLE DE RÉDUCTION DES DEGRÉS
Table XXX

	160	165	170	175	180	185	190	195	200	205
70	73.3	75.6	77.9	80.2	82.4	84.8	87.0	89.3	91.6	93.9
69	70.0	72.1	74.3	76.5	78.7	80.9	83.1	85.3	87.5	89.6
68	66.6	68.7	70 8	72.9	74.9	77.1	79.1	81.2	83.3	85.4
67	63 3	65.2	67.2	69.2	71.2	73.2	75.2	77.1	79.1	81.1
66	60.0	61.8	63.7	65.6	67.4	69.4	71.2	73.1	74.9	76.8
65	56.6	58.4	60 2	61.9	63.7	65.5	67.2	69.0	70.8	72.8
64	53.3	54.9	56.6	58.3	60.0	61.6	63.3	64.9	66.6	68.3
63	50.0	51.5	53.1	54.6	56.2	57.8	59.3	60.9	62.5	64.0
62	46.6	48.1	49.5	51.0	52.5	53.9	55.4	56.8	58.3	59.8
61	43.3	44.6	46.0	47.4	48.7	50.1	51.4	52.8	54.1	55.5
60	40.0	41.2	42.5	43.7	45.0	46.2	47.5	48.7	50.0	51.2
59	36.6	37.8	38.9	40.1	41.2	42.4	43.5	44.6	45.8	46.9
58	33.3	34.3	35.4	36.4	37.5	38.5	39.6	40.6	41.6	42.7
57	30.0	30.9	31.8	32.8	33.7	34.7	35.6	36.5	37.5	38.4
56	26.6	27.5	28 3	29.1	30 0	30.8	31.6	32.5	33.3	34.1
55	23.3	24.0	24.8	25.5	26.2	27.0	27.7	28.4	29.1	29.9
54	20.0	20.6	21.2	21.8	22.5	23.1	23.7	24.3	25.0	25.6
53	16.6	17.2	17.7	18.2	18.7	19.2	19.8	20.3	20.8	21.3
52	13.3	13.7	14 1	14.6	15.0	15.4	15.8	16.2	16.6	17.1
51	10.0	10.3	10.6	10.9	11.2	11.5	11.8	12.2	12.5	12.8
50	6.6	6.8	7.1	7.3	7.5	7.7	7.9	8.1	8.3	8.5
49	3.3	3.4	3.5	3.6	3.7	3.8	3.9	4.0	4.1	4.2
48	0.0	0.0	0.0	0.0	0.0	0.0	0.0	0.0	0.0	0.0

Depuis 70° jusqu'à 48°

TABLE DE RÉDUCTION DES DEGRÉS
Table XXX

	210	215	220	225	230	235	240	245	250
70	96.2	98.5	100.8	103.1	105.4	107.7	110.0	112.3	114.6
69	91.8	94.0	96.2	98.4	100.6	102.8	105.0	107.2	109.4
68	87.5	89.6	91.6	93.7	95.8	97.9	100.0	102.0	104.2
67	83.1	85.1	87.0	89.0	91.0	93.0	95.0	96.9	98.9
66	78.7	80.6	82.5	84.3	86.2	88.1	90.0	91.8	93.7
65	74.3	76.1	77.9	79.6	81.4	83.2	85.0	86.7	88.5
64	70.0	71.6	73.3	75.0	76.6	78.3	80.0	81.6	83.3
63	65.6	67.2	68.7	70.3	71.8	73.4	75.0	76.5	78.1
62	61.2	62.7	64.1	65.6	67.0	68.5	70.0	71.4	72.9
61	56.8	58.2	59.5	60.9	62.3	63.6	65.0	66.3	67.7
60	52.5	53.7	55.0	56.2	57.5	58.7	60.0	61.2	62.5
59	48.1	49.2	50.4	51.5	52.7	53.8	55.0	56.1	57.3
58	43.7	44.8	45.8	46.8	47.9	48.9	50.0	51.0	52.1
57	39.3	40.3	41.2	42.1	42.1	44.0	45.0	45.9	46.9
56	35.0	35.8	36.6	37.5	37.3	39.1	40.0	40.8	41.6
55	30.6	31.3	32.0	32.8	32.5	34.2	35.0	35.7	36.4
54	26.2	26.8	27.5	28.1	27.7	29.4	30.0	30.6	31.2
53	21.8	22.4	22.9	23.4	22.9	24.5	25.0	25.5	26.0
52	17.5	17.9	18.3	18.7	18.1	19.6	20.0	20.4	20.8
51	13.1	13.4	13.7	14.0	14.3	14.7	15.0	15.3	15.6
50	8.7	8.9	9.1	9.3	9.6	9.8	10.0	10.2	10.4
49	4.3	4.4	4.6	4.7	4.8	4.9	5.0	5.1	5.2
48	0.0	0.0	0.0	0.0	0.0	0.0	0.0	0.0	0.0

Depuis 70° jusqu'à 48°

TABLE DE RÉDUCTION DES DEGRÉS
Table **XXXI**

	10	15	20	25	30	35	40	45	50	55
70	4.3	6.4	8.5	10.7	12.8	15.0	17.1	19.2	21.4	23.5
69	4.1	6.1	8.1	10.2	12.2	14.2	16.3	18.3	20.4	22.4
68	3.8	5.8	7.7	9.7	11.6	13.5	15.5	17.4	19.4	21.3
67	3.6	5.5	7.3	9.2	11.0	12.8	14.7	16.5	18.4	20.2
66	3.4	5.2	6.9	8.6	10.4	12.1	13.8	15.6	17.4	19.0
65	3.2	4.9	6.5	8.1	9.7	11.4	13.0	14.7	16.3	17.9
64	3.0	4.6	6.1	7.6	9.1	10.7	12.2	13.7	15.3	16.8
63	2.8	4.3	5.7	7.1	8.5	10.0	11.4	12.8	14.3	15.7
62	2.6	4.0	5.3	6.6	7 8	9.3	10.6	11.9	13.3	14.6
61	2.4	3.6	4.9	6.1	7.3	8.6	9.8	11.0	12.2	13 4
60	2.2	3.3	4.5	5.6	6.7	7.8	9.0	10.1	11.2	12.3
59	2.0	3.0	4.1	5.1	6.1	7.1	8.1	9.2	10.2	11.2
58	1.8	2.7	3.6	4.6	5.5	6.4	7.3	8.2	9.2	10.1
57	1.6	2.4	3.2	4.1	4.9	5.7	6.5	7.3	8.2	8.9
56	1.4	2.1	2.8	3.5	4.2	5.0	5.7	6.4	7.1	7.8
55	1.2	1.8	2.4	3.0	3.6	4.3	4.9	5.5	6.1	6.7
54	1.0	1.5	2.0	2.5	3.0	3.5	4.1	4.6	5.1	5.6
53	0.8	1.2	1.6	2.0	2.4	2.8	3.2	3.6	4.1	4.5
52	0.6	0.9	1.2	1.5	1.8	2.1	2.4	2.7	3.0	3.3
51	0.4	0.6	0.8	1.0	1.2	1.4	1.6	1.8	2.0	2.2
50	0.2	0.3	0.4	0.5	0.6	0 7	0.8	0.9	1.0	1.1
49	0.0	0.0	0.0	0.0	0.0	0.0	0.0	0.0	0.0	0.0

Depuis 70° jusqu'à 49°

TABLE DE RÉDUCTION DES DEGRÉS
Table XXXI

	60	65	70	75	80	85	90	95	100	105
70	25.7	27.8	30.0	32.1	34.2	36.3	38.5	40.7	42.8	45.0
69	24.5	26.5	28.5	30.6	32.6	34.6	36.7	38.7	40.8	42.8
68	23.2	25.1	27.1	29.0	31.0	32.9	34.8	36.8	38.7	40.7
67	22.0	23.8	25.7	27.5	29.4	31.2	33.0	34.9	36.7	38.5
66	20.8	22.5	24.3	26.0	27.7	29.4	31.2	32.9	34.7	36.4
65	19.6	21.2	22.8	24.5	26.1	27.7	29.3	31.0	32.6	34.3
64	18.3	19.8	21.4	22.9	24.5	26.0	27.5	29.0	30.6	32.1
63	17.1	18.5	20.0	21.4	22.8	24.2	25.7	27.1	28.5	30.0
62	15.9	17.2	18.6	19.9	21.2	22.5	23.8	25.1	26.5	27.8
61	14.7	15.9	17.1	18.3	19.5	20.8	22.0	23.2	24.5	25.7
60	13.4	14.6	15.7	16.8	17.9	19.0	20.1	21.3	22.4	23.5
59	12.2	13.2	14.3	15.3	16.3	17.3	18.3	19.3	20.4	21.4
58	11.0	11.9	12.8	13.7	14.6	15.6	16.5	17.4	18.3	19.3
57	9.8	10.6	11.4	12.2	13.0	13.9	14.6	15.5	16.3	17.1
56	8.5	9.3	10.0	10.7	11.4	12.1	12.8	13.5	14.3	15.0
55	7.3	7.9	8.5	9.2	9.8	10.4	11.0	11.6	12.2	12.8
54	6.1	6.6	7.1	7.6	8.1	8.7	9.1	9.7	10.2	10.7
53	4.9	5.3	5.7	6.1	6.5	6.9	7.3	7.7	8.1	8.5
52	3.6	3.9	4.3	4.6	4.9	5.2	5.5	5.8	6.1	6.4
51	2.4	2.6	2.8	3.0	3.2	3.4	3.6	3.8	4.0	4.3
50	1.2	1.3	1.4	1.5	1.6	1.7	1.8	1.9	2.0	2.1
49	0.0	0.0	0.0	0.0	0.0	0.0	0.0	0.0	0.0	0.0

Depuis 70° jusqu'à 49°

TABLE DE RÉDUCTION DES DEGRÉS
Table XXXI

	110	115	120	125	130	135	140	145	150	155
70	47.1	49.2	51.4	53.5	55.7	57.8	60.0	62.1	64.3	66.4
69	44.9	46.9	48.9	51.0	53.0	55.1	57.1	59.1	61.2	63.2
68	42.6	44.6	46.5	48.4	50.4	52.3	54.2	56.2	58.1	60.1
67	40.4	42.2	44.1	45.9	47.7	49.5	51.4	53.2	55.1	56.9
66	38.1	39.9	41.6	43.3	45.0	46.8	48.5	50.3	52.0	53.7
65	35.9	37.5	39.2	40.8	42.4	44.0	45.6	47.3	48.9	50.6
64	33.7	35.2	36.7	38.2	39.7	41.3	42.7	44.3	45.9	47.4
63	31.4	32.8	34.3	35.7	37.1	38.5	39.9	41.4	42.8	44.3
62	29.2	30.5	31.8	33.1	34.4	35.8	37.0	38.4	39.8	41.1
61	26.9	28.1	29.4	30.6	31.8	33.0	34.3	35.5	36.7	37.9
60	24.7	25.8	26.9	28.0	29.1	30.3	31.4	32.5	33.6	34.8
59	22.4	23.4	24.5	25.5	26.5	27.5	28.5	29.6	30.6	31.6
58	20.2	21.1	22.0	22.9	23.8	24.8	25.7	26.6	27.5	28.4
57	17.9	18.7	19.6	20.4	21.2	22.0	22.8	23.6	24.5	25.3
56	15.7	16.4	17.1	17.8	18.5	19.3	20.0	20.7	21.4	22.1
55	13.4	14.1	14.7	15.3	15.9	16.5	17.1	17.7	18.3	18.9
54	11.2	11.7	12.2	12.7	13.2	13.7	14.3	14.8	15.3	15.8
53	8.9	9.4	9.8	10.2	10.6	11.0	11.4	11.8	12.2	12.6
52	6.7	7.0	7.3	7.6	7.9	8.0	8.5	8.8	9.2	9.5
51	4.5	4.7	4.9	5.1	5.3	5.5	5.7	5.9	6.1	6.3
50	2.2	2.3	2.4	2.5	2.6	2.7	2.8	2.9	3.0	3.1
49	0.0	0.0	0.0	0.0	0.0	0.0	0.0	0.0	0.0	0.0

Depuis 70° jusqu'à 49°

TABLE DE RÉDUCTION DES DEGRÉS
Table XXXI

	160	165	170	175	180	185	190	195	200	205
70	68.5	70.6	72.8	75.0	77.1	79.3	81.4	83.5	85.7	87.8
69	65.2	67.3	69.4	71.4	73.4	75.5	77.5	79.6	81.6	83.6
68	62.0	63.9	65.9	67.8	69.7	71.7	73.6	75.6	77.5	79.4
67	58.7	60.5	62.4	64.2	66.1	68.0	69.7	71.6	73.4	75.2
66	55.5	57.2	59.0	60.7	62.4	64.2	65.9	67.6	69.3	71.0
65	52.2	53.8	55.5	57.1	58.7	60.4	62.0	63.6	65.3	66.9
64	48.9	50.5	52.0	53.5	55.1	56.6	58.1	59.7	61.2	62.7
63	45.7	47.1	48.5	50.0	51.4	52.9	54.2	55.7	57.1	58.5
62	42.4	43.7	45.1	46.4	47.7	49.1	50.4	51.7	53.0	54.3
61	39.1	40.4	41.6	42.8	44.1	45.3	46.5	47.7	48.9	50.1
60	35.9	37.0	38.1	39.3	40.4	41.5	42.6	43.7	44.9	46.0
59	32.6	33.6	34.7	35.7	36.7	37.3	38.8	39.8	40.8	41.8
58	29.4	30.3	31.2	32.1	33.0	34.0	34.9	35.8	36.7	37.6
57	26.1	26.9	27.7	28.5	29.4	30.2	31.0	31.8	32.6	33.4
56	22.8	23.5	24.3	25.0	25.7	26.4	27.1	27.8	28.5	29.2
55	19.6	20.2	20.8	21.4	22.0	22.6	23.2	23.8	24 5	25.1
54	16.3	16.8	17.3	17.8	18.3	18.9	19.4	19.9	20.4	20.9
53	13.0	13.4	13.8	14.3	14.7	15.1	15.5	15.9	16.3	16.7
52	9.8	10.1	10.4	10.7	11.0	11.3	11.6	11.9	12.2	12.5
51	6.5	6.7	6.9	7.1	7.3	7.5	7.7	7.9	8.1	8.3
50	3.2	3.3	3.4	3.5	3.6	3.7	3.8	3.9	4.1	4.2
49	0.0	0.0	0.0	0.0	0.0	0.0	0.0	0.0	0.0	0.0

Depuis 70° jusqu'à 49°

TABLE DE RÉDUCTION DES DEGRÉS
Table XXXI

	210	215	220	225	230	235	240	245	250
70	90.0	92.1	94.3	96.4	98.5	100.7	102.8	105.0	107.0
69	85.7	87.7	89.8	91.8	93.8	95.9	97.9	100.0	102.0
68	81.4	83.3	85.3	87.2	89.1	91.1	93.0	95.0	96.9
67	77.1	78.9	80.8	82.6	84.5	86.3	88.1	90.0	91.8
66	72.8	74.5	76.3	78.0	79.8	81.5	83.2	85.0	86.7
65	68.5	70.2	71.8	73.4	75.1	76.7	78.3	80.0	81.6
64	64.2	65.8	67.3	68.8	70.4	71.9	73.4	75.0	76.5
63	60.0	61.4	62.8	64.2	65.7	67.1	68.5	70.0	71.4
62	55.7	57.6	58.3	59.7	61.0	62.3	63.6	65.0	66.3
61	51.4	52.6	53.8	55.1	56.3	57.5	58.7	60.0	61.2
60	47.1	48.2	49.4	50.5	51.6	52.7	53.8	55.0	56.1
59	42.8	43.8	44.9	45.9	46.9	47.9	48.9	50.0	51.0
58	38.5	39.5	40.4	41.3	42.2	43.1	44.0	45.0	45.9
57	34.2	35.1	35.9	36.7	37.5	38.3	39.1	40.0	40.8
56	30.0	30.7	31.4	32.1	32.8	33.5	34.2	35.0	35.7
55	25.7	26.3	26.9	27.5	28.1	28.7	29.3	30.0	30.6
54	21.4	21.9	22.4	22.9	23.4	24.0	24.4	25.0	25.5
53	17.1	17.5	17.9	18.3	18.7	19.2	19.5	20.0	20.4
52	12.8	13.1	13.4	13.7	14.0	14.4	14.6	15.0	15.3
51	8.5	8.7	8.9	9.2	9.4	9.6	9.8	10.0	10.2
50	4.3	4.4	4.5	4.6	4.7	4.8	4.9	5.0	5.1
49	0.0	0.0	0.0	0.0	0.0	0.0	0.0	0.0	0.0

Depuis 70º jusqu'à 49º

TABLE DE RÉDUCTION DES DEGRÉS
Table **XXXII**

	10	15	20	25	30	35	40	45	50	55
80	6.0	9.0	12.0	15.0	18.0	21.0	24.0	27.0	30.0	33.0
79	5.8	8.7	11.6	14.5	17.4	20.3	23.2	26.1	29.0	31.9
78	5.6	8.4	11.2	14.0	16.8	19.6	22.4	25.2	28.0	30.8
77	5.4	8.1	10.8	13.5	16.2	18.9	21.6	24.3	27.0	29.7
76	5.2	7.8	10.4	13.0	15.6	18.2	20.8	23.4	26.0	28.6
75	5.0	7.5	10.0	12.5	15.0	17.5	20.0	22.5	25.0	27.5
74	4.8	7.2	9.6	12.0	14.4	16.8	19.2	21.6	24.0	26.4
73	4.6	6.9	9.2	11.5	13.8	16.1	18.4	20.7	23.0	25.3
72	4.4	6.6	8.8	11.0	13.2	15.4	17.6	19.8	22.0	24.2
71	4.2	6.3	8.4	10.5	12.6	14.7	16.8	18.9	21.0	23.1
70	4.0	6.0	8.0	10.0	12.0	14.0	16.0	18.0	20.0	22.0
69	3.8	5.7	7.6	9.5	11.4	13.3	15.2	17.1	19.0	20.9
68	3.6	5.4	7.2	9.0	10.8	12.6	14.4	16.2	18.0	19.8
67	3.4	5.1	6.8	8.5	10.2	11.9	13.6	15.3	17.0	18.7
66	3.2	4.8	6.4	8.0	9.6	11.2	12.8	14.4	16.0	17.6
65	3.0	4.5	6.0	7.5	9.0	10.5	12.0	13.5	15.0	16.5
64	2.8	4.2	5.6	7.0	8.4	9.8	11.2	12.6	14.0	15.4
63	2.6	3.9	5.2	6.5	7.8	9.1	10.4	11.7	13.0	14.3
62	2.4	3.6	4.8	6.0	7.2	8.4	9.6	10.8	12.0	13.2
61	2.2	3.3	4.4	5.5	6.6	7.7	8.8	9.9	11.0	12.1
60	2.0	3.0	4.0	5.0	6.0	7.0	8.0	9.0	10.0	11.0
59	1.8	2.7	3.6	4.5	5.4	6.3	7.2	8.1	9.0	9.9
58	1.6	2.4	3.2	4.0	4.8	5.6	6.4	7.2	8.0	8.8
57	1.4	2.1	2.8	3.5	4.2	4.9	5.6	6.3	7.0	7.7
56	1.2	1.8	2.4	3.0	3.6	4.2	4.8	5.4	6.0	6.6
55	1.0	1.5	2.0	2.5	3.0	3.5	4.0	4.5	5.0	5.5
54	0.8	1.2	1.6	2.0	2.4	2.8	3.2	3.6	4.0	4.4
53	0.6	0.9	1.2	1.5	1.8	2.1	2.4	2.7	3.0	3.3
52	0.4	0.6	0.8	1.0	1.2	1.4	1.6	1.8	2.0	2.2
51	0.2	0.3	0.4	0.5	0.6	0.7	0.8	0.9	1.0	1.1
50	0.0	0.0	0.0	0.0	0.0	0.0	0.0	0.0	0.0	0.0

Depuis 80° jusqu'à 50°

TABLE DE RÉDUCTION DES DEGRÉS
Table **XXXII**

	60	65	70	75	80	85	90	95	100	105
80	36.0	39.0	42.0	45.0	48.0	51.0	54.0	57.0	60.0	63.0
79	34.8	37.7	40.6	43.5	46.4	49.3	52.2	55.1	58.0	60.9
78	33.6	36.4	39.2	42.0	44.8	47.6	50.4	53.2	56.0	58.8
77	32.4	35.1	37.8	40.5	43.2	45.9	48.6	51.3	54.0	56.7
76	31.2	33.8	36.4	39.0	41.6	44.2	46.8	49.4	52.0	54.6
75	30.0	32.5	35.0	37.5	40.0	42.5	45.0	47.5	50.0	52.5
74	28.8	31.2	33.6	36.0	38.4	40.8	43.2	45.6	48.0	50.4
73	27.6	29.9	32.2	34.5	36.8	39.1	41.4	43.7	46.0	48.3
72	26.4	28.6	30.8	33.0	35.2	37.4	39.6	41.8	44.0	46.2
71	25.2	27.3	29.4	31.5	33.6	35.7	37.8	39.9	42.0	44.1
70	24.0	26.0	28.0	30.0	32.0	34.0	36.0	38.0	40.0	42.0
69	22.8	24.7	26.6	28.5	30.4	32.3	34.2	36.1	38.0	39.9
68	21.6	23.4	25.2	27.0	28.8	30.6	32.4	34.2	36.0	37.8
67	20.4	22.1	23.8	25.5	27.2	28.9	30.6	32.3	34.0	35.7
66	19.2	20.8	22.4	24.0	25.6	27.2	28.8	30.4	32.0	33.6
65	18.0	19.5	21.0	22.5	24.0	25.5	27.0	28.5	30.0	31.5
64	16.8	18.2	19.6	21.0	22.4	23.8	25.2	26.6	28.0	29.4
63	15.6	16.9	18.2	19.5	20.8	22.1	23.4	24.7	26.0	27.3
62	14.4	15.6	16.8	18.0	19.2	20.4	21.6	22.8	24.0	25.2
61	13.2	14.3	15.4	16.5	17.6	18.7	19.8	20.9	22.0	23.1
60	12.0	13.0	14.0	15.0	16.0	17.0	18.0	19.0	20.0	21.0
59	10.8	11.7	12.6	13.5	14.4	15.3	16.2	17.1	18.0	18.9
58	9.6	10.4	11.2	12.0	12.8	13.6	14.4	15.2	16.0	16.8
57	8.4	9.1	9.8	10.5	11.2	11.9	12.6	13.3	14.0	14.7
56	7.2	7.8	8.4	9.0	9.6	10.2	10.8	11.4	12.0	12.6
55	6.0	6.5	7.0	7.5	8.0	8.5	9.0	9.5	10.0	10.5
54	4.8	5.2	5.6	6.0	6.4	6.8	7.2	7.6	8.0	8.4
53	3.6	3.9	4.2	4.5	4.8	5.1	5.4	5.7	6.0	6.3
52	2.4	2.6	2.8	3.0	3.2	3.4	3.6	3.8	4.0	4.2
51	1.2	1.3	1.4	1.5	1.6	1.7	1.8	1.9	2.0	2.1
50	0.0	0.0	0.0	0.0	0.0	0.0	0.0	0.0	0.0	0.0

Depuis 80⁰ jusqu'à 50⁰

11

TABLE DE RÉDUCTION DES DEGRÉS
Table XXXII

	110	115	120	125	130	135	140	145	150	155
80	66.0	69.0	72.0	75.0	78.0	81.0	84.0	87.0	90.0	93.0
79	63.8	66.7	69.6	72.5	75.4	78.3	81.2	84.1	87.0	89.9
78	61.6	64.4	67.2	70.0	72.8	75.6	78.4	81.2	84.0	86.8
77	59.4	62.1	64.8	67.5	70.2	72.9	75.6	78.3	81.0	83.7
76	57.2	59.8	62.4	65.0	67.6	70.2	72.8	75.4	78.0	80.6
75	55.0	57.5	60.0	62.5	65.0	67.5	70.0	72.5	75.0	77.5
74	52.8	55.2	57.6	60.0	62.4	64.8	67.2	69.6	72.0	74.4
73	50.6	52.9	55.2	57.5	59.8	62.1	64.4	66.7	69.0	71.3
72	48.4	50.6	52.8	55.0	57.2	59.4	61.6	63.8	66.0	68.2
71	46.2	48.3	50.4	52.5	54.6	56.7	58.8	60.9	63.0	65.1
70	44.0	46.0	48.0	50.0	52.0	54.0	56.0	58.0	60.0	62.0
69	41.8	43.7	45.6	47.5	49.4	51.3	53.2	55.1	57.0	58.9
68	39.6	41.4	43.2	45.0	46.8	48.6	50.4	52.2	54.0	55.8
67	37.4	39.1	40.8	42.5	44.2	45.9	47.6	49.3	51.0	52.7
66	35.2	36.8	38.4	40.0	41.6	43.2	44.8	46.4	48.0	49.6
65	33.0	34.5	36.0	37.5	39.0	40.5	42.0	43.5	45.0	46.5
64	30.8	32.2	33.6	35.0	36.4	37.8	39.2	40.6	42.0	43.4
63	28.6	29.9	31.2	32.5	33.8	35.1	36.4	37.7	39.0	40.3
62	26.4	27.6	28.8	30.0	31.2	32.4	33.6	34.8	36.0	37.2
61	24.2	25.3	26.4	27.5	28.6	29.7	30.8	31.9	33.0	34.1
60	22.0	23.0	24.0	25.0	26.0	27.0	28.0	29.0	30.0	31.0
59	19.8	20.7	21.6	22.5	23.4	24.3	25.2	26.1	27.0	27.9
58	17.6	18.4	19.2	20.0	20.8	21.6	22.4	23.2	24.0	24.8
57	15.4	16.1	16.8	17.5	18.2	18.9	19.6	20.3	21.0	21.7
56	13.2	13.8	14.4	15.0	15.6	16.2	16.8	17.4	18.0	18.6
55	11.0	11.5	12.0	12.5	13.0	13.5	14.0	14.5	15.0	15.5
54	8.8	9.2	9.6	10.0	10.4	10.8	11.2	11.6	12.0	12.4
53	6.6	6.9	7.2	7.5	7.8	8.1	8.4	8.7	9.0	9.3
52	4.4	4.6	4.8	5.0	5.2	5.4	5.6	5.8	6.0	6.2
51	2.2	2.3	2.4	2.5	2.6	2.7	2.8	2.9	3.0	3.1
50	0.0	0.0	0.0	0.0	0.0	0.0	0.0	0.0	0.0	0.0

Depuis 80° jusqu'à 50°

TABLE DE RÉDUCTION DES DEGRÉS
Table **XXXII**

	160	165	170	175	180	185	190	195	200	205
80	96.0	99.0	102.0	105.0	108.0	111.0	114.0	117.0	120.0	123.0
79	92.8	95.7	98.6	101.5	104.4	107.3	110.2	113.1	116.0	118.9
78	89.6	92.4	95.2	98.0	100.8	103.6	106.4	109.2	112.0	114.8
77	86.4	89.1	91.8	94.5	97.2	100.0	102.6	105.3	108.0	110.7
76	83.2	85.8	88.4	91.0	93.6	96.2	98.8	101.4	104.0	106.6
75	80.0	82.5	85.0	87.5	90.0	92.5	95.0	97.5	100.0	102.5
74	76.8	79.2	81.6	84.0	86.4	88.8	91.2	93.6	96.0	98.4
73	73.6	75.9	78.2	80.5	82.8	85.1	87.4	89.7	92.0	94.3
72	70.4	72.6	74.8	77.0	79.2	81.4	83.6	85.8	88.0	90.2
71	67.2	69.3	71.4	74.5	75.6	77.7	79.8	81.9	84.0	86.1
70	64.0	66.0	68.0	71.0	72.0	74.0	76.0	78.0	80.0	82.0
69	60.8	62.7	64.6	66.5	68.4	70.3	72.2	74.1	76.0	77.9
68	57.6	59.4	61.2	63.0	64.8	66.6	68.4	70.2	72.0	73.8
67	54.4	56.1	57.8	59.5	61.2	62.9	64.6	66.3	68.0	69.7
66	51.2	52.8	54.4	56.0	57.6	59.2	60.8	62.4	64.0	65.6
65	48.0	49.5	51.0	52.5	54.0	55.5	57.0	58.5	60.0	61.5
64	44.8	46.2	47.6	49.0	50.4	51.8	53.2	54.6	56.0	57.4
63	41.6	42.9	44.2	45.5	46.8	48.1	49.4	50.7	52.0	53.3
62	38.4	39.6	40.8	42.0	43.2	44.4	45.6	46.8	48.0	49.2
61	35.2	36.3	37.4	38.5	39.6	40.7	41.8	42.9	44.0	45.1
60	32.0	33.0	34.0	35.0	36.0	37.0	38.0	39.0	40.0	41.0
59	28.8	29.7	30.6	31.5	32.4	33.3	34.2	35.1	36.0	36.9
58	25.6	26.4	27.2	28.0	28.8	29.6	30.4	31.2	32.0	32.8
57	22.4	23.1	23.8	24.5	25.2	25.9	26.6	27.3	28.0	28.7
56	19.2	19.8	20.4	21.0	21.6	22.2	22.8	23.4	24.0	24.6
55	16.0	16.5	17.0	17.5	18.0	18.5	19.0	19.5	20.0	20.5
54	13.8	13.2	13.6	14.0	14.4	14.8	15.2	15.6	16.0	16.4
53	9.6	9.9	10.2	11.5	10.8	11.1	11.4	11.7	12.0	12.3
52	6.4	6.6	6.8	7.0	7.2	7.4	7.6	7.8	8.0	8.2
51	3.2	3.3	3.4	3.5	3.6	3.7	3.8	3.9	4.0	4.1
50	0.0	0.0	0.0	0.0	0.0	0.0	0.0	0.0	0.0	0.0

Depuis 80° jusqu'à 50°

TABLE DE RÉDUCTION DES DEGRÉS
Table XXXII

	210	215	220	225	230	235	240	245	250
80	126.0	129.0	132.0	135.0	138.0	141.0	144.0	147.0	150.0
79	121.8	124.7	127.6	130.5	133.4	136.3	139.2	142.1	145.0
78	117.6	120.4	123.2	126.0	128.8	131.6	134.4	137.2	140.0
77	113.4	116.1	118.8	121.5	124.2	126.9	129.6	132.3	135.0
76	109.2	111.8	114.4	117.0	119.6	122.2	124.8	127.4	130.0
75	105.0	107.5	110.0	112.5	115.0	117.5	120.0	122.5	125.0
74	100.8	103.2	105.6	108.0	110.4	112.8	115.2	117.6	120.0
73	96.6	98.9	101.2	103.5	105.8	108.1	110.4	112.7	115.0
72	92.4	94.6	96.8	99.0	101.2	103.4	105.6	107.8	110.0
71	88.2	90.3	92.4	94.5	96.6	98.7	100.8	102.9	105.0
70	84.0	86.0	88.0	90.0	92.0	94.0	96.0	98.0	100.0
69	79.8	81.7	83.6	85.5	87.4	89.3	91.2	93.1	95.0
68	75.6	77.4	79.2	81.0	82.8	84.6	86.4	88.2	90.0
67	71.4	73.1	74.8	76.5	78.2	79.9	81.6	83.3	85.0
66	67.2	68.8	70.4	72.0	73.6	75.2	76.8	78.4	80.0
65	63.0	64.5	66.0	67.5	69.0	70.5	72.0	73.5	75.0
64	58.8	60.2	61.6	63.0	64.4	65.8	67.2	68.6	70.0
63	54.6	55.9	57.2	58.5	59.8	61.1	62.4	63.7	65.0
62	50.4	51.6	52.8	54.0	55.2	56.4	57.6	58.8	60.0
61	46.2	47.3	48.4	49.5	50.6	51.7	52.8	53.9	55.0
60	42.0	43.0	44.0	45.0	46.0	47.0	48.0	49.0	50.0
59	37.8	38.7	39.6	40.5	41.4	42.3	43.2	44.1	45.0
58	32.6	34.4	35.2	36.0	36.8	37.6	38.4	39.2	40.0
57	29.4	30.1	30.8	31.5	32.2	32.9	33.6	34.3	35.0
56	25.2	25.8	26.4	27.0	27.6	28.2	28.8	29.4	30.0
55	21.0	21.5	22.0	22.5	23.0	23.5	24.0	24.5	25.0
54	16.8	17.2	17.6	18.0	18.4	18.8	19.2	19.6	20.0
53	12.6	12.9	13.2	13.5	13.8	14.1	14.4	14.7	15.0
52	8.4	8.6	8.8	9.0	9.2	9.4	9.6	9.8	10.0
51	4.2	4.3	4.4	4.5	4.6	4.7	4.8	4.9	5.0
50	0.0	0.0	0.0	0.0	0.0	0.0	0.0	0.0	0.0

Depuis 80° jusqu'à 50°

TABLE DE RÉDUCTION DES DEGRÉS
Table **XXXIII**

	10	15	20	25	30	35	40	45	50	55
80	5.6	8.5	11.3	14.2	17.0	19.8	22.7	25.5	28.4	31.2
79	5.5	8.2	11.0	13.7	16.4	19.2	22.0	24.7	27.4	30.1
78	5.3	7.9	10.6	13.2	15.9	18.5	21.2	23.8	26.4	29.0
77	5.1	7.6	10.2	12.7	15.3	17.8	20.4	22.9	25.5	28.0
76	4.9	7.3	9.8	12.2	14.7	17.1	19.6	22.0	24.5	25.9
75	4.7	7.0	9.4	11.7	14.1	16.4	18.8	21.6	23.5	25.8
74	4.5	6.7	9.0	11.2	13.5	15.7	18.0	20.3	22.5	24.7
73	4.3	6.5	8.6	10.8	12.9	15.0	17.2	19.4	21.5	23.6
72	4.1	6.2	8.2	10.3	12.3	14.4	16.5	18.5	20.6	22.6
71	3.9	5.9	7.8	9.8	11.7	13.7	15.7	17.6	19.6	21.5
70	3.7	5.6	7.4	9.3	11.1	13.0	14.9	16.7	18.6	20.4
69	3.5	5.3	7.0	8.8	10.2	12.3	14.1	15.9	17.6	19.3
68	3.3	5.0	6.7	8.3	10.0	11.6	13.3	15.0	16.6	18.2
67	3.1	4.7	6.3	7.8	9.4	11.0	12.5	14.1	15.7	17.2
66	2.9	4.4	5.9	7.3	8.8	10.3	11.7	13.2	14.7	16.1
65	2.7	4.1	5.5	6.8	8.2	9.6	10.9	12.3	13.7	15.0
64	2.5	3.8	5.1	6.3	7.6	8.9	10.2	11.4	12.7	13.9
63	2.3	3.5	4.7	5.9	7.0	8.2	9.4	10.5	11.7	12.9
62	2.1	3.2	4.3	5.4	6.4	7.5	8.6	9.7	10.8	11.8
61	1.9	2.9	3.9	4.9	5.9	6.8	7.8	8.8	9.8	10.8
60	1.7	2.6	3.5	4.4	5.3	6.1	7.0	7.9	8.8	9.7
59	1.5	2.3	3.1	3.9	4.7	5.4	6.2	7.0	7.8	8.6
58	1.4	2.0	2.7	3.4	4.1	4.8	5.5	6.1	6.8	7.5
57	1.2	1.7	2.3	2.9	3.5	4.1	4.7	5.3	5.9	6.4
56	1.0	1.4	1.9	2.4	2.9	3.4	3.9	4.4	4.9	5.3
55	0.8	1.1	1.5	1.9	2.3	2.7	3.1	3.5	3.9	4.3
54	0.6	0.9	1.1	1.4	1.7	2.0	2.3	2.6	2.9	3.2
53	0.4	0.6	0.8	1.0	1.1	1.3	1.5	1.7	1.9	2.1
52	0.2	0.3	0.4	0.5	0.6	0.7	0.8	0.9	1.0	1.0
51	0.0	0.0	0.0	0.0	0.0	0.0	0.0	0.0	0.0	0.0

Depuis 80° jusqu'à 51°

TABLE DE RÉDUCTION DES DEGRÉS
Table XXXIII

	60	65	70	75	80	85	90	95	100	105
80	34.1	36.9	39.8	42.6	45.4	48.2	51.2	54.0	56.8	59.6
79	33.0	35.7	38.4	41.1	43.9	46.6	49.4	52.1	54.9	57.6
78	31.8	34.4	37.0	39.7	42.3	44.9	47.6	50.3	52.9	55.5
77	30.6	33.1	35.7	38.2	40.7	43.2	45.9	48.4	51.0	53.5
76	29.4	31.8	34.3	36.7	39.2	41.6	44.1	46.5	49.0	51.4
75	28.2	30.6	32.9	35.3	37.6	39.9	42.4	44.7	47.0	49.4
74	28.0	29.3	31.5	33.8	36.0	38.3	40.6	42.8	45.1	47.3
73	26.8	28.0	30.2	32.3	34.4	36.6	38.8	40.9	43.1	45.2
72	25.6	26.7	28.8	30.9	32.9	34.9	37.1	39.1	41.6	43.2
71	24.5	25.5	27.4	29.4	31.3	33.3	35.3	37.2	39.2	41.1
70	23.3	24.2	26.1	27.9	29.7	31.6	33.6	35.4	37.2	39.1
69	22.1	22.9	24.7	26.4	28.2	30.0	31.8	33.5	35.3	37.0
68	21.0	21.6	23.3	25.0	26.6	28.3	30.0	31.6	33.3	34.9
67	19.8	20.4	21.9	23.5	25.0	26.6	28.3	29 8	31.3	32.9
66	18.6	19.1	20.6	22.0	23.5	24.9	26.5	27.9	29.4	30.8
65	17.4	17.8	19.2	20.6	21.9	23.3	24.8	26.1	27.4	28.8
64	16.2	16.5	17.8	19.1	20.3	21.6	23.0	24.2	25.5	26.7
63	15.1	15.3	16.4	17.6	18.8	20.0	21.1	22.3	23.5	24.6
62	13.9	14.0	15.0	16.2	17.2	18.3	19.4	20.5	21.5	22.6
61	11.7	12.7	13.7	14.7	15.6	16.6	17.6	18.6	19.6	20.5
60	10.6	11.4	12.3	13.2	14.1	15.0	15.8	16.7	17.6	18.5
59	9.4	10.2	10.9	11.7	12.5	13.3	14.1	14.9	15.7	16.4
58	8.2	8.9	9.6	10.3	10.9	11.6	12.3	13.0	13.7	14.4
57	7.0	7.6	8.2	8.8	9.4	10.0	10.6	11.1	11.7	12.3
56	5.8	6.3	6.8	7.3	7.8	8.3	8.8	9.3	9.8	10.2
55	4.7	5.1	5.5	5.9	6.2	6.6	7.0	7.4	7.8	8.2
54	3.5	3.8	4.1	4.4	4.7	5.0	5.3	5.6	5.9	6.1
53	2.3	2.5	2.7	2.9	3.1	3.3	3.5	3.7	3.9	4.1
52	1.1	1.2	1.3	1.4	1.5	1.6	1.7	1.8	1.9	2.0
51	0.0	0.0	0.0	0.0	0.0	0.0	0.0	0.0	0.0	0.0

Depuis 80° jusqu'à 51°

TABLE DE RÉDUCTION DES DEGRÉS
Table XXXIII

	110	115	120	125	130	135	140	145	150	155
80	62.5	65.3	68.2	71.0	73.9	76.8	79.6	82.4	85.3	88.1
79	60.3	63.1	65.8	68.6	71.3	74.1	76.8	79.5	82.4	85.1
78	58.1	60.8	63.5	66.1	68.8	71.5	74.1	76.7	79.4	82.0
77	56.0	58.6	61.1	63.7	66.2	68.8	71.4	73.9	76.5	79.0
76	53.8	56.3	58.8	61.2	63.7	66.2	68.6	71.0	73.5	75.9
75	51.7	54.1	56.4	58.8	61.1	63.5	65.9	68.2	70.6	72.9
74	49.5	51.8	54.1	55.3	58.6	60.8	63.1	65.3	67.7	70.0
73	47.4	49.6	51.7	52.9	56.0	58.2	60.4	62.5	64.7	66.8
72	45.2	47.3	49.4	51.4	53.5	55.5	57.6	59.7	61.8	63.8
71	43.1	45.1	47.0	49.0	50.9	52.9	54.9	56.8	58.8	60.7
70	40.9	42.8	44.7	46.5	48.4	50.2	52.1	54.0	55.9	57.7
69	38.8	40.6	42.3	44.1	45.8	47.6	49.4	51.1	52.9	54.7
68	36.6	38.3	40.0	41.6	43.3	44.9	46.6	48.3	50.0	51.6
67	34.5	36.1	37.6	39.2	40.7	42.3	43.9	45.4	47.0	48.6
66	32.3	33.8	35.3	36.7	38.2	39 6	41.1	42.6	44.1	45.6
65	30.2	31.5	32.9	34.3	35.6	37.0	38.4	39.7	41.1	42.5
64	28.0	29.3	30.6	31.8	33.1	34.4	35.7	36.9	38.2	39.5
63	25.8	27.0	28.2	29.4	30.5	31.7	32.9	34.1	35.3	36.4
62	23.7	24.8	25.9	26.9	28.0	29.1	30.2	31.2	32.3	33.4
61	21.5	22.5	23.5	24.5	25.4	26.4	27.4	28.4	29.4	30.4
60	19.4	20.3	21.1	22.0	22.9	23.8	24.7	25.5	26.4	27.3
59	17.2	18.0	18.8	19.6	20.3	21.1	21.9	22.7	23.5	24.3
58	15.1	15.8	16.4	17.1	17.8	18.5	19.2	19.9	20.6	21.2
57	12.9	13.5	14.1	14.7	15.3	15.8	16.4	17.0	17.6	18.2
56	10.7	11.2	11.7	12.2	12.7	13.2	13.7	14.2	14.7	15.2
55	8.6	9.0	9.4	9.8	10.2	10.5	10.9	11.3	11.7	12.2
54	6.4	6.7	7.0	7.3	7.6	7.9	8.2	8.5	8.8	9.1
53	4.3	4.5	4.7	4.9	5.1	5.5	5.6	5.7	5.9	6.0
52	2.1	2.2	2.3	2.4	2.5	2.6	2.7	2.8	2.9	3.0
51	0.0	0.0	0.0	0.0	0.0	0.0	0.0	0.0	0.0	0.0

Depuis 80º jusqu'à 54º

TABLE DE RÉDUCTION DES DEGRÉS
Table XXXIII

	160	165	170	175	180	185	190	195	200	205
80	90.9	93.8	96.6	99.5	102.3	105.4	108.0	110.8	113.7	116.5
79	87.8	90.6	93.3	96.0	98.8	101.5	104.3	107.0	109.7	112.5
78	84.7	87.3	90.0	92.6	95.3	97.9	100.5	103.2	105.8	108.5
77	81.5	84.1	86.6	89.2	91.7	94.3	96.8	99.4	101.9	104.5
76	78.4	80.9	83.3	85.8	88.2	90.6	93.1	95.5	98.0	100.4
75	75.3	77.6	80.0	82.3	84.7	87.0	89.4	91.7	94.1	96.4
74	72.1	74.4	76.6	78.9	81.1	83.4	85.6	87.9	90.1	92.4
73	69.0	71.2	73.3	75.5	77.6	79.7	81.9	84.1	86.2	88.4
72	65.9	67.9	70.0	72.0	74.1	76.1	78.2	80.2	82.3	84.4
71	62.7	64.7	66.6	68.6	70.5	72.5	74.5	76.4	78.4	83.4
70	59.6	61.5	63.3	65.2	67.0	68.9	70.7	72.6	74.5	76.3
69	56.4	58.2	60.0	61.7	63.5	65.2	67.0	68.8	70.5	72.3
68	53.3	55.0	56.6	58.3	60.0	61.6	63.3	65.0	66.6	68.3
67	50.2	51.8	53.3	54.9	56.4	58.0	59.6	61.1	62.7	64.3
66	47.0	48.5	50.0	51.4	52.9	54.4	55.8	57.3	58.8	60.3
65	43.9	45.3	46.6	48.0	49.4	50.7	52.1	53.5	54.9	56.2
64	40.7	42.0	43.3	44.6	45.8	47.1	48.4	49.7	50.9	52.2
63	37.6	38.8	40.0	41.1	42.3	43.5	44.7	45.8	47.0	48.2
62	34.5	35.6	36.6	37.7	38.8	39.8	40.9	42.0	43.1	44.2
61	31.4	32.3	33.3	34.3	35.2	36.2	37.2	38.2	39.2	40.2
60	28.2	29.1	30.0	30.8	31.7	32.6	33.5	34.4	35.3	36.1
59	25.1	25.8	26.6	27.4	28.2	29.0	29.8	30.6	31.3	32.1
58	21.9	22.6	23.3	24.0	24.7	25.4	26.0	26.7	27.4	28.1
57	18.8	19.4	20.0	20.6	21.1	21.7	22.3	22.9	23.5	24.1
56	15.7	16.1	16.6	17.1	17.6	18.1	18.6	19.1	19.6	20.1
55	12.5	12.9	13.3	13.7	14.1	14.5	14.7	15.3	15.7	16.0
54	9.4	9.7	10.0	10.3	10.6	10.8	11.1	11.4	11.7	12.0
53	6.2	6.4	6.6	6.8	7.0	7.2	7.4	7.6	7.8	8.0
52	3.1	3.2	3.3	3.4	3.5	3.6	3.7	3.8	3.9	4.0
51	0.0	0.0	0.0	0.0	0.0	0.0	0.0	0.0	0.0	0.0

Depuis 80° jusqu'à 51°

TABLE DE RÉDUCTION DES DEGRÉS
Table **XXXIII**

	210	215	220	225	230	235	240	245	250
80	119.4	122.2	125.1	127.9	130.8	133.6	136.4	139.2	142.1
79	115.3	118.0	120.7	123.5	126.3	129.0	131.7	134.4	137.2
78	111.2	113.8	116.4	119.1	121.8	124.4	127.0	129.6	132.3
77	107.1	109.5	112.1	114.7	117.2	119.8	122.3	124.8	127.4
76	103.0	105.3	107.8	110.3	112.7	115.1	117.6	120.0	122.5
75	98.9	101.1	103.5	105.9	108.2	110.5	112.9	115.2	117.6
74	94.7	96.9	99.2	101.4	103.7	105.9	108.1	110.4	112.7
73	90.6	92.7	94.9	97.0	99.2	101.3	103.4	105.6	108.8
72	86.4	88.5	90.6	92.6	94.7	96.7	98.7	100.8	103.9
71	82.3	84.3	86.2	88.2	90.2	92.1	94.0	96.0	98.0
70	78.2	80.1	81.9	83.8	85.6	87.5	89.3	91.2	93.1
69	74.0	75.8	77.6	79.4	81.1	82.9	84.6	86.4	88.2
68	69.9	71.6	73.3	75.0	76.6	78.3	79.9	81.6	83.3
67	65.8	67.4	69.0	70.6	72.1	73.7	75.2	76.8	78.4
66	61.7	63.2	64.7	66.2	67.6	69.1	70.5	72.0	73.5
65	57.6	59.0	60.4	61.7	63.1	64.5	65.8	67.2	68.6
64	53.5	54.8	56.1	57.0	58.6	59.9	61.1	62.4	63.7
63	49.4	50.6	51.7	52.9	54.1	55.3	56.4	57.6	58.8
62	45.2	46.3	47.4	48.5	49.6	50.6	51.7	52.8	53.9
61	41.1	42.1	43.1	44.1	45.1	46.0	47.0	48.0	49.0
60	37.0	37.9	38.8	39.7	40.6	41.4	42.3	43.2	44.1
59	32.9	33.7	34.5	35.3	36.1	36.8	37.6	38.4	39.2
58	28.8	29.5	30.2	30.8	31.5	32.2	32.9	33.6	34.3
57	24.7	25.3	25.9	26.4	27.0	27.6	28.2	28.8	29.4
56	20.6	21.1	21.5	22.0	22.5	23.0	23.5	24.0	24.5
55	16.4	16.8	17.2	17.6	18.0	18.4	18.8	19.2	19.6
54	12.3	12.6	12.9	13.2	13.5	13.8	14.1	14.4	14.7
53	8.2	8.4	8.6	8.8	9.0	9.2	9.4	9.6	9.8
52	4.1	4.2	4.3	4.4	4.5	4.6	4.7	4.8	4.9
51	0.0	0.0	0.0	0.0	0.0	0.0	0.0	0.0	0.0

Depuis 80° jusqu'à 51°

TABLE DE RÉDUCTION DES DEGRÉS
Table XXXIV

	10	15	20	25	30	35	40	45	50	55
80	5.4	8.1	10.7	13.4	16.1	18.8	21.5	24.2	26.9	29.5
79	5.2	7.8	10.4	12.9	15.5	18.1	20.7	23.3	25.9	28.5
78	5.0	7.5	10.0	12.5	15.0	17.4	20.0	22.4	25.0	27.4
77	4.8	7.2	9.6	12.0	14.4	16.8	19.2	21.6	24.0	26.4
76	4.6	6.9	9.2	11.5	13.8	16.1	18.4	20.7	23.0	25.3
75	4.4	6.6	8.8	11.0	13.2	15.4	17.7	19.9	22.1	24.3
74	4.2	6.3	8.4	10.5	12.6	14.8	16.9	19.0	21.2	23.2
73	4.0	6.0	8.0	10.1	12.0	14.1	16.1	18.2	20.2	22.1
72	3.8	5.8	7.6	9.6	11.5	13.4	15.4	17.3	19.2	21.4
71	3.6	5.5	7.3	9.1	10.9	12.7	14.6	16.4	18.2	20.0
70	3.4	5.2	6.9	8.6	10.3	12.1	13.8	15.6	17.3	19.0
69	3.2	4.9	6.5	8.1	9.7	11.4	13.1	14.7	16.3	17.9
68	3.0	4.6	6.1	7.7	9.2	10.7	12.3	13.8	15.4	16.9
67	2.9	4.3	5.7	7.2	8.6	10.0	11.5	13.0	14.4	15.8
66	2.7	4.1	5.3	6.7	8.0	9.4	10.7	12.1	13.4	14.7
65	2.5	3.8	4.9	6.2	7.4	8.7	10.0	11.2	12.5	13.7
64	2.3	3.5	4.6	5.7	6.8	8.0	9.2	10.4	11.5	12.6
63	2.1	3.2	4.2	5.2	6.3	7.4	8.4	9.5	10.6	11.6
62	1.9	2.9	3.8	4.8	5.7	6.7	7.7	8.6	9.6	10.5
61	1.7	2.6	3.4	4.3	5.1	6.0	6.9	7.7	8.6	9.5
60	1.5	2.3	3.0	3.8	4.5	5.3	6.1	6.9	7.7	8.4
59	1.3	2.0	2.7	3.3	4.0	4.7	5.4	6.0	6.7	7.4
58	1.1	1.7	2.3	2.8	3.4	4.0	4.6	5.1	5.7	6.3
57	0.9	1.4	1.9	2.4	2.8	3.0	3.8	4.3	4.8	5.2
56	0.7	1.2	1.5	1.9	2.3	2.7	3.0	3.4	3.8	4.2
55	0.5	0.9	1.1	1.4	1.7	2.0	2.3	2.6	2.9	3.1
54	0.4	0.6	0.7	0.9	1.1	1.3	1.5	1.7	1.9	2.1
53	0.2	0.3	0.4	0.5	0.6	0.6	0.7	0.8	0.9	1.0
52	0.0	0.0	0.0	0.0	0.0	0.0	0.0	0.0	0.0	0.0

Depuis 80° jusqu'à 52°

TABLE DE RÉDUCTION DES DEGRÉS
Table **XXXIV**

	60	65	70	75	80	85	90	95	100	105
80	32.3	35.0	37.7	40.4	43.1	45.8	48.4	51.1	53.8	56.5
79	31.1	33.7	36.3	38.9	41.5	44.1	46.7	49.2	51.9	54.5
78	30.0	32.5	35.0	37.5	40.0	42.5	45.0	47.4	50.0	52.5
77	28.8	31.2	33.7	36.0	38.4	40.8	43.2	45.6	48.0	50.5
76	27.6	30.0	32.3	34.6	36.9	39.2	41.5	43.8	46.1	48.4
75	26.5	28.7	31.0	33.1	35.3	37.6	39.8	41.9	44.3	46.4
74	25.3	27.5	29.6	31.7	33.8	35.9	30.0	40.1	42.3	44.4
73	24.2	26.2	28.3	30.3	32.3	34.3	36.3	38.3	40.4	42.4
72	23.0	25.0	26.9	28.8	30.7	32.7	34.6	36.5	38.4	40.4
71	21.9	23.7	25.6	27.4	29.2	31.0	32.9	34.7	36.5	38.3
70	20.7	22.5	24.2	25.9	27.6	29.4	31.1	32.8	34.6	36.3
69	19.6	21.2	22.9	24.5	26.1	27.7	29.4	31.0	32.7	34.3
68	18.4	20.0	21.5	23.1	24.6	26.1	27.7	29.2	30.7	32.3
67	17.3	18.7	20.2	21.6	23.0	24.5	25.9	27.4	28.8	30.2
66	16.1	17.5	18.8	20.2	21.5	22.8	24.2	25.5	26.9	28.2
65	15.0	16.2	17.5	18.7	20.0	21.2	22.5	23.7	25.0	26.2
64	13.8	15.0	16.1	17.3	18.4	19.6	20.7	21.9	23.1	24.2
63	12.7	13.7	14.8	15.9	16.9	18.0	19.0	20.0	21.1	22.2
62	11.5	12.5	13.4	14.4	15.4	16.3	17.3	18.2	19.2	20.2
61	10.4	11.2	12.1	13.0	13.8	14.7	15.5	16.4	17.3	18.1
60	9.2	10.0	10.7	11.5	12.3	13.1	13.8	14.6	15.4	16.1
59	8.1	8.7	9.4	10.1	10.7	11.4	12.1	12.8	13.4	14.1
58	6.9	7.5	8.0	8.6	9.2	9.8	10.4	10.9	11.5	12.1
57	5.7	6.2	6.7	7.2	7.7	8.1	8.6	9.1	9.6	10.1
56	4.6	5.0	5.3	5.7	6.1	6.5	6.9	7.3	7.7	8.0
55	3.4	3.7	4.0	4.3	4.6	4.9	5.2	5.5	5.7	6.0
54	2.3	2.5	2.7	2.8	3.0	3.2	3.4	3.6	3.8	4.0
53	1.1	1.2	1.3	1.4	1.5	1.6	1.7	1.8	1.9	2.0
52	0.0	0.0	0.0	0.0	0.0	0.0	0.0	0.0	0.0	0.0

Depuis 80° jusqu'à 52°

TABLE DE RÉDUCTION DES DEGRÉS
Table XXXIV

	110	115	120	125	130	135	140	145	150	155
80	59.2	61.9	64.6	67.3	70.0	72.7	75.3	78.0	80.8	83.4
79	57.1	59.7	62.3	64.9	67.5	70.1	72.6	75.2	77.9	80.4
78	55.0	57.5	60.0	62.5	65.0	67.5	69.9	72.4	75.0	77.5
77	52.9	55.2	57.6	60.1	62.5	64.9	67.2	69.7	72.1	74.5
76	50.8	53.0	55.3	57.7	60.0	62.3	64.6	66.7	69.2	71.5
75	48.7	50.8	53.0	55.3	57.5	59.7	62.0	64.1	66.3	68.5
74	46.6	48.6	50.7	52.8	55.0	57.1	59.2	61.3	63.5	65.6
73	44.5	46.4	48.4	50.4	52.5	54.5	56.5	58.5	60.6	62.6
72	42.3	44.2	46.1	48.0	50.0	51.9	53.8	55.7	57.7	59.6
71	40.2	42.0	43.8	45.6	47.5	49.3	51.1	53.0	54.8	56.6
70	38.1	39.8	41.5	43.2	45.0	46.7	48.4	50.1	51.9	53.6
69	36.0	37.6	39.2	40.8	42.5	44.1	45.7	47.3	49.0	50.6
68	33.9	35.4	36.9	38.4	40.0	41.5	43.0	44.5	46.1	47.7
67	31.7	33.1	34.6	36.0	37.5	38.9	40.3	41.7	43.2	44.7
66	29.6	30.9	32.3	33.6	35.5	36.3	37.6	38.9	40.4	41.7
65	27.5	28.7	30.0	31.2	32.5	33.7	34.9	36.2	37.5	38.7
64	25.4	26.5	27.7	28.8	30.0	31.1	32.3	33.4	34.6	35.7
63	23.3	24.3	25.3	26.4	27.5	28.5	29.6	30.6	31.7	32.8
62	21.1	22.1	23.0	24.0	25.0	25.9	26.9	27.9	28.8	29.8
61	19.0	19.9	20.7	21.6	22.5	23.3	24.2	25.1	25.9	26.8
60	16.9	17.7	18.4	19.2	20.0	20.7	21.5	22.3	23.0	23.8
59	14.8	15.5	16.1	16.8	17.5	18.1	18.8	19.5	20.2	20.8
58	12.7	13.3	13.8	14.4	15.0	15.5	16.1	16.7	17.3	17.9
57	10.5	11.0	11.5	12.0	12.5	12.9	13.4	13.9	14.4	14.9
56	8.4	8.8	9.2	9.6	10.0	10.3	10.7	11.1	11.5	11.9
55	6.3	6.6	6.9	7.2	7.5	7.8	8.0	8.3	8.6	8.9
54	4.2	4.4	4.6	4.8	5.0	5.2	5.4	5.5	5.7	5.9
53	2.1	2.2	2.3	2.4	2.5	2.6	2.7	2.8	2.9	3.0
52	0.0	0.0	0.0	0.0	0.0	0.0	0.0	0.0	0.0	0.0

Depuis 80° jusqu'à 52°

TABLE DE RÉDUCTION DES DEGRÉS
Table XXXIV

	160	165	170	175	180	185	190	195	200	205
80	86.1	88.8	91.5	94.2	96.9	99.6	102.3	105.0	107.7	110.4
79	83.0	85.6	88.2	90.8	93.4	96.0	98.6	101.2	103.8	106.4
78	79.9	82.5	85.0	87.5	90.0	92.4	94.9	97.5	100.0	102.5
77	76.9	79.3	81.7	84.1	86.5	88.9	91.3	93.7	96.1	98.5
76	73.8	76.1	78.4	80.7	83.0	85.3	87.6	90.0	92.3	94.6
75	70.7	72.9	75.2	77.4	79.6	81.8	84.0	86.2	88.4	90.6
74	67.6	69.8	71.9	74.0	76.1	78.2	80.3	82.5	84.6	86.7
73	64.6	66.6	68.6	70.6	72.6	74.7	76.7	78.7	80.7	82.7
72	61.5	63.4	65.4	67.3	69.2	71.1	73.0	75.0	76.9	78.8
71	58.4	60.2	62.1	63.9	65.7	67.5	69.4	71.2	73.0	74.9
70	55.4	57.0	58.8	60.5	62.3	64.0	65.7	67.5	69.2	70.9
69	52.3	53.9	55.5	57.2	58.8	60.4	62.1	63.7	65.4	67.0
68	49.2	50.7	52.3	53.8	55.3	56.9	58.4	60.0	61.5	63.1
67	46.1	47.5	49.0	50.4	51.9	53.3	54.8	56.2	57.7	59.1
66	43.0	44.4	45.7	47.1	48.4	49.8	51.1	52.5	53.8	55.2
65	40.0	41.2	42.4	43.7	45.0	46.2	47.4	48.7	50.0	51.2
64	36.9	38.0	39.2	40.3	41.5	42.6	43.8	45.0	46.1	47.3
63	33.8	34.8	35.9	37.0	38.0	39.1	40.1	41.2	42.3	43.4
62	30.7	31.7	32.7	33.6	34.6	35.5	36.5	37.5	38.4	39.4
61	27.7	28.5	29.4	30.3	31.1	32.0	32.8	33.7	34.6	35.5
60	24.6	25.3	26.1	26.9	27.7	28.4	29.2	30.0	30.7	31.5
59	21.5	22.2	22.8	23.5	24.2	24.9	25.5	26.2	26.9	27.6
58	18.4	19.0	19.6	20.2	20.7	21.3	21.9	22.5	23.0	23.6
57	15.3	15.8	16.3	16.8	17.3	17.7	18.2	18.7	19.2	19.7
56	12.3	12.7	13.0	13.4	13.8	14.2	14.6	15.0	15.3	15.7
55	9.2	9.5	9.8	10.0	10.4	10.6	10.9	11.2	11.5	11.8
54	6.1	6.3	6.5	7.0	6.9	7.1	7.3	7.5	7.7	7.9
53	3.0	3.1	3.2	3.3	3.4	3.5	3.6	3.7	3.8	3.9
52	0.0	0.0	0.0	0.0	0.0	0.0	0.0	0.0	0.0	0.0

Depuis 80° jusqu'à 52°

TABLE DE RÉDUCTION DES DEGRÉS
Table XXXIV

	210	215	220	225	230	235	240	245	250
80	113.0	115.7	118.4	121.1	123.8	126.5	129.2	131.9	134.6
79	109.0	111.6	114.2	116.8	119.4	122.0	124.6	127.1	129.8
78	105.0	107.5	110.0	112.5	115.0	117.5	120.0	122.4	125.0
77	100.9	103.3	105.7	108.1	110.5	113.0	115.3	117.7	120.1
76	96.9	99.2	101.5	103.8	106.1	108.5	110.7	113.0	115.3
75	92.8	95.1	97.3	99.5	101.7	103.9	106.1	108.3	110.5
74	88.8	90.9	93.0	95.2	97.3	99.3	101.5	103.6	105.7
73	84.8	86.8	88.8	90.8	92.9	94.8	96.9	98.9	100.9
72	80.7	82.7	84.6	86.5	88.4	90.3	92.3	94.2	96.1
71	76.7	78.5	80.3	82.2	84.0	85.8	87.7	89.5	91.3
70	72.7	74.4	76.1	77.9	79.6	81.2	83.1	84.8	86.5
69	68.6	70.3	71.9	73.5	73.2	76.7	78.4	80.0	81.7
68	64.6	66.1	67.7	69.2	70.8	72.2	73.8	75.3	76.9
67	60.5	62.0	63.4	64.9	66.3	67.7	69.2	70.6	72.1
66	56.6	57.9	59.2	60.5	61.9	63.2	64.6	65.9	67.3
65	52.4	53.7	55.0	56.2	57.5	58.6	60.0	61.2	62.5
64	48.4	49.6	50.7	51.9	53.1	54.1	55.4	56.5	57.7
63	44.4	45.4	46.5	47.6	48.6	49.6	50.7	51.8	52.9
62	40.3	41.3	42.3	43.2	44.2	45.1	46.1	47.1	48.0
61	36.3	37.2	38.0	38.9	39.8	40.6	41.5	42.4	43.2
60	32.2	33.0	33.8	34.6	35.3	36.0	36.9	37.7	38.4
59	28.2	28.9	29.6	30.2	30.9	31.5	32.3	32.9	33.6
58	24.2	24.8	25.4	25.9	26.5	27.0	27.7	28.2	28.8
57	20.1	20.6	21.1	21.6	22.1	22.5	23.0	23.5	24.0
56	16.1	16.5	16.9	17.3	17.7	18.0	18.4	18.8	19.2
55	12.1	12.4	12.7	12.9	13.2	13.5	13.8	14.1	14.4
54	8.0	8.2	8.4	8.6	8.8	9.0	9.2	9.4	9.6
53	4.0	4.1	4.2	4.3	4.4	4.5	4.6	4.7	4.8
52	0.0	0.0	0.0	0.0	0.0	0.0	0.0	0.0	0.0

Depuis 80° jusqu'à 52°

TABLE DE RÉDUCTION DES DEGRÉS
Table XXXV

	10	15	20	25	30	35	40	45	50	55
80	5.1	7.6	10.2	12.7	15.3	17.8	20.3	22.9	25.4	28.0
79	4.9	7.3	9.8	12.2	14.7	17.1	19.6	22.0	24.5	26.9
78	4.7	7.0	9.4	11.8	14.1	16.5	18.8	21.2	23.6	25.9
77	4.5	6.8	9.0	11.3	13.6	15.8	18.1	20.3	22.6	24.9
76	4.3	6.5	8.7	10.8	13.0	15.2	17.3	19.5	21.7	23.8
75	4.1	6.2	8.3	10.3	12.4	14.5	16.6	18.6	20.7	22.8
74	3.9	5.9	7.9	9.9	11.8	13.8	15.8	17.8	19.8	21.8
73	3.7	5.6	7.5	9.4	11.3	13.2	15.1	16.9	18.8	20.7
72	3.6	5.3	7.1	8.9	10.7	12.5	14.3	16.1	17.9	19.7
71	3.4	5.1	6.8	8.4	10.2	11.8	13.5	15.2	16.9	18.7
70	3.2	4.8	6.4	8.0	9.6	11.2	12.8	14.4	16.0	17.6
69	3.0	4.5	6.0	7.5	9.0	10.5	12.0	13.6	15.1	16.6
68	2.8	4.2	5.6	7.0	8.5	9.8	11.3	12.7	14.1	15.5
67	2.6	3.9	5.2	6.6	7.9	9.2	10.5	11.9	13.2	14.5
66	2.4	3.7	4.9	6.1	7.3	8.5	9.8	11.0	12.2	13.5
65	2.3	3.4	4.5	5.6	6.8	7.9	9.0	10.2	11.3	12.4
64	2.1	3.1	4.1	5.1	6.2	7.2	8.3	9.3	10.3	11.4
63	1.9	2.8	3.7	4.7	5.6	6.5	7.5	8.5	9.4	10.4
62	1.7	2.5	3.4	4.2	5.1	5.9	6.7	7.6	8.5	9.3
61	1.5	2.2	3.0	3.7	4.5	5.2	6.0	6.8	7.5	8.3
60	1.3	1.9	2.6	3.3	3.9	4.6	5.2	5.9	6.6	7.3
59	1.1	1.7	2.2	2.8	3.4	3.9	4.5	5.1	5.6	6.2
58	0.9	1.4	1.9	2.3	2.8	3.2	3.7	4.2	4.7	5.2
57	0.7	1.1	1.5	1.8	2.2	2.6	3.0	3.4	3.7	4.2
56	0.6	0.8	1.1	1.4	1.7	1.9	2.2	2.5	2.8	3.1
55	0.4	0.6	0.7	0.9	1.1	1.3	1.5	1.7	1.9	2.1
54	0.2	0.3	0.3	0.4	0.5	0.6	0.7	0.8	0.9	1.0
53	0.0	0.0	0.0	0.0	0.0	0.0	0.0	0.0	0.0	0.0

Depuis 80° jusqu'à 53°

TABLE DE RÉDUCTION DES DEGRÉS
Table **XXXV**

	60	65	70	75	80	85	90	95	100	105
80	30.5	33 1	35.6	38.2	40.7	43.3	45.8	48.4	50.9	53.5
79	29.4	31.9	34.3	36.8	39.2	41.7	44.1	46.0	49.0	51.5
78	28.3	30.6	33.0	35.3	37.7	40.1	42.4	44.8	47.1	49.5
77	27.1	29.4	31.7	33.9	36.2	38.5	40.7	43.0	45.3	47.5
76	26.0	28.2	30.3	32.5	34.7	36.9	39.0	41.2	43.4	45.5
75	24.9	27.0	29.0	31.1	33.2	35.3	37.3	39.4	41.5	43.6
74	23.7	25.8	27.7	29.7	31.7	33.7	35.6	37.6	39.6	41.6
73	22.6	24.6	26.4	28.3	30.2	32.1	33.9	35.8	37.7	39.6
72	21.5	23.4	25.0	26.8	28.6	30.5	32.2	34.0	35.8	37.6
71	20.3	22.1	23.7	25.4	27.1	28.8	30.5	32.2	33.9	35.6
70	19.2	20.9	22.4	24.0	25.6	27.2	28.8	30.4	32.0	33.6
69	18.1	19.7	21.1	22.6	24.1	25.6	27.1	28.6	30.2	31.7
68	16.9	18.4	19.8	21.2	22.6	24.0	25.4	26.8	28.3	29.7
67	15.8	17.2	18.5	19.8	21.1	22.4	23.7	25.1	26.4	27.7
66	14.7	16.0	17.1	18.4	19.6	20.8	22.0	23.2	24.5	25.7
65	13.5	14.8	15.8	16.9	18.1	19.2	20.3	21.5	22.6	23.7
64	12.4	13.5	14.5	15.5	16.6	17.6	18.6	19.7	20.7	21.7
63	11.3	12.3	13.2	14.1	15.1	16.0	16.9	17.9	18.9	19.8
62	10.1	11.1	11.9	12.7	13.6	14.4	15.2	16.1	17.0	17.8
61	9.0	9.9	10.6	11.3	12.1	12.8	13.5	14.3	15.1	15.8
60	7.9	8.6	9.2	9.9	10.6	11.2	11.8	12.5	13.2	13.8
59	6.7	7.4	7.9	8.4	9.0	9.6	10.1	10.7	11.3	11.8
58	5.6	6.2	6.6	7.0	7.5	8.0	8.4	8.9	9.4	9.8
57	4.5	5.0	5.3	5.6	6.0	6.4	6.7	7.2	7.6	7.9
56	3.3	3.7	3.9	4.2	4.5	4 8	5.0	5.3	5.7	5.9
55	2.2	2.5	2.6	2.8	3.0	3.2	3.3	3.5	3.8	3.9
54	1.1	1.2	1.3	1.4	1.5	1.6	1.7	1.8	1.9	1.9
53	0.0	0.0	0.0	0.0	0.0	0.0	0.0	0.0	0.0	0.0

Depuis 80° jusqu'à 53°

TABLE DE RÉDUCTION DES DEGRÉS
Table XXXV

	110	115	120	125	130	135	140	145	150	155
80	56.0	58.6	61.1	63.6	66.2	68.7	71.3	73.8	76.4	78.9
79	53.9	56.4	58.8	61.3	63.7	66.2	68.6	71.1	73.4	76.0
78	52.0	54.2	56.6	58.9	61.3	63.6	66.0	68.4	70.7	73.1
77	49.8	52.0	54.3	56.6	58.8	61.1	63.4	65.6	67.9	70.2
76	47.7	49.9	52.0	54.2	56.4	58.1	60.7	62.9	65.1	67.2
75	45.6	47.7	49.8	51.9	53.9	56.0	58.1	60.2	62.2	64.3
74	43.6	45.5	47.5	49.5	51.5	53.4	55.4	57.4	59.4	61.4
73	41.5	43.4	45.3	47.1	49.0	50.9	52.8	54.7	56.6	58.5
72	39.4	41.2	43.0	44.7	46.6	48.4	50.2	52.0	53.4	55.6
71	37.3	39.0	40.7	42.3	44.1	45.8	49.5	49.2	50.9	52.6
70	35.2	36.8	38.5	39.9	41.7	43.3	44.9	46.5	48.1	49.7
69	33.2	34.7	36.2	37.6	39.2	40.7	42.2	43.7	45.2	46.8
68	31.1	32.5	34.0	35.2	36.8	38.2	39.6	41.0	42.4	43.8
67	29.0	30.3	31.7	33.9	34.3	35.6	36.9	38.3	39.6	40.9
66	26.9	28.2	29.4	30.5	31.8	32.1	34.3	35.5	36.7	38.0
65	24.9	26.0	27.2	28.2	29.4	30.5	31.6	32.8	33.9	35.1
64	22.8	23.8	24.9	25.8	26.9	28.0	29.0	30.1	31.1	32.1
63	20.7	21.7	22.6	23.4	24.5	25.4	26.4	27.3	28.3	29.2
62	18.6	19.5	20.4	21.1	22.0	22.9	23.7	24.5	25.4	26.3
61	16.6	17.3	18.1	18.8	19.6	20.3	21.1	21.8	22.6	23.4
60	14.5	15.2	15.8	16.4	17.1	17.8	18.4	19.0	19.8	20.4
59	12.4	13.0	13.6	14.1	14.7	15.3	15.8	16.3	16.9	17.5
58	10.4	10.8	11.3	11.7	12.2	12.7	13.2	13.6	14.1	14.6
57	8.3	8.8	9.0	9.4	9.8	10.2	10.5	10.8	13.3	11.7
56	6.2	6.5	6.8	7.0	7.3	7.6	7.9	8.1	8.4	8.7
55	4.1	4.3	4.5	4.6	4.9	5.1	5.2	5.4	5.6	5.8
54	2.1	2.1	2.2	2.3	2.4	2.5	2.6	2.7	2.8	2.9
53	0.0	0.0	0.0	0.0	0.0	0.0	0.0	0.0	0.0	0.0

Depuis 80° jusqu'à 53°

TABLE DE RÉDUCTION DES DEGRÉS
Table XXXV

	160	165	170	175	180	185	190	195	200	205
80	81.5	84.0	86.6	89.1	91.7	94.2	96.8	99.3	101.9	104.4
79	78.5	80.9	83.4	85.8	88.3	90.7	93.2	95.6	98.1	100.5
78	75.4	77.8	80.2	82.5	84.9	87.2	89.6	92.0	94.3	96.7
77	72.4	74.7	77.0	79.2	81.5	83.7	86.0	88.3	90.5	92.8
76	69.4	71.6	73.7	75.9	78.1	80.3	82.4	84.6	86.8	88.9
75	66.4	68.5	70.5	72.6	74.7	76.8	78.8	80.9	83.0	85.1
74	63.4	65.4	67.3	69.3	71.3	73.3	75.3	77.2	79.2	81.2
73	60.4	62.2	64.1	66.0	67.9	69.8	71.7	73.6	75.4	77.3
72	57.3	59.1	60.9	62.1	64.5	66.3	68.1	69.9	71.7	73.5
71	54.3	56.0	57.7	59.4	61.1	62.8	64.5	66.2	67.9	69.6
70	51.3	52.9	54.5	56.1	57.7	59.3	60.9	62.5	64.1	65.7
69	48.3	49.8	51.3	52.8	54.3	55.8	57.3	58.9	60.4	61.9
68	45.3	46.9	48.1	49.5	50.9	52.3	53.8	55.2	56.6	58.0
67	42.2	43.5	44.9	46.2	47.6	48.8	50.2	51.5	52.8	54.1
66	39.2	40.4	41.7	42.9	44.2	45.4	46.6	47.8	49.0	50.3
65	36.2	37.5	38.5	39.6	40.8	41.8	43.0	44.2	45.3	46.4
64	33.2	34.2	35.3	36.3	37.4	38.4	39.4	40.5	41.5	42.5
63	30.2	31.1	32.0	33.0	34.0	34.9	35.8	36.8	37.7	38.7
62	27.2	28.0	28.9	29.7	30.6	31.4	32.3	33.1	33.9	34.8
61	24.1	24.9	25.7	26.4	27.2	27.9	28.7	29.4	30.1	30.9
60	21.1	21.8	22.5	23.1	23.8	24.4	25.1	25.8	26.3	27.1
59	18.1	18.6	19.3	19.8	20.4	20.9	21.5	22.1	22.6	23.2
58	15.1	15.5	16.0	16.5	17.0	17.4	17.9	18.4	18.8	19.3
57	12.1	12.4	12.8	13.2	13.6	13.9	14.3	14.7	15.0	15.5
56	9.0	9.3	9.6	9.9	10.2	10.4	10.7	11.0	11.2	11.6
55	6.0	6.2	6.4	6.6	6.8	6.9	7.1	7.4	7.6	7.7
54	3.0	3.1	3.2	3.3	3.4	3.5	3.6	3.7	3.8	3.9
53	0.0	0.0	0.0	0.0	0.0	0.0	0.0	0.0	0.0	0.0

Depuis 80° jusqu'à 53°

TABLE DE RÉDUCTION DES DEGRÉS
Table XXXV

	210	215	220	225	230	235	240	245	250
80	107.0	109.5	112.0	114.6	117.1	119.7	122.2	124.8	127.3
79	103.0	105.4	107.9	110.3	112.8	115.3	117.7	120.2	122.6
78	99.0	101.4	103.7	106.1	108.5	110.8	113.2	115.5	117.9
77	95.1	97.3	99.6	101.9	104.1	106.4	108.6	110.9	113.2
76	91.1	93.3	95.4	97.6	99.8	102.0	104.1	106.3	108.5
75	87.1	89.2	91.3	93.4	95.4	97.5	99.6	101.7	103.7
74	83.2	85.2	87.1	89.1	91.1	93.1	95.1	97.0	99.0
73	79.2	81.1	83.0	84.9	86.8	88.6	90.6	92.4	94.3
72	75.2	77.1	78.8	80.6	82.4	84.2	86.0	87.8	89.6
71	71.3	73.0	74.7	76.4	78.1	79.8	81.5	83.2	84.9
70	67.3	68.9	70.5	72.2	73.7	75.4	77.0	78.6	80.2
69	63.3	64.9	66.4	67.9	69.4	70.9	72.5	73.9	75.5
68	59.4	60.8	62.2	63.7	65.1	66.5	67.9	69.3	70.7
67	55.4	56.8	58.0	59.4	60.7	62.0	63.4	64.7	66.0
66	51.5	52.7	53.9	55.2	56.4	57.6	58.9	60.1	61.3
65	47.5	48.6	49.7	50.9	52.0	53.2	54.3	55.5	56.6
64	43.5	44.6	45.6	46.7	47.7	48.8	49.8	50.8	51.9
63	39.6	40.5	41.4	42.4	43.4	44.3	45.3	46.2	47.1
62	35.6	36.5	37.3	38.2	39.0	39.9	40.8	41.0	42.4
61	31.7	32.4	33.1	34.0	34.7	35.5	36.2	37.0	37.7
60	27.7	28.4	29.0	29.7	30.3	31.0	31.7	32.4	33.0
59	23.7	24.3	24.8	25.5	26.0	26.6	27.2	27.7	28.3
58	18.8	20.3	20.7	21.2	21.7	22.1	22.6	23.1	23.6
57	15.8	16.2	16.5	17.0	17.3	17.7	18.1	18.5	18.8
56	11.8	12.2	12.4	12.7	13.0	13.3	13.6	13.8	14.1
55	7.9	8.1	8.2	8.5	8.7	8.8	9.1	9.2	9.4
54	3.9	4.0	4.1	4.2	4.3	4.4	4.5	4.6	4.7
53	0.0	0.0	0.0	0.0	0.0	0.0	0.0	0.0	0.0

Depuis 80° jusqu'à 53°

TABLE DE RÉDUCTION DES DEGRÉS
Table XXXVI

	10	15	20	25	30	35	40	45	50	55
80	4.8	7.2	9.6	12.0	14.4	16.8	19.2	21.6	24.0	26.4
79	4.6	6.9	9.2	11.5	13.9	16.2	18.5	20.8	23.1	25.4
78	4.4	6.6	8.9	11.1	13.3	15.5	17.7	20.0	22.2	24.4
77	4.2	6.4	8.5	10.6	12.7	14.9	17.0	19.1	21.3	23.4
76	4.0	6.1	8.1	10.2	12.2	14.2	16.3	18.3	20.3	22.4
75	3.9	5.8	7.7	9.7	11.6	13.6	15.5	17.5	19.4	21.4
74	3.7	5.5	7.4	9.2	11.1	13.0	14.8	16.6	18.5	20.3
73	3.6	5.2	7.0	8.8	10.5	12.3	14.0	15.8	17.6	19.3
72	3.4	5.0	6.6	8.3	10.0	11.7	13.3	15.0	16.6	18.3
71	3.2	4.7	6.3	7.9	9.4	11.1	12.6	14.2	15.7	17.3
70	3.1	4.4	5.9	7.4	8.9	10.4	11.8	13.5	14.8	16.3
69	2.9	4.1	5.5	6.9	8.3	9.8	11.1	12.5	13.9	15.2
68	2.7	3.9	5.2	6.5	7.8	9.1	10.9	11.7	12.9	14.2
67	2.5	3.6	4.8	6.0	7.2	8.5	9.5	10.8	12.0	13.2
66	2.3	3.3	4.4	5.5	6.6	7.8	8.8	10.0	11.1	12.2
65	2.1	3.0	4.0	5.1	6.1	7.2	8.0	9.2	10.2	11.2
64	1.9	2.8	3.7	4.6	5.5	6.5	7.3	8.3	9.2	10.1
63	1.7	2.5	3.3	4.1	5.0	5.9	6.5	7.5	8.3	9.1
62	1.5	2.2	2.9	3.7	4.4	5.3	5.8	6.6	7.4	8.1
61	1.4	1.9	2.5	3.2	3.9	4.6	5.1	5.8	6.5	7.1
60	1.2	1.7	2.2	2.7	3.4	3.9	4.3	5.0	5.5	6.1
59	1.0	1.4	1.8	2.3	2.9	3.3	3.6	4.1	4.6	5.0
58	0.8	1.1	1.4	1.8	2.3	2.7	2.8	3.3	3.7	4.0
57	0.6	0.8	1.2	1.4	1.7	2.0	2.1	2.4	2.8	3.0
56	0.4	0.5	0.7	0.9	1.2	1.4	1.4	1.6	1.8	2.0
55	0.2	0.3	0.3	0.4	0.6	0.7	0.7	0.8	0.9	1.0
54	0.0	0.0	0.0	0.0	0.0	0.0	0.0	0.0	0.0	0.0

Depuis 80° jusqu'à 54°

TABLE DE RÉDUCTION DES DEGRÉS
Table **XXXVI**

	60	65	70	75	80	85	90	95	100	105
80	28.9	31.3	33.7	36.1	38.5	40.9	43.3	45.7	48.1	50.5
79	27.7	30.1	32.4	34.7	37.0	39.3	41.6	44.0	46.3	48.6
78	26.6	28.9	31.1	33.3	35.5	37.7	40.0	42.2	44.4	46.6
77	25.5	27.7	29.8	31.9	34.0	36.2	38.3	40.4	42.6	44.7
76	24.4	26.5	28.5	30.5	32.6	34.6	36.6	38.7	40.7	42.7
75	23.3	25.2	27.2	29.1	31.1	33.0	35.0	36.9	38.8	40.8
74	22.2	24.0	25.9	27.7	29.6	31.4	33.3	35.1	37.0	38.8
73	21.1	22.8	24.6	26.4	28.1	29.9	31.6	33.3	35.1	36.9
72	20.0	21.6	23.3	25.0	26.6	28.3	30.0	31.5	33.3	34.9
71	18.9	20.4	22.0	23.6	25.2	26.7	28.3	29.8	31.4	33.0
70	17.8	19.2	20.7	22.2	23.7	25.2	26.6	28.0	29.6	31.1
69	16.6	18.0	19.4	20.8	22.2	23.6	25.5	26.3	27.7	29.1
68	15.5	16.8	18.1	19.4	20.7	22.0	23.3	24.5	25.9	27.2
67	14.4	15.6	16.8	18.0	19.2	20.4	21.6	22.7	24.1	25.2
66	13.3	14.4	15.5	16.6	17.8	18.9	20.0	21.0	22.2	23.3
65	12.2	13.2	14.2	15.3	16.3	17.3	18.3	19.2	20.4	21.4
64	11.1	12.0	12.9	13.9	14.8	15.7	16.6	17.5	18.5	19.4
63	10.0	10.8	11.6	12.5	13.3	14.1	15.0	15.7	16.6	17.5
62	8.9	9.6	10.4	11.1	11.8	12.6	13.3	13.9	14.8	15.5
61	7.8	8.4	9.1	9.7	10.3	11.0	11.7	12.2	12.9	13.6
60	6.7	7.2	7.8	8.3	8.9	9.4	10.0	10.4	11.1	11.6
59	5.5	6.0	6.5	7.0	7.4	7.8	8.3	8.7	9.2	9.7
58	4.4	4.8	5.2	5.6	5.9	6.3	6.7	6.9	7.4	7.8
57	3.3	3.6	3.9	4.2	4.4	4.7	5.0	5.3	5.5	5.8
56	2.2	2.4	2.6	2.8	2.9	3.1	3.3	3.5	3.7	3.9
55	1.1	1.2	1.3	1.4	1.5	1.6	1.7	1.8	1.8	1.9
54	0.0	0.0	0.0	0.0	0.0	0.0	0.0	0.0	0.0	0.0

Depuis 80° jusqu'à 54°

TABLE DE RÉDUCTION DES DEGRÉS
Table XXXVI

	110	115	120	125	130	135	140	145	150	155
80	52.9	55.3	57.7	60.2	62.6	65.0	67.4	69.8	72.2	74.6
79	50.9	53.2	55.5	57.8	60.2	62.5	64.8	67.1	69.4	71.7
78	48.9	51.1	53.3	55.5	57.7	60.0	62.2	64.4	66.6	68.9
77	46.8	49.0	51.1	53.2	55.3	57.5	59.6	61.7	63.9	60.0
76	44.8	46.8	48.9	50.9	52.9	55.0	57.0	59.0	61.1	63.4
75	42.7	44.7	46.6	48.6	50.5	52.5	54.4	56.4	58.3	60.3
74	40.7	42.6	44.4	46.3	48.1	50.0	51.8	53.7	55.5	57.4
73	38.7	40.4	42.2	43.9	45.7	47.5	49.2	51.0	52.8	54.5
72	36.7	38.3	40.0	41.6	43.3	45.0	46.6	48.7	50.0	51.6
71	34.7	36.2	37.7	39.3	40.9	42.5	44.0	45.6	47.2	48.8
70	32.6	34.0	35.5	37.0	38.5	40.0	41.5	42.9	44.4	45.9
69	30.6	31.9	33.3	34.7	36.1	37.5	38.9	40.3	41.7	43.0
68	28.6	29.8	31.1	32.4	33.7	35.0	36.3	37.6	38.9	40.2
67	26.5	27.7	28.8	30.1	31.3	32.5	33.7	34.9	36.1	37.3
66	24.5	25.5	26.6	27.7	28.9	30.0	31.1	32.2	33.4	34.4
65	22.5	23.4	24.4	25.4	26.5	27.5	28.5	29.3	30.6	31.6
64	20.4	21.3	22.2	23.1	24.1	25.0	25.9	26.8	27.8	28.7
63	18.4	19.2	20.0	20.8	21.6	22.5	23.3	24.1	25.0	25.8
62	16.4	17.0	17.7	18.5	19.2	20.0	20.7	21.4	22.3	22.9
61	14.3	14.9	15.5	16.2	16.8	17.5	18.1	18.8	19.5	20.1
60	12.3	12.8	13.3	13.9	14.4	15.0	15.5	16.1	16.7	17.2
59	10.3	10.6	11.1	11.6	12.0	12.5	12.9	13.4	13.9	14.3
58	8.2	8.5	8.8	9.2	9.6	10.0	10.5	10.7	11.2	11.5
57	6.2	6.4	6.6	6.9	7.2	7.5	7.8	8.0	8.4	8.6
56	4.1	4.2	4.4	4.6	4.8	5.0	5.2	5.3	5.6	5.7
55	2.0	2.1	2.2	2.3	2.4	2.5	2.6	2.7	2.8	2.8
54	0.0	0.0	0.0	0.0	0.0	0.0	0.0	0.0	0.0	0.0

Depuis 80° jusqu'à 54°

TABLE DE RÉDUCTION DES DEGRÉS
Table XXXVI

	160	165	170	175	180	185	190	195	200	205
80	77.0	79.4	81.8	84.2	86.6	89.0	91.5	93.9	96.3	98.7
79	74.0	76.4	78.7	81.0	83.3	85.6	87.9	90.2	92.6	94.9
78	71.1	73.3	75.5	77.7	80.0	82.2	84.4	86.6	88.9	91.1
77	68.1	70.2	72.4	74.5	76.6	78.8	80.9	83.0	85.2	87.3
76	65.2	67.2	69.2	71.3	73.3	75.3	77.4	79.4	81.4	83.5
75	62.2	64.1	66.1	68.0	70.0	72.0	73.9	75.8	77.7	79.7
74	59.2	61.1	62.9	64.8	66.6	68.5	70.3	72.2	74.0	75.9
73	56.3	58.0	59.8	61.5	63.3	65.1	66.8	68.6	70.3	72.1
72	53.3	55.0	56.6	58.3	60.0	61.6	63.3	65.0	66.6	68.3
71	50.3	52.0	53.5	55.1	56.6	58.2	59.8	61.4	62.9	64.5
70	47.4	48.9	50.3	51.8	53.3	54.8	56.3	57.8	59.2	60.7
69	44.4	45.8	47.2	48.6	50.0	51.4	52.7	54.1	55.5	56.9
68	41.5	42.7	44.1	45.3	46.6	47.9	49.2	50.5	51.8	53.1
67	38.5	39.7	40.9	42.1	43.3	44.5	45.7	46.9	48.1	49.3
66	35.5	36.6	37.7	38.9	40.0	41.1	42.2	43.3	44.4	45.5
65	32.6	33.6	34.6	35.6	36.6	39.7	38.7	39.7	40.7	41.7
64	29.6	30.5	31.5	32.4	33.3	34.2	35.2	36.1	37.0	37.9
63	26.6	27.5	28.3	29.1	30.0	30.8	31.6	32.5	33.3	34.1
62	23.7	24.4	25.2	25.9	26.6	27.4	28.1	28.8	29.6	30.3
61	20.7	21.3	22.0	22.7	23.3	23.9	24.6	25.2	25.9	26.6
60	17.7	18.3	18.9	19.4	20.0	20.5	21.1	21.6	22.2	22.8
59	14.8	15.2	15.7	16.2	16.6	17.1	17.6	18.0	18.5	19.0
58	11.8	12.2	12.6	12.9	13.3	13.7	14.0	14.4	14.8	15.2
57	8.9	9.1	9.5	9.7	10.0	10.2	10.5	10.8	11.1	11.4
56	5.9	6.1	6.3	6.5	6.6	6.8	7.0	7.2	7.4	7.6
55	2.9	3.0	3.1	3.2	3.3	3.4	3.5	3.6	3.7	3.8
54	0.0	0.0	0.0	0.0	0.0	0.0	0.0	0.0	0.0	0.0

Depuis 80° jusqu'à 54°

TABLE DE RÉDUCTION DES DEGRÉS
Table XXXVI

	210	215	220	225	230	235	240	245	250
80	101.1	103.5	105.9	108.3	110.7	113.1	115.5	117 9	120.3
79	97.2	99.5	101.8	104.1	106.5	108.8	111.1	113.4	115.7
78	93.3	95.5	97.7	100.0	102.2	104.4	106.6	108.9	111.1
77	89.4	91.5	93.7	95.8	97.9	100.1	102.2	104.3	106.5
76	85.5	87.6	89.6	91.6	93.7	95.7	97.7	99.8	101.8
75	81.6	83.6	85.5	87.5	89.4	91.4	93.3	95.2	97.2
74	77.8	79.6	81.5	83.3	85.2	87.0	88.9	90.7	92.6
73	73.9	75.6	77.4	79.1	80.9	82.6	84.4	86.2	87.9
72	70.6	71.6	73.3	75.0	76.6	78.3	80.0	81.6	83.3
71	66.1	67.6	69.3	70.8	72.4	73.9	75.5	77.1	78.7
70	62.2	63.6	65.2	66.6	68.1	69.6	71.1	72.5	74.1
69	58.3	59.7	61.2	62.5	63.9	65.2	66.6	68.0	69.4
68	54.4	55.7	57.1	58.3	59.6	60.9	52.2	63.5	64.8
67	50.5	51.7	53.3	54.1	55.4	56.6	57.7	58.9	60.2
66	46.6	47.7	48.9	50.0	51.1	52.2	53.3	54.4	55.5
65	42.7	43.7	44.8	45.8	46.9	47.8	48.9	49.9	50.8
64	38.9	39.8	40.8	41.6	42.6	43.5	44.4	45.3	46.2
63	35.0	35.8	36.7	37.5	38.3	39.1	40.0	40.8	41.6
62	31.1	31.8	32.6	33.3	34.1	34.8	35.5	36.3	36.9
61	27.2	27.8	28.5	29.1	29.8	30.4	31.1	31.7	32.4
60	23.3	23.8	24.4	25.0	25.5	26.1	26.6	27.2	27.8
59	19.4	19.9	20.4	20.8	21.3	21.7	22.2	22.6	23.2
58	15.5	15.9	16.3	16.6	17.0	17.4	17.7	18.1	18.5
57	11.6	11.9	12.2	12.5	12.8	13.0	13.3	13.6	13.9
56	7.7	7.9	8.1	8.3	8.5	8.7	8.9	9.1	9.2
55	3.8	4.0	4.0	4.1	4.2	4.3	4.4	4.5	4.6
54	0.0	0.0	0.0	0 0	0.0	0.0	0.0	0.0	0.0

Depuis 80° jusqu'à 54°

TABLE DE RÉDUCTION DES DEGRÉS
Table **XXXVII**

	10	15	20	25	30	35	40	45	50	55
80	4.5	6.8	9.1	11.3	13.6	15.9	18.2	20.4	22.7	25.0
79	4.3	6.5	8.7	10.9	13.1	15.2	17.4	19.6	21.8	24.0
78	4.2	6.2	8.3	10.4	12.5	14.6	16.7	18.8	20.9	23.0
77	4.0	6.0	8.0	10.0	12.0	14.0	16.0	18.0	20.0	22.0
76	3.8	5.7	7.6	9.5	11.4	13.3	15.2	17.2	19.1	21.0
75	3.6	5.4	7.2	9.1	10.9	12.7	14.5	16.3	18.2	20.0
74	3.4	5.1	6.9	8.6	10.3	12.1	13.8	15.5	17.2	19.0
73	3.2	4.9	6.5	8.2	9.8	11.4	13.1	14.7	16.3	18.0
72	3.1	4.6	6.2	7.7	9.2	10.8	12.3	13.9	15.4	17.0
71	2.9	4.3	5.8	7.2	8.7	10.2	11.6	13.0	14.5	16.0
70	2.7	4.1	5.4	6.8	8.2	9.5	10.9	12.2	13.6	15.0
69	2.5	3.8	5.1	6.3	7.6	8.9	10.2	11.4	12.7	14.0
68	2.3	3.5	4.7	5.9	7.1	8.2	9.4	10.6	11.8	13.0
67	2.2	3.2	4.3	5.4	6.5	7.6	8.7	9.8	10.9	12.0
66	2.0	3.0	4.0	5.0	6.0	7.0	8.0	9.0	10.0	11.0
65	1.8	2.7	3.6	4.5	5.4	6.3	7.2	8.1	9.1	10.0
64	1.6	2.4	3.2	4.1	4.9	5.7	6.5	7.3	8.2	9.0
63	1.4	2.2	2.9	3.6	4.3	5.1	5.8	6.5	7.2	8.0
62	1.2	1.9	2.5	3.2	3.8	4.4	5.1	5.7	6.3	7.0
61	1.1	1.6	2.2	2.7	3.2	3.8	4.3	4.9	5.4	6.0
60	0.9	1.3	1.8	2.2	2.7	3.2	3.6	4.0	4.5	5.0
59	0.7	1.1	1.4	1.8	2.2	2.5	2.9	3.2	3.6	4.0
58	0.5	0.8	1.1	1.3	1.6	1.9	2.1	2.4	2.7	3.0
57	0.3	0.5	0.7	0.9	1.1	1.2	1.4	1.6	1.8	2.0
56	0.2	0.2	0.3	0.4	0.5	0.6	0.7	0.8	0.9	1.0
55	0.0	0.0	0.0	0.0	0.0	0.0	0.0	0.0	0.0	0.0

Depuis 80° jusqu'à 55°

TABLE DE RÉDUCTION DES DEGRÉS
Table XXXVII

	60	65	70	75	80	85	90	95	100	105
80	27.2	29.5	31.8	34.0	36.3	38.6	40.9	43.2	45.4	47.7
79	26.1	28.3	30.5	32.7	34.9	37.1	39.2	41.4	43.6	45.8
78	25.1	27.1	29.2	31.3	33.4	35.5	37.6	39.7	41.8	43.9
77	24.0	26.0	28.0	29.9	32.0	34.0	36.0	38.0	40.0	42.0
76	22.9	24.8	26.7	28.6	30.5	32.4	34.3	36.2	38.1	40.1
75	21.8	23.6	25.4	27.2	29.1	30.9	32.7	34.5	36.3	38.2
74	20.7	22.4	24.1	25.8	27.6	29.3	31.1	32.8	34.5	36.2
73	19.6	21.2	22.9	24.5	26.1	27.8	29.4	31.1	32.7	34.3
72	18.5	20.1	21.6	23.1	24.7	26.2	27.8	29.3	30.9	32.4
71	17.4	18.9	20.3	21.8	23.2	24.7	26.2	27.6	29.1	30.5
70	16.3	17.7	19.0	20.4	21.8	23.2	24.5	25.9	27.2	28.6
69	15.2	16.5	17.8	19.0	20.3	21.6	22.9	24.2	25.4	26.7
68	14.2	15.3	16.5	17.7	18.9	20.1	21.2	22.4	23.6	24.8
67	13.1	14.2	15.2	16.3	17.4	18.5	19.6	20.7	21.8	22.9
66	12.0	13.0	14.0	15.0	16.0	17.0	18.0	19.0	20.0	21.0
65	10.9	11.8	12.7	13.6	14.5	15.4	16.3	17.2	18.2	19.1
64	9.8	10.6	11.4	12.2	13.1	13.9	14.7	15.5	16.3	17.2
63	8.7	9.4	10.1	10.9	11.6	12.3	13.1	13.8	14.5	15.2
62	7.6	8.2	8.9	9.5	10.1	10.8	11.4	12.1	12.7	13.3
61	6.5	7.1	7.6	8.1	8.7	9.2	9.8	10.3	10.9	11.4
60	5.4	5.9	6.3	6.8	7.2	7.7	8.2	8.6	9.1	9.5
59	4.3	4.7	5.1	5.4	5.8	6.2	6.5	6.9	7.2	7.6
58	3.2	3.5	3.8	4.1	4.3	4.6	4.9	5.2	5.4	5.7
57	2.2	2.3	2.5	2.7	2.9	3.1	3.2	3.4	3.6	3.8
56	1.1	1.2	1.2	1.3	1.4	1.5	1.6	1.7	1.8	1.9
55	0.0	0.0	0.0	0.0	0.0	0.0	0.0	0.0	0.0	0.0

Depuis 80° jusqu'à 55°

TABLE DE RÉDUCTION DES DEGRÉS
Table XXXVII

	110	115	120	125	130	135	140	145	150	155
80	50.0	52.2	54.5	56.8	59.1	61.3	63.6	65.9	68.2	70.4
79	48.0	50.2	52.3	54.5	56.7	58.9	61.1	63.2	65.4	67.6
78	46.0	48.1	50.2	52.2	54.3	56.4	58.5	60.6	62.7	64.8
77	44.0	46.0	48.0	50.0	52.0	54.0	56.0	58.0	60.0	62.0
76	42.0	43.9	45.8	47.7	49.6	51.5	53.4	55.3	57.2	59.2
75	40.0	41.8	43.6	45.4	47.2	49.1	50.9	52.7	54.5	56.3
74	38.0	39.7	41.4	43.1	44.9	46.6	48.3	50.0	51.8	53.5
73	36.0	37.6	39.2	40.9	42.5	44.1	45.8	47.4	49.1	50.7
72	34.0	35.5	37.1	38.6	40.1	41.7	43.2	44.8	46.3	47.9
71	32.0	33.4	34.9	36.3	37.8	39.2	40.7	42.1	43.6	45.1
70	30.0	31.3	32.7	34.0	35.4	36.8	38.2	39.5	40.9	42.3
69	28.0	29.2	30.5	31.8	33.1	34.3	35.6	36.9	38.2	39.4
68	26.0	27.2	28.3	29.5	30.7	31.9	33.1	34.2	35.4	36.6
67	24.0	25.1	26.2	27.2	28.3	29.4	30.5	31.6	32.7	33.8
66	22.0	23.0	24.0	25.0	26.0	27.0	28.0	29.0	30.0	31.0
65	20.0	20.9	21.8	22.7	23.6	24.5	25.4	26.3	27.2	28.2
64	18.0	18.8	19.6	20.4	21.2	22.1	22.9	23.7	24.5	25.3
63	16.0	16.7	17.4	18.1	18.9	19.6	20.3	21.1	21.8	22.5
62	14.0	14.6	15.2	15.9	16.5	17.2	17.8	18.4	19.1	19.7
61	12.0	12.5	13.1	13.6	14.2	14.7	15.2	15.8	16.3	16.9
60	10.0	10.4	10.9	11.3	11.8	12.2	12.7	13.2	13.6	14.1
59	8.0	8.3	8.7	9.1	9.4	9.8	10.2	10.5	10.9	11.2
58	6.0	6.2	6.5	6.8	7.1	7.3	7.6	7.9	8.2	8.4
57	4.0	4.2	4.3	4.5	4.7	4.9	5.1	5.2	5.4	5.6
56	2.0	2.1	2.2	2.2	2.3	2.4	2.5	2.6	2.7	2.8
55	0.0	0.0	0.0	0.0	0.0	0.0	0.0	0.0	0.0	0.0

Depuis 80° jusqu'à 55°

TABLE DE RÉDUCTION DES DEGRÉS
Table **XXXVII**

	160	165	170	175	180	185	190	195	200	205
80	72.7	75.0	77.2	79.5	81.8	84.4	86.3	88.6	90.9	93.2
79	69.8	72.0	74.2	76.3	78.5	80.7	82.9	85.0	87.2	89.4
78	66.9	69.0	71.1	73.2	75.2	77.3	79.4	81.5	83.6	85.7
77	64.0	66.0	68.0	70.0	72.0	74.0	76.0	78.0	80.0	82.0
76	61.1	63.0	64.9	66.8	68.7	70.6	72.5	74.4	76.3	78.2
75	58.2	60.0	61.8	63.6	65.4	67.2	69.1	70.9	72.7	74.5
74	55.2	57.0	58.7	60.4	62.1	63.9	65.6	67.3	69.0	70.8
73	52.3	54.0	55.6	57.2	58.9	60.5	62.1	63.8	65.4	67.1
72	49.4	51.0	52.5	54.1	55.6	57.2	58.7	60.2	61.8	63.3
71	46.5	48.0	49.4	50.9	52.3	53.8	55.2	56.7	58.1	59.6
70	43.6	45.0	46.3	47.7	49.1	50.4	51.8	53.1	54.5	55.9
69	40.7	42.0	43.2	44.5	45.8	47.1	48.3	49.6	50.9	52.2
68	37.8	39.0	40.2	41.3	42.5	43.7	44.9	46.1	47.2	48.4
67	34.9	36.0	37.1	38.2	39.2	40.3	41.4	42.5	43.6	44.7
66	32.0	33.0	34.0	35.0	36.0	37.0	38.0	39.0	40.0	41 0
65	29.1	30.0	30.9	31.8	32.7	33.6	34.5	35.4	36.3	37.2
64	26.2	27.0	27.8	28.6	29.4	30.2	31.1	31.9	32.7	33.5
63	23.2	24.0	24.7	25.4	26.1	26.9	27.6	28.3	29.0	29.8
62	20.3	21.0	21.6	22.2	22.9	23.5	24.1	24.8	25 4	26.1
61	17.4	18.0	18.5	19.1	19.6	20.2	20.7	21.2	21.8	22.3
60	14.5	15.0	15.4	15.9	16.3	16.8	17.2	17.7	18.1	18.6
59	11.6	12.0	12.3	12.7	13.1	13.4	13.8	14.2	14.5	14.9
58	8.7	9.0	9.2	9.5	9.8	10.1	10.3	10.6	10.9	11.2
57	5.8	6.0	6.2	6.3	6.5	6.7	6.9	7.1	7.2	7.4
56	2.9	3.0	3.1	3.2	3.2	3.3	3.4	3.5	3.6	3.7
55	0.0	0.0	0.0	0.0	0.0	0.0	0.0	0.0	0.0	0.0

Depuis 80° jusqu'à 55°

TABLE DE RÉDUCTION DES DEGRÉS
Table **XXXVII**

	210	215	220	225	230	235	240	245	250
80	95.4	97.7	100.0	102.2	104.5	106.8	109.0	111.3	113.6
79	91.6	93.8	96.0	98.1	100.3	102.5	104.7	106.9	109.1
78	87.8	89.9	92.0	94.1	96.1	98.2	100.3	102.4	104.5
77	84.0	86.0	88.0	90.0	92.0	94.0	96.0	98.0	100.0
76	80.2	82.1	84.0	85.9	87.8	89.7	91.6	93.5	95.4
75	76.3	78.2	80.0	81.8	83.6	95.4	87.2	89.1	90.9
74	72.5	74.2	76.0	77.7	79.4	81.1	82.9	84.6	86.3
73	68.7	70.3	72.0	73.6	75.2	76.9	78.5	80.1	81.8
72	64.9	66.4	68.0	69.5	71.1	72.6	74.1	75.7	77.2
71	61.1	62.5	64.0	65.4	66.9	68.3	69.8	71.2	72.7
70	57.3	58.6	60.0	61.3	62.7	64.1	65.4	66.8	68.1
69	53.4	54.7	56.0	57.2	58.5	59.8	61.1	62.3	63.6
68	49.6	50.8	52.0	53.2	54.3	55.5	56.7	57.9	59.1
67	45.8	46.8	48.0	49.1	50.1	51.2	52.3	53.4	54.5
66	42.0	43.0	44.0	45.0	46.0	47.0	48.0	49.0	50.0
65	38.2	39.1	40.0	40.9	41.8	42.7	43.6	44.5	45.4
64	34.3	35.2	36.0	36.8	37.6	38.4	39.2	40.1	40.9
63	30.5	31.2	32.0	32.7	33.4	34.1	34.9	35.6	36.3
62	26.7	27.3	28.0	28.6	29.2	29.9	30.5	31.2	31.8
61	22.9	23.4	24.0	24.5	25.1	25.6	26.1	26.7	27.2
60	19.1	19.5	20.0	20.4	20.9	21.3	21.8	22.2	22.7
59	15.2	15.6	16.0	16.3	16.7	17.1	17.4	17.8	18.2
58	11.4	11.7	12.0	12.2	12.5	12.8	13.1	13.3	13.6
57	7.6	7.8	8.0	8.2	8.3	8.5	8.7	8.9	9.1
56	3.8	3.9	4.0	4.1	4.2	4.2	4.3	4.4	4.5
55	0.0	0.0	0.0	0.0	0.0	0.0	0.0	0.0	0.0

Depuis 80° jusqu'à 55°

TABLE DE RÉDUCTION DES DEGRÉS
Table XXXVIII

	10	15	20	25	30	35	40	45	50	55
86	5.3	8.0	10.7	13.4	16.0	18.7	21.4	24.1	26.8	29.4
85	5.1	7.7	10.3	12.9	15.5	18.1	20.7	23.3	25.9	28.4
84	5.0	7.5	10.0	12.5	15.0	17.5	20.0	22.5	25.0	27.4
83	4.8	7.2	9.6	12.0	14.4	16.8	19.3	21.7	24.1	26.5
82	4.6	6.9	9.3	11.6	13.9	16.2	18.5	20.9	23.2	25.5
81	4.4	6.7	8.9	11.1	13.4	15.6	17.8	20.1	22.3	24.5
80	4.3	6.4	8.5	10.7	12.8	15.0	17.1	19.3	21.4	23.5
79	4.1	6.1	8.2	10.2	12.3	14.3	16.4	18.5	20.5	22.6
78	3.9	5.9	7.8	9.8	11.7	13.7	15.7	17.6	19.6	21.6
77	3.7	5.6	7.5	9.3	11.2	13.1	15.0	16.8	18.7	20.6
76	3.5	5.3	7.1	8.9	10.7	12.5	14.3	16.0	17.8	19.6
75	3.4	5.1	6.8	8.5	10.1	11.8	13.5	15.2	16.9	18.6
74	3.2	4.9	6.4	8.0	9.6	11.2	12.8	14.4	16.0	17.6
73	3.0	4.5	6.0	7.6	9.1	10.6	12.1	13.6	15.1	16.7
72	2.8	4.3	5.7	7.1	8.5	10.0	11.4	12.8	14.3	15.7
71	2.6	4.0	5.3	6.7	8.0	9.3	10.7	12.0	13.4	14.7
70	2.5	3.7	5.0	6.2	7.5	8.7	10.0	11.2	12.5	13.7
69	2.3	3.5	4.6	5.8	6.9	8.1	9.3	10.4	11.6	12.7
68	2.1	3.2	4.3	5.3	6.4	7.5	8.5	9.6	10.7	11.8
67	1.9	2.9	3.9	4.9	5.9	6.8	7.8	8.8	9.8	10.8
66	1.8	2.6	3.5	4.4	5.3	6.2	7.1	8.0	8.9	9.8
65	1.6	2.4	3.2	4.0	4.8	5.6	6.4	7.2	8.0	8.8
64	1.4	2.1	2.8	3.5	4.3	5.0	5.7	6.4	7.1	7.8
63	1.2	1.8	2.5	3.1	3.7	4.3	5.0	5.6	6.2	6.8
62	1.0	1.6	2.1	2.6	3.2	3.7	4.3	4.8	5.3	5.9
61	0.9	1.3	1.8	2.2	2.6	3.1	3.5	4.0	4.4	4.9
60	0.7	1.0	1.4	1.7	2.1	2.5	2.8	3.2	3.5	3.9
59	0.5	0.8	1.0	1.3	1.6	1.8	2.1	2.4	2.6	2.9
58	0.3	0.5	0.7	0.8	1.0	1.2	1.4	1.6	1.7	1.9
57	0.1	0.2	0.3	0.4	0.5	0.6	0.7	0.8	0.9	1.0
56	0.0	0.0	0.0	0.0	0.0	0.0	0.0	0.0	0.0	0.0

Depuis 86° jusqu'à 56°

TABLE DE RÉDUCTION DES DEGRÉS
Table XXXVIII

	60	65	70	75	80	85	90	95	100	105
86	32.1	34.8	37.5	40.1	42.8	45.5	48.2	50.8	53.5	56.2
85	31.0	33.6	36.2	38.8	41.4	44.0	46.6	49.1	51.7	54.3
84	30.0	32.5	35.0	37.5	40.0	42.5	45.0	47.4	50.0	52.5
83	28.9	31.3	33.7	36.1	38.5	40.9	43.4	45.7	48.2	50.6
82	27.8	30.1	32.5	34.8	37.1	39.4	41.8	44.0	46.4	48.7
81	26.8	29.0	31.2	33.4	35.7	37.9	40.2	42.3	44.6	46.8
80	25.7	27.8	30.0	32.1	34.2	36.4	38.6	40.6	42.8	45.0
79	24.6	26.7	28.7	30.8	32.8	34.9	36.9	38.9	41.0	43.1
78	23.6	25.5	27.5	29.4	31.4	33.4	35.3	37.2	39.2	41.2
77	22.5	24.3	26.2	28.1	30.0	31.8	33.7	35.5	37.5	39.3
76	21.4	23.2	25.0	26.8	28.5	30.3	32.1	33.8	35.7	37.5
75	20.3	22.0	23.7	25.4	27.1	28.8	30.5	32.1	33.9	35.6
74	19.3	20.9	22.5	24.1	25.7	27.3	28.9	30.4	32.1	33.7
73	18.2	19.7	21.2	22.7	24.2	25.8	27.3	28.8	30.3	31.8
72	17.1	18.5	20.0	21.4	22.8	24.3	25.7	27.1	28.5	30.0
71	16.0	17.4	18.7	20.1	21.4	22.7	24.1	25.4	26.7	28.1
70	15.0	16.2	17.5	18.7	20.0	21.2	22.5	23.7	25.0	26.2
69	13.9	15.1	16.2	17.4	18.5	19.7	20.9	22.0	23.2	24.3
68	12.8	13.9	15.0	16.0	17.1	18.2	19.3	20.3	21.4	22.5
67	11.8	12.7	13.7	14.7	15.7	16.7	17.6	18.6	19.6	20.6
66	10.7	11.6	12.5	13.4	14.3	15.2	16.0	16.9	17.8	18.7
65	9.6	10.4	11.2	12.0	12.8	13.6	14.4	15.2	16.0	16.8
64	8.6	9.3	10.0	10.7	11.4	12.1	12.8	13.5	14.3	15.0
63	7.5	8.1	8.7	9.3	10.0	10.6	11.2	11.8	12.5	13.1
62	6.4	6.9	7.5	8.0	8.5	9.1	9.6	10.1	10.7	11.2
61	5.3	5.8	6.2	6.7	7.1	7.6	8.0	8.5	8.9	9.3
60	4.3	4.6	5.0	5.3	5.7	6.0	6.4	6.8	7.1	7.5
59	3.2	3.5	3.7	4.0	4.3	4.5	4.8	5.1	5.3	5.6
58	2.1	2.3	2.5	2.6	2.8	3.0	3.2	3.4	3.5	3.7
57	1.0	1.1	1.2	1.3	1.4	1.5	1.6	1.7	1.8	1.8
56	0.0	0.0	0.0	0.0	0.0	0.0	0.0	0.0	0.0	0.0

Depuis 86° jusqu'à 56°

TABLE DE RÉDUCTION DES DEGRÉS
Table **XXXVIII**

	110	115	120	125	130	135	140	145	150	155
86	58.9	61.6	64.3	66.9	69.6	72.3	75.0	77.6	80.3	83.0
85	56.9	59.5	62.1	64.7	67.3	70.0	72.5	75.1	77.6	80.2
84	55.0	57.5	60.0	62.5	65.0	67.5	70.0	72.5	75.0	77.5
83	53.0	55.4	57.8	60.2	62.6	65.1	67.5	69.9	72.3	74.7
82	51.1	53.4	55.7	58.0	60.3	62.6	65.0	67.3	69.6	71.9
81	49.1	51.3	53.5	55.8	58.0	60.2	62.5	64.7	66.9	69.2
80	47.1	49.3	51.4	53.5	55.7	57.8	60.0	62.1	64.3	66.4
79	45.2	47.2	49.3	51.3	53.4	55.4	57.5	59.5	61.6	63.6
78	43.2	45.1	47.1	49.1	51.0	53.0	55.0	56.9	58.9	60.9
77	41.2	43.1	45.0	46.8	48.7	50.6	52.5	54.3	56.2	58.1
76	39.3	41.0	42.8	44.6	46.4	48.2	50.0	51.8	53.5	55.3
75	37.3	39.0	40.7	42.4	44.1	45.8	47.5	49.2	50.9	52.6
74	35.3	36.9	38.6	40.1	41.7	43.4	45.0	46.6	48.2	49.8
73	33.4	34.9	36.4	37.9	39.4	40.9	42.5	44.0	45.5	47.0
72	31.4	32.8	34.3	35.7	37.1	38.5	40.0	41.4	42.8	44.3
71	29.4	30.8	32.1	33.5	34.8	36.1	37.5	38.8	40.1	41.5
70	27.5	28.7	30.0	31.2	32.5	33.7	35.0	36.2	37.5	38.7
69	25.5	26.7	27.8	29.0	30.1	31.3	32.5	33.6	34.8	36.0
68	23.5	24.6	25.7	26.8	27.8	28.9	30.0	31.0	32.1	33.2
67	21.6	22.6	23.5	24.5	25.5	26.5	27.5	28.4	29.4	30.4
66	19.6	20.5	21.4	22.3	23.2	24.1	25.0	25.9	26.8	27.7
65	17.7	18.4	19.3	20.1	20.9	21.7	22.5	23.3	24.1	24.9
64	15.7	16.4	17.1	17.8	18.5	19.3	20.0	20.7	21.4	22.1
63	13.7	14.3	15.0	15.6	16.2	16.8	17.5	18.1	18.7	19.3
62	11.8	12.3	12.8	13.4	13.9	14.4	15.0	15.5	16.0	16.6
61	9.8	10.2	10.7	11.1	11.6	12.0	12.5	12.9	13.4	13.8
60	7.8	8.2	8.5	8.9	9.3	9.6	10.0	10.3	10.7	11.0
59	5.9	6.1	6.4	6.7	6.9	7.2	7.5	7.7	8.0	8.3
58	3.9	4.1	4.3	4.4	4.6	4.8	5.0	5.1	5.3	5.5
57	1.9	2.0	2.1	2.2	2.3	2.4	2.5	2.6	2.6	2.7
56	0.0	0.0	0.0	0.0	0.0	0.0	0.0	0.0	0.0	0.0

Depuis 86° jusqu'à 56°

TABLE DE RÉDUCTION DES DEGRÉS
Table **XXXVIII**

	160	165	170	175	180	185	190	195	200	205
86	85.7	88.3	91.0	93.7	96.4	99.1	101.8	104.4	107.1	109.8
85	82.8	85.4	88.0	90.6	93.2	95.8	98.4	101.0	103.5	106.1
84	80.7	82.4	84.9	87.5	90.0	92.5	95.0	97.5	100.0	102.5
83	77.1	79.5	81.9	84.4	86 7	89.2	91.6	94.0	96.4	98.8
82	74.3	76.5	78.9	81.2	83.5	85.9	88.2	90.5	92.8	95.1
81	71.4	73.6	75.8	78.1	80.3	82.6	84.8	87.0	89.3	91.5
80	68.5	70.7	72.8	75.0	77.1	79.3	81.4	83.5	85.7	87.8
79	65.7	67.7	69.8	71.9	73.9	76.0	78.0	80.1	82.1	84.2
78	62.8	64.8	66.7	68.7	70.7	72.7	74.6	76.6	78.5	80.5
77	60.0	61.8	63.7	65.6	67.5	69.4	71.2	73.1	75.0	76.8
76	57.1	58.9	60.7	62.5	64.2	66.0	67.8	69.6	71.4	73.2
75	54.3	55.9	57.6	59.4	61.0	62.7	64.4	66.1	67.8	69.5
74	51.4	53.0	54.6	56.2	57.8	59.4	61.0	62.7	64.3	65.9
73	48.5	50.0	51.6	53.1	54.6	56.1	57.6	59.2	60.7	62.2
72	45.7	47.1	48.5	50.0	51.4	52.8	54.3	55.7	57.1	58.5
71	42.8	44.1	45.5	46.9	48.2	49.5	50.9	52.2	53.5	54.9
70	40.0	41.2	42.5	43.7	45.0	46.2	47.5	48.7	50.0	51.2
69	37.1	38.3	39.4	40.6	41.8	42.9	44.1	45.2	46.4	47.6
68	34.3	35.3	36.4	37.5	38.5	39.6	40.7	41.8	42.8	43.9
67	31.4	32.4	33.4	34.4	35.3	36.3	37.3	38.3	39.3	40.2
66	28.5	29.4	30.3	31.2	32.1	33.0	33.9	34.8	35.7	36.6
65	25.7	26.5	27.3	28.1	28.9	29.7	30.5	31.3	32.1	32.9
64	22.8	23.5	24.3	25.0	25.7	26.4	27.1	27.8	28.5	29.3
63	20.0	20.6	21.2	21.9	22.5	23.1	23.7	24.3	25.0	25.6
62	17.1	17.6	18.2	18.7	19.2	19.8	20.3	20.9	21.4	21.9
61	14.3	14.7	15.2	15.6	16.0	16.5	16.9	17.4	17.8	18.3
60	11.8	11.4	12.1	12.5	12.8	12.2	13.5	13.9	14.3	14.6
59	8.8	8.5	9.1	9.3	9.6	9.9	10.2	10.4	10.7	11.0
58	5.7	5.9	6.0	6.2	6.4	6.6	6.8	6.9	7.1	7.3
57	2.8	2.9	3.0	3.1	3.2	3.3	3.4	3.5	3.5	3.6
56	0.0	0.0	0.0	0.0	0.0	0.0	0.0	0.0	0.0	0.0

Depuis 86⁰ jusqu'à 56⁰

TABLE DE RÉDUCTION DES DEGRÉS
Table **XXXVIII**

	210	215	220	225	230	235	240	245	250
86	112.5	115.1	117.8	120.5	123.2	125.8	128.5	131.2	133.9
85	108.7	111.3	113.9	116.5	119.1	121.6	124.2	126.8	129.4
84	105.0	107.6	110.0	112.5	115.0	117.4	120.0	122.5	125.0
83	101.2	103.6	106.0	108.5	110.9	113.2	115.7	118.1	120.5
82	97.5	99.8	102.1	104.4	106.8	109.0	111.4	113.7	116.0
81	93.7	96.0	98.2	100.4	102.6	104.9	107.1	109.3	111.6
80	90.0	92.1	94.2	96.1	98.5	100.7	102.8	105.0	107.1
79	86.2	88.3	90.3	92.4	94.4	96.5	98.5	100.6	102.6
78	82.5	84.4	86.4	88.4	90.3	92.3	94.3	96.2	98.2
77	78.7	80.6	82.5	84.4	86.2	88.1	90.0	91.8	93.7
76	75.0	76.8	78.5	80.4	82.1	83.9	85.7	87.5	89.3
75	71.2	73.0	74.6	76.3	78.0	79.7	81.4	83.1	84.8
74	67.5	69.1	70.7	72.3	73.9	75.5	77.1	78.7	80.3
73	63.7	65.2	66.7	68.3	69.8	71.3	72.8	74.3	75.9
72	60.0	61.4	62.8	64.3	65.7	67.1	68.5	70.0	71.4
71	56.2	57.6	58.9	60.2	61.6	62.9	64.3	65.6	66.9
70	52.5	53.7	55.0	56.2	57.5	58.7	60.0	61.2	62.5
69	48.7	49.9	51.0	52.2	53.4	54.5	55.7	56.8	58.0
68	45.0	46.0	47.1	48.2	49.3	50.3	51.4	52.5	53.5
67	41.2	42.2	43.2	44.2	45.1	46.1	47.1	48.1	49.1
66	37.5	38.4	39.2	40.2	41.0	41.6	42.8	43.7	44.6
65	33.7	34.5	35.5	36.1	36.9	37.7	38.5	39.3	40.1
64	30.0	30.7	31.4	32.1	32.8	33.5	34.3	35.0	35.7
63	26.2	26.8	27.5	28.1	28.7	29.3	30.0	30.6	31.2
62	22.5	23.0	23.5	24.1	24.6	25.2	25.7	26.2	26.8
61	18.7	19.2	19.6	20.1	20.5	21.0	21.4	21.8	22.3
60	15.0	15.3	15.7	16.0	16.4	16.8	17.1	17.5	17.8
59	11.2	11.5	11.8	12.0	12.3	12.6	12.8	13.1	13.4
58	7.5	7.6	7.8	8.0	8.2	8.4	8.5	8.7	8.9
57	3.7	3.8	3.9	4.0	4.1	4.2	4.3	4.3	4.4
56	0.0	0.0	0.0	0.0	0.0	0.0	0.0	0.0	0.0

Depuis 86⁰ jusqu'à 56⁰

TABLE DE RÉDUCTION DES DEGRÉS
Table **XXXIX**

	10	15	20	25	30	35	40	45	50	55
87	5.2	7.8	10.5	13.1	15.8	18.4	21.0	23.7	26.3	28.9
86	5.1	7.6	10.1	12.7	15.2	17.8	20.3	22.9	25.5	28.0
85	4.9	7.3	9.8	12.3	14.7	17.2	19.6	22.1	24.5	27.0
84	4.7	7.1	9.4	11.8	14.2	16.6	18.9	21.3	23.6	25.0
83	4.5	6.8	9.1	11.4	13.6	15.9	18.2	20.5	22.8	25.1
82	4.4	6.6	8.7	10.9	13.8	15.3	17.5	19.7	21.9	24.1
81	4.2	6.3	8.4	10.5	12.6	14.7	16.8	18.9	21.0	23.1
80	4.0	6.0	8.0	10.1	12.1	14.1	16.1	18.1	20.1	22.2
79	3.8	5.8	7.7	9.6	11.5	13.5	15.4	17.3	19.3	21.2
78	3.7	5.5	7.3	9.2	11.0	12.9	14.7	16.5	18.4	20.2
77	3.5	5.2	7.0	8.7	10.5	12.3	14.0	15.8	17.5	19.3
76	3.3	5.0	6.6	8.3	10.0	11.6	13.3	15.0	16.6	18.3
75	3.1	4.7	6.3	7.9	9.4	11.0	12.6	14.2	15.8	17.3
74	3.0	4.4	5.9	7.4	8.9	10.4	11.9	13.4	14.9	16.4
73	2.8	4.2	5.6	7.0	8.4	9.8	11.2	12.6	14.0	15.4
72	2.6	3.9	5.2	6.5	7.9	9.2	10.5	11.8	13.1	14.4
71	2.4	3.7	4.9	6.1	7.3	8.6	9.8	11.0	12.3	13.5
70	2.3	3.4	4.5	5.7	6.8	8.0	9.1	10.2	11.4	12.5
69	2.1	3.1	4.2	5.2	6.3	7.3	8.4	9.4	10.5	11.5
68	1.9	2.9	3.8	4.8	5.8	6.7	7.7	8.7	9.6	10.6
67	1.7	2.6	3.5	4.4	5.2	6.1	7.0	7.9	8.7	9.6
66	1.5	2.3	3.1	3.9	4.7	5.5	6.3	7.1	7.9	8.7
65	1.4	2.1	2.8	3.5	4.2	4.9	5.6	6.3	7.0	7.7
64	1.2	1.8	2.4	3.0	3.7	4.3	4.9	5.5	6.1	6.7
63	1.0	1.5	2.1	2.6	3.1	3.7	4.2	4.7	5.2	5.8
62	0.8	1.3	1.7	2.2	2.6	3.0	3.5	3.9	4.4	4.8
61	0.7	1.0	1.4	1.7	2.1	2.4	2.8	3.1	3.5	3.8
60	0.5	0.7	1.0	1.3	1.5	1.8	2.1	2.3	2.6	2.9
59	0.3	0.5	0.7	0.8	1.0	1.2	1.4	1.5	1.7	1.9
58	0.1	0.2	0.3	0.4	0.5	0.6	0.7	0.8	0.8	0.9
57	0.0	0.0	0.0	0.0	0.0	0.0	0.0	0.0	0.0	0.0

Depuis 87º jusqu'à 57º

TABLE DE RÉDUCTION DES DEGRÉS
Table XXXIX

	60	65	70	75	80	85	90	95	100	105
87	31.5	34.2	36.8	39.4	42.0	44.7	47.3	50.0	52.6	55.2
86	30.5	33.0	35.6	38.1	40.7	43.2	45.8	48.3	50.8	53.4
85	29.4	31.9	34.4	36.8	39.3	41.7	44.2	46.6	49.1	51.5
84	28.4	30.7	33.1	35.5	37.9	40.2	42.6	45.0	47.3	49.7
83	27.3	29.6	31.9	34.2	36.5	38.7	41.0	43.3	45.6	47.9
82	26.5	28.5	30.7	32.9	35.1	37.2	39.4	41.6	43.8	46.0
81	25.2	27.3	29.4	31.5	33.7	35.8	37.9	40.0	42.1	44.2
80	24.2	26.2	28.2	30.2	32.3	34.3	36.2	38.3	40.3	42.3
79	23.1	25.1	27.0	28.9	30.8	32.8	34.7	36.6	38.6	40.5
78	22.1	23.9	25.8	27.6	29.4	31.3	33.1	35.0	36.8	38.7
77	21.0	22.8	24.5	26.3	28.0	29.8	31.5	33.3	35.1	36.8
76	20.0	21.6	23.3	25.0	26.6	28.3	30.0	31.6	33.3	35.0
75	18.9	20.5	22.1	23.7	25.2	26.8	28.4	30.0	31.5	33.1
74	17.9	19.4	20.8	22.3	23.8	25.3	26.8	28.3	29.8	31.3
73	16.8	18.2	19.6	21.0	22.4	23.8	25.2	26.6	28.0	29.4
72	15.7	17.1	18.4	19.7	21.0	22.3	23.7	25.0	26.3	27.6
71	14.7	15.9	17.2	18.4	19.6	20.8	22.1	23.3	24.5	25.8
70	13.6	14.8	15.9	17.1	18.2	19.3	20.5	21.6	22.8	23.9
69	12.6	13.7	14.7	15.8	16.8	17.8	18.9	20.0	21.6	22.1
68	11.5	12.5	13.5	14.4	15.4	16.4	17.3	18.3	19.3	20.2
67	10.5	11.4	12.3	13.1	14.0	14.9	15.8	16.6	17.5	18.4
66	9.4	10.2	11.0	11.8	12.6	13.4	14.2	15.0	15.8	16.5
65	8.4	9.1	9.8	10.5	11.2	11.9	12.6	13.3	14.0	14.7
64	7.3	8.0	8.6	9.2	9.8	10.4	11.0	11.6	12.3	12.9
63	6.3	6.8	7.3	7.9	8.4	8.9	9.4	10.0	10.5	11.0
62	5.2	5.7	6.1	6.5	7.0	7.4	7.9	8.3	8.7	9.2
61	4.2	4.5	4.9	5.2	5.6	5.9	6.3	6.6	7.0	7.3
60	3.1	3.4	3.7	3.9	4.2	4.4	4.7	5.0	5.2	5.5
59	2.1	2.3	2.4	2.6	2.8	3.0	3.1	3.3	3.5	3.7
58	1.0	1.1	1.2	1.3	1.4	1.5	1.5	1.6	1.7	1.8
57	0.0	0.0	0.0	0.0	0.0	0.0	0.0	0.0	0.0	0.0

Depuis 87° jusqu'à 57°

TABLE DE RÉDUCTION DES DEGRÉS
Table XXXIX

	110	115	120	125	130	135	140	145	150	155
87	57.9	60.5	63.1	65.8	68.4	71.0	73.7	76.3	78.9	81.5
86	55.9	58.5	61.0	63.6	66.1	68.6	71.2	73.7	76.3	78.8
85	54.0	56.5	58.9	61.4	63.8	66.3	68.7	71.2	73.7	76.1
84	52.1	54.4	56.8	59.2	61.5	63.9	66.3	68.7	71.0	73.4
83	50.1	52.4	54.7	57.0	59.3	61.5	63.8	66.1	68.4	70.7
82	48.2	50.4	52.6	54.8	57.0	59.2	61.4	63.6	65.8	67.9
81	46.3	48.4	50.5	52.6	54.7	56.8	58.9	61.0	63.1	65.2
80	44.4	46.4	48.4	50.4	52.4	54.4	56.5	58.5	60.5	62.5
79	42.4	44.4	46.3	48.2	50.1	52.1	54.0	55.9	57.9	59.8
78	40.5	42.3	44.2	46.0	47.9	49.7	51.5	53.4	55.2	57.1
77	38.6	40.3	42.1	43.8	45.6	47.3	49.1	50.8	52.6	54.4
76	36.6	38.3	40.0	41.6	43.3	45.0	46.6	48.3	50.0	51.6
75	34.7	36.3	37.9	39.5	41.0	42.6	44.2	45.8	47.3	48.9
74	32.8	34.3	35.8	37.3	38.7	40.2	41.7	43.2	44.7	46.2
73	30.8	32.2	33.7	35.1	36.5	37.9	39.3	40.7	42.1	43.5
72	28.9	30.2	31.5	32.9	34.2	35.5	36.8	38.1	39.4	40.8
71	27.0	28.2	29.4	30.7	31.9	33.1	34.3	35.6	36.8	38.0
70	25.1	26.2	27.3	28.5	29.6	30.8	31.9	33.0	34.2	35.3
69	23.1	24.2	25.2	26.3	27.3	28.4	29.4	30.5	31.5	32.6
68	21.2	22.2	23.1	24.1	25.1	26.0	27.0	28.0	28.9	29.9
67	19.3	20.1	20.0	21.9	22.8	23.7	24.5	25.4	26.3	27.2
66	17.3	18.1	18.9	19.7	20.5	21.3	22.1	22.9	23.7	24.4
65	15.4	16.1	16.8	17.5	18.2	18.9	19.6	20.3	21.0	21.7
64	13.5	14.1	14.7	15.3	15.9	16.5	17.2	17.8	18.4	19.0
63	11.5	12.1	12.6	13.1	13.7	14.2	14.7	15.2	15.8	16.3
62	9.6	10.1	10.5	10.9	11.4	11.8	12.3	12.7	13.1	13.6
61	7.7	8.0	8.4	8.7	9.1	9.4	9.8	10.1	10.5	10.8
60	5.8	6.0	6.3	6.5	6.8	7.1	7.3	7.6	7.9	8.5
59	3.8	4.0	4.2	4.4	4.5	4.7	4.9	5.1	5.2	5.4
58	1.9	2.0	2.1	2.2	2.2	2.3	2.4	2.5	2.6	2.7
57	0.0	0.0	0.0	0.0	0.0	0.0	0.0	0.0	0.0	0.0

Depuis 87° jusqu'à 57°

TABLE DE RÉDUCTION DES DEGRÉS
Table XXXIX

	160	165	170	175	180	185	190	195	200	205
87	84.2	86.8	89.4	92.1	94.7	97.3	100.0	102.6	105.1	107 9
86	81.4	83.9	86.5	89.0	91.5	94.1	96.6	99.2	101.6	104.3
85	78.6	81.0	83.5	85.9	88.4	90.8	93.3	95.8	98.1	100.7
84	75.8	78.1	80.5	82.9	85.2	87.6	90.0	92.3	94.6	97.4
83	73.0	75.2	77.5	79.8	82.1	84.3	86.6	88.9	91.1	93.5
82	70.1	72.3	74.5	76.7	78.9	81.1	83.3	85.5	87.6	89.9
81	67.3	69.4	71.5	73.7	75.8	77.9	80.0	82.1	84.1	86.3
80	64.5	66.5	68.6	70.6	72.6	74.6	76.6	78.7	80.7	82.7
79	61.7	63.7	65.6	67.5	69.4	71.4	73.3	75.2	77.2	79.1
78	58.9	60.8	62.6	64.4	66.3	68.1	70.0	71.8	73.6	75.5
77	56.1	57.9	59.6	61.4	63.1	64.9	66.6	68.4	70.1	71.9
76	53.3	55.0	56.6	58.3	60.0	61.6	63.3	65.0	66.6	68.3
75	50.5	52.1	53.7	55.2	56.8	58.4	60.0	61.6	63.1	64.7
74	47.7	49.2	50.7	52.2	53.7	55.1	56.6	58.1	59.6	61.1
73	44.9	46.3	47.7	49.1	50.5	51.9	53.3	54.7	56.1	57.5
72	42.1	43.4	44.7	46.0	47.3	48.7	50.0	51.3	52.6	53.9
71	39.3	40.5	41.7	43.0	44.2	45.4	46.6	47.9	49.1	50.3
70	36.5	37.6	38.7	39.9	41.0	42.2	43.3	44.5	45.6	46.7
69	33.7	34.7	35.8	36.8	37.9	38.9	40.0	41.0	42.1	43.1
68	30.8	31.8	32.8	33.7	34.7	35.7	36.6	37.6	38.5	39.5
67	28.0	28.9	29.8	30.7	31.6	32.4	33.3	34.2	35.1	35.9
66	25.2	26.0	26.8	27.6	28.4	29.2	30.0	30.8	31.5	32.3
65	22.4	23.1	23.8	24.5	25.2	25.9	26.6	27.3	28.0	29.7
64	19.6	20.2	20.8	21.5	22.1	22.7	23.3	23.9	24.5	25.1
63	16.8	17.3	17.9	18.4	18.9	19.4	20.0	20.5	21.0	21.5
62	14.0	14.4	14.9	15.3	15.8	16.2	16.6	17.1	17.5	18.0
61	11.2	11.5	11.9	12.3	12.6	13.0	13.3	13.7	14.0	14.4
60	8.4	8.6	8.9	9.2	9.4	9.7	10.0	10.2	10.5	10.8
59	5.6	5.8	5.9	6.1	6.3	6.5	6.6	6.8	7.0	7.2
58	2.8	2.9	3.0	3.0	3.1	3.2	3.3	3.4	3.5	3.6
57	0.0	0.0	0.0	0.0	0.0	0.0	0.0	0.0	0.0	0.0

Depuis 87° jusqu'à 57°

TABLE DE RÉDUCTION DES DEGRÉS
Table XXXIX

	210	215	220	225	230	235	240	245	250
87	110.5	113.1	115.8	118.4	121.0	123.7	126.3	128.9	131.6
86	106.8	109.4	111.9	114.4	117.0	119.5	122.1	124.6	127.2
85	103.1	105.6	108.0	110.5	113.0	115.4	117.9	120.3	122.8
84	99.4	101.8	104.2	106.5	108.9	111.3	113.7	116.0	118.4
83	95.8	98.0	100.3	102.6	104.9	107.2	109.4	111.7	114.0
82	92.1	94.3	96.5	98.6	100.8	103.0	105.2	107.4	109.6
81	88.4	90.5	92.6	94.7	96.8	98.9	101.0	103.1	105.2
80	84.7	86.7	88.7	90.8	92.8	94.8	96.8	98.8	100.8
79	81.0	82.9	84.9	86.8	88.7	90.7	92.6	94.5	96.5
78	77.3	79.2	81.0	82.9	84.7	86.5	88.4	90.2	92.1
77	73.7	75.4	77.2	78.9	80.7	82.4	84.2	85.9	87.7
76	70.0	71.6	73.3	75.0	76.6	78.3	80.0	81.6	83.3
75	66.3	67.9	69.4	71.0	72.6	74.2	75.8	77.3	78.9
74	62.6	64.1	65.6	67.1	68.6	70.1	71.5	73.0	74.5
73	58.9	60.4	61.7	63.1	64.5	65.9	67.3	68.7	70.1
72	55.2	56.5	57.9	59.2	60.5	61.8	63.1	64.4	65.8
71	51.6	52.8	54.0	55.2	56.5	57.7	58.9	60.1	61.4
70	47.9	49.0	50.1	51.3	52.4	53.6	54.7	55.8	57.0
69	44.2	45.2	46.3	47.3	48.4	49.4	50.5	51.5	52.6
68	40.5	41.5	42.4	43.4	44.4	45.3	46.3	47.2	48.2
67	36.8	37.7	38.6	39.4	40.3	41.2	42.1	43.0	43.8
66	33.1	33.9	34.7	35.5	36.3	37.1	37.9	38.7	39.4
65	29.4	30.1	30.8	31.5	32.3	33.0	33.7	34.4	35.1
64	25.8	26.4	27.0	27.6	28.2	28.8	29.4	30.1	30.7
63	22.1	22.6	23.1	23.7	24.2	24.7	25.2	25.8	26.3
62	18.4	18.8	19.3	19.7	20.1	20.6	21.0	21.5	21.9
61	14.7	15.1	15.4	15.8	16.1	16.5	16.8	17.2	17.5
60	11.0	11.3	11.5	11.8	12.0	12.3	12.6	12.9	13.1
59	7.3	7.5	7.7	7.8	8.0	8.2	8.4	8.6	8.7
58	3.7	3.7	3.8	3.9	4.0	4.1	4.2	4.3	4.4
57	0.0	0.0	0.0	0.0	0.0	0.0	0.0	0.0	0.0

Depuis 87° jusqu'à 57°

TABLE DE RÉDUCTION DES DEGRÉS
Table XL

	10	15	20	25	30	35	40	45	50	55
88	5.1	7.7	10.3	12.9	15.5	18.1	20.7	23.2	25.8	28.4
87	5.0	7.5	10.0	12.5	15.0	17.5	20.0	22.5	25.0	27.5
86	4.8	7.2	9.6	12.0	14.5	16.9	19.3	21.7	24.1	26.5
85	4.6	7.0	9.3	11.6	13.9	16.3	18.6	20.9	23.2	25.6
84	4.5	6.7	8.9	11.2	13.4	15.7	17.9	20.1	22.4	24.6
83	4.3	6.4	8.6	10.7	12.9	15.1	17.2	19.4	21.5	23.7
82	4.1	6.2	8.2	10.3	12.4	14.5	16.5	18.6	20.7	22.7
81	3.9	5.9	7.9	9.9	11.9	13.8	15.8	17.8	19.8	21.8
80	3.8	5.7	7.6	9.5	11.3	13.2	15.1	17.0	18.9	20.8
79	3.6	5.4	7.2	9.0	10.8	12.6	14.4	16.3	18.1	19.9
78	3.4	5.1	6.9	8.6	10.3	12.0	13.8	15.5	17.2	18.9
77	3.2	4.9	6.5	8.2	9.8	11.4	13.1	14.7	16.3	18.0
76	3.1	4.6	6.2	7.7	9.3	10.8	12.4	13.9	15.5	17.0
75	2.9	4.4	5.8	7.3	8.8	10.2	11.7	13.2	14.6	16.1
74	2.7	4.1	5.5	6.9	8.2	9.6	11.0	12.4	13.8	15.1
73	2.6	3.8	5.1	6.4	7.7	9.0	10.3	11.6	12.9	14.2
72	2.4	3.6	4.8	6.0	7.2	8.4	9.6	10.8	12.0	13.2
71	2.2	3.3	4.5	5.6	6.7	7.8	8.9	10.1	11.2	12.3
70	2.0	3.1	4.1	5.1	6.2	7.2	8.2	9.3	10.3	11.3
69	1.9	2.8	3.8	4.7	5.7	6.6	7.6	8.5	9.5	10.4
68	1.7	2.6	3.4	4.3	5.1	6.0	6.9	7.7	8.6	9.5
67	1.5	2.3	3.1	3.8	4.6	5.4	6.2	7.0	7.7	8.5
66	1.3	2.0	2.7	3.4	4.1	4.8	5.5	6.2	6.9	7.6
65	1.2	1.8	2.4	3.0	3.6	4.2	4.8	5.4	6.0	6.6
64	1.0	1.5	2.0	2.6	3.1	3.6	4.1	4.6	5.1	5.7
63	0.8	1.3	1.7	2.1	2.6	3.0	3.4	3.8	4.3	4.7
62	0.7	1.0	1.3	1.7	2.0	2.4	2.7	3.1	3.4	3.8
61	0.5	0.7	1.0	1.3	1.5	1.8	2.0	2.3	2.6	2.8
60	0.3	0.5	0.7	0.8	1.0	1.2	1.3	1.5	1.7	1.9
59	0.1	0.2	0.3	0.4	0.5	0.6	0.7	0.7	0.8	0.9
58	0.0	0.0	0.0	0.0	0.0	0.0	0.0	0.0	0.0	0.0

Depuis 88° jusqu'à 58°

TABLE DE RÉDUCTION DES DEGRÉS
Table XL

	60	65	70	75	80	85	90	95	100	105
88	31.0	33.6	36.2	38.8	41.3	43.9	46.5	49.1	51.7	54.3
87	30.0	32.5	35.0	37.5	40.0	42.5	45.0	47.5	50.0	52.5
86	28.9	31.4	33.8	36.2	38.6	41.0	43.4	45.8	48.2	50.7
85	27.9	30.2	32.6	34.9	37.2	39.5	41.9	44.2	46.5	48.9
84	26.9	29.1	31.4	33.6	35.8	38.1	40.3	42.6	44.8	47.0
83	25.8	28.0	30.1	32.3	34.5	36.6	38.8	40.9	43.1	45.2
82	24.8	26.9	28.9	31.0	33.1	35.4	37.2	39.3	41.4	43.4
81	23.8	25.7	27.7	29.7	31.7	33.7	35.7	37.6	39.6	41.6
80	22.7	24.6	26.5	28.4	30.3	32.2	34.1	36.0	37.9	39.8
79	21.7	23.5	25.3	27.1	28.9	30.7	32.6	34.4	36.2	38.0
78	20.7	22.4	24.1	25.8	27.6	29.3	31.0	32.7	34.5	36.2
77	19.6	21.3	22.9	24.5	26.2	27.8	29.5	31.1	32.7	34.4
76	18.6	20.1	21.7	23.2	24.8	26.3	27.9	29.5	31.0	32.6
75	17.6	19.0	20.5	22.0	23.4	24.9	26.4	27.8	29.3	30.8
74	16.5	17.9	19.3	20.7	22.0	23.4	24.8	26.2	27.6	28.9
73	15.5	16.8	18.1	19.4	20.7	21.9	23.2	24.5	25.8	27.1
72	14.5	15.7	16.9	18.1	19.3	20.5	21.7	22.9	24.1	25.3
71	13.4	14.5	15.7	16.8	17.9	19.0	20.1	21.2	22.4	23.5
70	12.4	13.4	14.5	15.5	16.5	17.6	18.6	19.6	20.7	21.7
69	11.4	12.3	13.2	14.2	15.1	16.1	17.0	18.0	18.9	19.9
68	10.3	11.2	12.0	12.9	13.8	14.6	15.5	16.3	17.2	18.1
67	9.3	10.1	10.8	11.6	12.4	13.2	13.9	14.7	15.5	16.3
66	8.2	8.9	9.6	10.3	11.0	11.7	12.4	13.1	13.8	14.5
65	7.2	7.8	8.4	9.0	9.6	10.2	10.8	11.4	12.0	12.7
64	6.2	6.7	7.2	7.7	8.2	8.8	9.3	9.8	10.3	10.8
63	5.1	5.6	6.0	6.4	6.9	7.3	7.7	8.2	8.6	9.0
62	4.1	4.5	4.8	5.1	5.5	5.8	6.2	6.5	6.9	7.2
61	3.1	3.3	3.6	3.9	4.1	4.4	4.6	4.9	5.1	5.4
60	2.0	2.2	2.4	2.6	2.7	2.9	3.1	3.2	3.4	3.6
59	1.0	1.1	1.2	1.3	1.3	1.4	1.5	1.6	1.7	1.8
58	0.0	0.0	0.0	0.0	0.0	0.0	0.0	0.0	0.0	0.0

Depuis 88° jusqu'à 58°

TABLE DE RÉDUCTION DES DEGRÉS
Table XL

$\frac{z}{3}$	110	115	120	125	130	135	140	145	150	155
88	56.9	59.4	62.0	64.6	67.2	69.8	72.4	75.0	77.8	80.1
87	55.0	57.4	60.0	62.5	65.0	67.4	70.0	72.5	75.0	77.5
86	53.1	55.5	57.9	60.3	62.7	65.1	67.5	70.0	72.4	74.8
85	51.2	53.5	55.8	58.2	60.5	62.8	65.1	67.5	69.8	72.1
84	49.3	51.5	53.8	56.0	58.3	60.5	62.7	65.0	67.2	69.4
83	47.4	49.5	51.7	53.8	56.0	58.1	60.3	62.5	64.6	66.8
82	45.5	47.5	49.6	51.7	53.8	55.8	57.9	60.0	62.0	64.1
81	43.6	45.5	47.6	49.5	51.5	53.5	55.5	57.5	59.5	61.4
80	41.7	43.6	45.5	47.4	49.3	51.1	53.1	55.0	56.9	58.8
79	39.8	41.6	43.4	45.2	47.1	48.8	50.7	52.5	54.3	56.1
78	37.9	39.6	41.3	43.1	44.8	46.5	48 2	50.0	51.7	53.4
77	36.0	37.6	39.3	40.9	42.6	44.2	45.8	47.5	49.1	50.7
76	34.1	35.6	37.2	38.8	40.3	41.8	43.4	45.0	46.5	48.1
75	32.2	33.7	35.1	36.6	38.1	39.5	41.0	42.5	43.9	45.4
74	30.3	31.7	33.1	34.5	35.8	37.2	38.6	40.0	41.3	42 7
73	28.4	29.7	31.0	32.3	33.6	34.9	36.2	37.5	38.8	40.1
72	26.5	27.7	28.9	30.1	31.3	32.5	33.8	35.0	36.2	37.4
71	24.6	25.7	26.9	28.0	29.1	30.2	31.3	32.5	33.6	34.7
70	22.7	23.8	24.8	25.8	26.9	27.9	28.9	30.0	31.0	32.0
69	20.8	21.8	22.7	23.7	24.6	25.5	26.5	27.5	28.4	29.4
68	18.9	19.8	20.7	21.5	22.4	23.2	24.1	25.5	25.9	26.7
67	17.0	17.8	18.6	19.4	20.1	20.9	21.7	22.5	23.2	24.0
66	15.1	15.8	16.5	17.2	17.9	18.6	19.3	20.0	20.7	21.3
65	13.2	13.9	14.5	15.1	15.7	16.3	16.9	17.5	18.1	18.7
64	11.3	11.9	12.4	12.9	13.4	13.9	14.5	15.0	15.5	16.0
63	9.5	9.9	10.3	10.7	11.2	11.6	12.0	12.5	12.9	13.3
62	7.6	7.9	8.2	8.6	8.9	9.3	9.6	10.0	10.3	10.7
61	5.7	5.9	6.2	6.4	6.7	7.0	7.2	7.5	7.7	8.0
60	3.8	3.9	4.1	4.3	4.5	4.6	4 8	5.0	5.1	5.3
59	1.9	2.0	2.0	2.1	2.2	2.3	2.4	2.5	2.6	2.6
58	0.0	0.0	0 0	0.0	0.0	0.0	0.0	0.0	0.0	0.0

Depuis 88° jusqu'à 58°

TABLE DE RÉDUCTION DES DEGRÉS
Table XL

	160	165	170	175	180	185	190	195	200	205
88	82.7	85.3	87.9	90.5	93.1	95.6	98.2	100.8	103.4	106.0
87	80.0	82.5	85.0	87.5	90.0	92.5	95.0	97.5	100.0	102.5
86	77.2	79.6	82.0	84.4	86.9	89.3	91.7	94.1	96.5	98.9
85	74.4	76.8	79.1	81.4	83.7	86.1	88.4	90.7	93.1	95.4
84	71.7	73.9	76.2	78.4	80.6	82.9	85.1	87.4	89.6	91.9
83	68.9	71.1	73.2	75.4	77.5	79.7	81.9	84.0	86.2	88.3
82	66.2	68.3	70.3	72.4	74.4	76.5	78.6	80.7	82.7	84.8
81	63.4	65.4	67.4	69.4	71.3	73.3	75.3	77.3	79.3	81.3
80	60.6	62.6	64.5	66.3	68.2	70.1	72.0	73.9	75.8	77.7
79	57.9	59.7	61.5	63.9	65.1	66.9	68.8	70.6	72.4	74.2
78	55.1	56.9	58.6	60.3	62.0	63.7	65.5	67.2	68.9	70.7
77	52.4	54.0	55.7	57.3	58.9	60.6	62.2	63.8	65.5	67.1
76	49.6	51.2	52.7	54.3	55.8	57.4	58.9	60.5	62.0	63.6
75	46.9	48.3	49.8	51.3	52.7	54.2	55.7	57.1	58.6	60.0
74	44.1	45.5	46.9	48.2	49.6	51.0	52.4	53.8	55.1	56.5
73	41.3	42.6	43.9	45.2	46.5	47.8	49.1	50.4	51.7	53.0
72	38.6	39.8	41.0	42.2	43.4	44.6	45.8	47.0	48.2	49.4
71	35.8	37.0	38.1	39.2	40.3	41.4	42.6	43.7	44.8	45.9
70	33.1	34.1	35.1	36.2	37.2	38.2	39.3	40.3	41.3	42.4
69	30.3	31.3	32.2	33.2	34.1	35.0	36.0	37.0	37.9	38.8
68	27.6	28.4	29.3	30.1	31.0	31.9	32.7	33.6	34.5	35.3
67	24.8	25.6	26.3	27.1	27.9	28.7	29.5	30.2	31.0	31.8
66	22.0	22.7	23.4	24.1	24.8	25.5	26.2	26.9	27.6	28.4
65	19.3	19.9	20.5	21.1	21.7	22.3	22.9	23.5	24.1	24.7
64	16.5	17.0	17.6	18.1	18.6	19.1	19.6	20.1	20.7	21.2
63	13.8	14.2	14.6	15.1	15.5	15.9	16.4	16.8	17.2	17.6
62	11.0	11.4	11.7	12.0	12.4	12.7	13.1	13.4	13.8	14.1
61	8.2	8.5	8.8	9.0	9.3	9.5	9.8	10.1	10.3	10.6
60	5.5	5.7	5.8	6.0	6.2	6.3	6.5	6.7	6.9	7.0
59	2.7	2.8	2.9	3.0	3.1	3.2	3.2	3.3	3.4	3.5
58	0.0	0.0	0.0	0.0	0.0	0.0	0.0	0.0	0.0	0.0

Depuis 88° jusqu'à 58°

TABLE DE RÉDUCTION DES DEGRÉS
Table XL

.	210	215	220	225	230	235	240	245	250
88	108.6	111.2	113.8	116.3	118.9	121.5	124.1	126.7	129.3
87	105.0	107.5	110.0	112.5	115.0	117.5	120.0	122.5	125.0
86	101.4	103.8	106.2	108.6	111.0	113.4	115.8	118.2	120.7
85	97.8	100.1	102.4	104.7	107.0	109.4	111.7	114.0	116.3
84	94.1	96.4	98.6	100.8	103.1	105.3	107.6	109.8	112.0
83	90.5	92.7	94.8	96.9	99.1	101.3	103.4	105.6	107.7
82	86.9	88.9	91.0	93.1	95.1	97.2	99.3	101.3	103.4
81	83.3	85.2	87.2	89.2	91.2	93.2	95.4	97.1	99.1
80	79.7	81.5	83.4	85.3	87.2	89.1	91.0	92.9	94.8
79	76.0	77.8	79.6	81.4	83.2	85.1	86.9	88.7	90.5
78	72.4	74.1	75.8	77.6	79.3	81.0	82.7	84.5	86.2
77	68.8	70.4	72.0	73.7	75.3	77.0	78.6	80.2	81.9
76	65.2	66.7	68.2	69.8	71.4	72.9	74.5	76.0	77.6
75	61.5	63.0	64.5	65.9	67.4	68.8	70.3	71.8	73.2
74	57.9	59.3	60.7	62.0	63.4	64.8	66.2	67.6	68.9
73	54.3	55.6	56.8	58.2	59.5	60.7	62.0	63.3	64.6
72	50.7	51.9	53.1	54.3	55.5	56.7	57.9	59.1	60.3
71	47.0	48.2	49.3	50.4	51.5	52.6	53.8	54.9	56.0
70	43.4	44.5	45.5	46.5	47.6	48.6	49.6	50.7	51.7
69	39.8	40.7	41.7	42.6	43.6	44.5	45.5	46.4	47.4
68	36.2	37.6	37.9	38.8	39.6	40.5	41.3	42.2	43.1
67	32.6	33.3	34.1	34.9	35.7	36.4	37.2	37.0	38.8
66	28.9	29.6	30.3	31.0	31.7	32.4	33.1	33.8	34.5
65	25.3	25.9	26.5	27.1	27.7	28.3	28.9	29.5	30.1
64	21.7	22.2	22.7	23.2	23.8	24.3	24.8	25.3	25.8
63	18.1	18.5	18.9	19.4	19.8	20.2	20.7	21.1	21.5
62	14.5	14.8	15.1	15.5	15.8	16.2	16.5	16.9	17.2
61	10.8	11.1	11.3	11.6	11.9	12.1	12.4	12.6	12.9
60	7.2	7.4	7.5	7.7	7.9	8.1	8.2	8.4	8.6
59	3.6	3.7	3.8	3.8	3.9	4.0	4.1	4.2	4.3
58	0.0	0.0	0.0	0.0	0.0	0.0	0.0	0.0	0.0

Depuis 88° jusqu'à 58°

TABLE DE RÉDUCTION DES DEGRÉS
Table XLI

	10	15	20	25	30	35	40	45	50	55
89	5.1	7.6	10.1	12.7	15.2	17.8	20.3	22.9	25.4	27.9
88	4.9	7.3	9.8	12.3	14.7	17.2	19.6	22.1	24.5	27.0
87	4.7	7.1	9.5	11.8	14.2	16.6	19.0	21.3	23.7	26.1
86	4.5	6.8	9.1	11.4	13.7	16.0	18.3	20.6	22.8	25.1
85	4.4	6.6	8.8	11.0	13.2	15.4	17.6	19.8	22.0	24.2
84	4.2	6.3	8.4	10.6	12.7	14.8	16.9	19.0	21.2	23.3
83	4.0	6.1	8.1	10.1	12.2	14.2	16.2	18.3	20.3	22.3
82	3.9	5.8	7.8	9.7	11.7	13.6	15.6	17.5	19.5	21.4
81	3.7	5.6	7.4	9 3	11.2	13.0	14.9	16.7	18.6	20.5
80	3.5	5.3	7.1	8.9	10.6	12.4	14.2	16.0	17.8	19.5
79	3.4	5.1	6.7	8.4	10.1	11.8	13.5	15.2	16.9	18.6
78	3.2	4.8	6.4	8.0	9.6	11.2	12.9	14.5	16.1	17.7
77	3.0	4.5	6.1	7.6	9.1	10.6	12.2	13.7	15.2	16.7
76	2.9	4.3	5.7	7.2	8.6	10.1	11.5	12.9	14.4	15.8
75	2.6	4.0	5.4	6.7	8.1	9.5	10.8	12.2	13.5	14.9
74	2.5	3.8	5.1	6.3	7.6	8.9	10.1	11.4	12.7	14.0
73	2.3	3.5	4.7	5.9	7.1	8.3	9.5	10.6	11.8	13.0
72	2.2	3.3	4.4	5.5	6.6	7.7	8.8	9.9	11.0	12.1
71	2.0	3.0	4.0	5.1	6.1	7.1	8.1	9.1	10.1	11.2
70	1.8	2.8	3.7	4.6	5.6	6.5	7.4	8.4	9.3	10.2
69	1.7	2.5	3.4	4.2	5.1	5.9	6.7	7.6	8.4	9.3
68	1.5	2.3	3.0	3.8	4.5	5.3	6.1	6.8	7.6	8.4
67	1.3	2.0	2.7	3.4	4.0	4.7	5.4	6.1	6.8	7.4
66	1.2	1.7	2.3	2.9	3.5	4.1	4.7	5.3	5.9	6.5
65	1.0	1.5	2.0	2.5	3.0	3.5	4.0	4.5	5.1	5.6
64	0.8	1.2	1.7	2.1	2.5	2.9	3.4	3.8	4.2	4.6
63	0.6	1.0	1.3	1.7	2.0	2.3	2.7	3.0	3.4	3.7
62	0.5	0.7	1.0	1.2	1.5	1.7	2.0	2.3	2.5	2.8
61	0.3	0.5	0.6	0.8	1.0	1.2	1.3	1.5	1.7	1.8
60	0.1	0.2	0.3	0.4	0.5	0.6	0.6	0.7	0.8	0.9
59	0.0	0.0	0.0	0.0	0.0	0.0	0.0	0.0	0.0	0.0

Depuis 89° jusqu'à 59

TABLE DE RÉDUCTION DES DEGRÉS
Table XLI

	60	65	70	75	80	85	90	95	100	105
89	30.5	33.0	35.6	38.1	40.7	43.2	45.7	48.3	50.8	53.3
88	29.5	31.9	34.4	36.8	39.3	41.7	44.2	46.7	49.1	51.6
87	28.4	30.8	33.2	35.6	37.9	40.3	42.7	45.1	47.4	49.8
86	27.4	29.7	32.0	34.3	36.6	38.9	41.1	43.4	45.7	48.0
85	26.4	28.6	30.8	33.0	35.2	37.4	39.6	41.8	44.0	46.2
84	25.4	27.5	29.6	31.7	33.9	36.0	38.1	40.2	42.3	44.4
83	24.4	26.4	28.4	30.5	32.5	34.5	36.6	38.6	40.7	42.7
82	23.4	25.3	27.3	29.2	31.2	33.1	35.0	37.0	39.0	40.9
81	22.3	24.2	26.1	27.9	29.8	31.7	33.5	35.4	37.3	39.1
80	21.3	23.1	24.9	26.7	28.4	30.2	32.0	33.8	35.6	37.3
79	20.3	22.0	23.7	25.4	27.1	28.8	30.5	32.2	33.9	35.6
78	19.3	20.9	22.5	24.1	25.7	27.3	28.9	30.6	32.2	33.8
77	18.3	19.8	21.3	22.8	24.4	25.9	27.4	29.0	30.5	32.0
76	17.3	18.7	20.1	21.6	23.0	24.5	25.9	27.3	28.8	30.2
75	16.2	17.6	19.0	20.3	21.7	23.0	24.4	25.7	27.1	28.4
74	15.2	16.3	17.8	19.0	20.3	21.6	22.8	24.1	25.4	26.7
73	14.2	15.4	16.6	17.8	19.0	20.1	21.3	22.5	23.7	24.9
72	13.2	14.3	15.4	16.5	17.6	18.7	19.8	20.9	22.0	23.1
71	12.2	13.2	14.2	15.2	16.2	17.3	18.3	19.3	20.3	21.3
70	11.2	12.1	13.0	14.0	14.9	15.8	16.7	17.7	18.6	19.5
69	10.1	11.0	11.8	12.7	13.5	14.4	15.2	16.1	16.9	17.8
68	9.1	9.9	10.6	11.4	12.2	12.9	13.7	14.5	15.2	16.0
67	8.1	8.8	9.5	10.1	10.8	11.5	12.2	12.9	13.5	14.2
66	7.1	7.7	8.3	8.9	9.5	10.1	10.6	11.2	11.8	12.4
65	6.1	6.6	7.1	7.6	8.1	8.6	9.1	9.6	10.1	10.6
64	5.1	5.5	5.9	6.3	6.8	7.2	7.6	8.0	8.4	8.9
63	4.0	4.4	4.7	5.1	5.4	5.7	6.1	6.4	6.8	7.1
62	3.0	3.3	3.5	3.8	4.0	4.3	4.5	4.8	5.1	5.3
61	2.0	2.2	2.3	2.5	2.7	2.9	3.0	3.2	3.4	3.5
60	1.0	1.1	1.2	1.2	1.3	1.4	1.5	1.6	1.7	1.7
59	0.0	0.0	0.0	0.0	0.0	0.0	0.0	0.0	0.0	0.0

Depuis 89° jusqu'à 59°

TABLE DE RÉDUCTION DES DEGRÉS
Table XLI

	110	115	120	125	130	135	140	145	150	155
89	55.9	58.4	61.0	63.5	66.1	68.6	71.2	73.7	76.2	78.8
88	54.0	56.5	59.0	61.4	63.9	66.3	68.8	71.2	73.7	76.2
87	52.2	54.6	56.9	59.3	61.7	64.0	66.4	68.8	71.1	73.5
86	50.3	52.6	54.9	57.2	59.5	61.7	64.0	66.3	68.6	70.9
85	48.4	50.7	52.9	55.0	57.2	59.5	61.7	63.9	66.1	68.3
84	46.6	48.7	50.8	52.9	55.0	57.2	59.3	61.4	63.5	65.6
83	44.7	46.7	48.8	50.8	52.8	54.9	56.9	58.9	61.0	63.0
82	42.8	44.8	46.8	48.7	50.6	52.6	54.5	56.5	58.4	60.4
81	41.0	42.9	44.7	46.6	48.4	50.3	52.2	54.0	55.9	57.8
80	39.1	40.9	42.7	44.4	46.2	48.0	49.8	51.6	53.4	55.1
79	37.3	39.0	40.7	42.3	44.0	45.7	47.4	49.1	50.8	52.5
78	35.4	37.0	38.6	40.2	41.8	43.4	45.1	46.6	48.3	49.9
77	33.5	35.1	36.6	38.1	39.6	41.2	42.7	44.2	45.7	47.3
76	31.7	33.1	34.5	36.0	37.4	38.9	40.3	41.7	43.2	44.6
75	29.8	31.2	32.5	33.9	35.2	36.6	37.9	39.3	40.6	42.0
74	27.9	29.2	30.5	31.7	33.0	34.3	35.6	36.8	38.1	39.4
73	26.1	27.3	28.4	29.6	30.8	32.0	33.2	34.4	35.6	36.7
72	24.2	25.3	26.4	27.5	28.6	29.7	30.8	31.9	33.0	34.1
71	22.3	23.4	24.4	25.4	26.4	27.4	28.4	29.4	30.5	31.5
70	20.5	21.4	22.3	23.3	24.2	25.1	26.1	27.0	27.9	28.8
69	18.6	19.5	20.3	21.2	22.0	22.9	23.7	24.5	25.4	26.2
68	16.7	17.5	18.3	19.0	19.8	20.6	21.3	22.1	22.8	23.6
67	14.9	15.6	16.2	16.9	17.6	18.3	18.9	19.6	20.3	21.0
66	13.0	13.6	14.2	14.8	15.4	16.0	16.6	17.2	17.8	18.4
65	11.2	11.7	12.2	12.7	13.2	13.7	14.2	14.7	15.2	15.7
64	9.3	9.7	10.1	10.6	11.0	11.4	11.8	12.3	12.7	13.1
63	7.4	7.8	8.1	8.4	8.8	9.1	9.5	9.8	10.1	10.5
62	5.6	5.8	6.1	6.3	6.6	6.8	7.1	7.3	7.6	7.9
61	3.7	3.9	4.0	4.2	4.4	4.5	4.7	4.9	5.1	5.2
60	1.8	1.9	2.0	2.1	2.2	2.3	2.3	2.4	2.5	2.6
59	0.0	0.0	0.0	0.0	0.0	0.0	0.0	0.0	0.0	0.0

Depuis 87° jusqu'à 59°

TABLE DE RÉDUCTION DES DEGRÉS
Table XLI

	160	165	170	175	180	185	190	195	200	205
89	81.3	83.4	86.4	89.0	91.5	94.0	96.6	99.1	101.7	104.2
88	78.6	81.1	83.5	86.0	88.4	90.9	93 4	95.8	98.3	100.7
87	75.9	78.3	80.6	83.0	85.4	87.8	90.1	92.5	94.9	97.2
86	73.2	75.5	77.8	80.1	82.3	84.6	86.9	89.2	91.5	93.8
85	70.5	72.7	74.9	77.1	79.3	81.5	83.7	85.9	88.1	90.3
84	67.7	69.9	72.0	74.1	76.2	78.3	80.5	82.6	84.7	86.8
83	65.0	67.1	69.1	71.2	73.2	75.2	77.3	79.3	81.3	83.3
82	62.3	64.3	66.2	68.2	70.1	72.1	74.0	76.0	77.9	79.9
81	59.6	61.5	63.4	65.2	67.1	68.9	70.8	72.7	74.5	76.4
80	56.9	58.7	60.5	62.3	64.0	65.8	67.6	69.4	71.2	72.9
79	54.2	55.9	57.6	59.3	61.0	62.7	64.4	66.1	67.8	69.5
78	51.5	53.1	54.7	56.3	57.9	59.5	61.2	62.8	64.4	66.0
77	48.8	50.3	51.8	53.4	54.9	56.4	57.9	59.5	61.0	62.5
76	46.1	47.5	48.9	50.4	51.8	53.3	54.7	56.2	57.6	59.0
75	43.3	44.7	46.1	47.4	48.8	50 1	51.5	52.9	54.2	55.6
74	40.6	41.9	43.2	44.5	45.7	47.0	48.3	49.5	50.8	52.1
73	37.9	39.1	40.3	41.5	42.7	43.9	45.1	46.2	47.4	48.6
72	35.2	36.3	37.4	38.5	39.6	40.7	41.8	42.9	44.0	45.1
71	32.5	33.5	34.5	35.6	35.6	37.6	38.6	39.6	40.6	41.7
70	29.8	30.7	31.7	32.6	33.5	34.5	35.4	36.3	37.3	38.2
69	27.1	27.9	28.8	29.6	30.5	31.3	32.2	33.0	33.9	34.7
68	24.4	25.1	25.9	26.7	27.4	28.2	29.0	29.7	30.5	31.2
67	21.7	22.3	23.0	23.7	24.4	25.1	25.7	26.4	27.1	27.8
66	18.9	19.5	22.1	20.7	21.3	21.9	22.5	23.1	23.7	24.3
65	16.2	16.7	17.3	17.8	18.3	18.8	19.3	19.8	20.3	20.8
64	13.5	14.0	14.4	14.8	15.2	15.6	16.1	16.5	16.9	17.3
63	10.8	11.2	11.5	11.8	12.2	12.5	12.9	13.2	13.5	13.9
62	8.1	8.4	8.6	8.9	9.1	9.4	9.6	9.9	10.1	10.4
61	5.4	5.6	5.7	5.9	6.1	6.2	6.4	6.6	6.7	6.9
60	2.7	2.8	2.8	2.9	3.0	3.1	3.2	3.3	3.4	3.4
59	0.0	0.0	0.0	0.0	0.0	0.0	0.0	0.0	0.0	0.0

Depuis 89° jusqu'à 59°

TABLE DE RÉDUCTION DES DEGRÉS
Table XLI

	210	215	220	225	230	235	240	245	250
89	106.7	109.3	111.8	114.4	116.9	119.5	122.0	124.5	127.1
88	103.2	105.6	108.1	110.6	113.0	115.5	117.9	120.4	122.8
87	99.6	102.0	104.4	106.8	109.1	111.5	113.9	116.2	118.6
86	96.1	98.4	100.6	102.9	105.2	107.5	109.8	112.1	114.4
85	92.5	94.7	96.9	99.1	101.3	103.5	105.7	107.9	110.1
84	88.9	91.1	93.2	95.3	97.4	99.5	101.7	103.8	105.9
83	85.4	87.4	89.5	91.5	93.5	95.6	97.6	99.6	101.7
82	81.8	83.8	85.7	87.7	89.6	91.6	93.5	95.5	97.4
81	78.3	80.1	82.0	83.9	85.7	87.6	89.5	91.3	93.2
80	74.7	76.5	78.3	80.1	81.8	83.6	85.4	87.2	88.9
79	71.2	72.9	74.5	76.2	77.9	79.6	81.3	83.0	84.7
78	67.6	69.2	70.8	72.4	74.0	75.6	77.3	78.9	80.5
77	64.0	65.6	67.1	68.6	70.1	71.7	73.2	74.7	76.2
76	60.5	61.9	63.4	64.8	66.2	67.7	69.1	70.6	72.0
75	56.9	58.3	59.6	61.0	62.3	63.7	65.1	66.4	67.8
74	53.4	54.6	55.9	57.2	58.4	59.7	61.0	62.3	63.5
73	49.8	51.0	52.2	53.4	54.5	55.7	56.9	58.1	59.3
72	46.2	47.3	48.4	49.5	50.6	51.7	52.9	54.0	55.1
71	42.7	43.7	44.7	45.7	46.7	47.8	48.8	49.8	50.8
70	39.1	40.1	41.0	41.9	42.8	43.8	44.7	45.6	46.6
69	35.6	36.4	37.3	38.1	39.0	39.8	40.6	41.5	42.3
68	32.0	32.8	33.5	34.3	35.1	35.8	36.6	37.3	38.1
67	28.4	29.1	29.8	30.5	31.2	31.8	32.5	33.2	33.9
66	24.9	25.5	26.1	26.7	27.3	27.9	28.4	29.0	29.6
65	21.3	21.8	22.3	22.9	23.4	23.9	24.4	24.9	25.4
64	17.8	18.2	18.6	19.0	19.5	19.9	20.3	20.7	21.2
63	14.2	14.5	14.9	15.2	15.6	15.9	16.2	16.6	16.9
62	10.6	10.9	11.2	11.4	11.7	11.9	12.2	12.4	12.7
61	7.1	7.3	7.4	7.6	7.8	7.9	8.1	8.3	8.4
60	3.5	3.6	3.7	3.8	3.9	4.0	4.0	4.1	4.2
59	0.0	0.0	0.0	0.0	0.0	0.0	0.0	0.0	0.0

Depuis 8.9° jusqu'à 59°

ABLE DE RÉDUCTION DES DEGRÉS
Table XLII

	10	15	20	25	30	35	40	45	50	55
90	5.0	7.5	10.0	12.5	15.0	17.5	20.0	22.5	25.0	27.5
89	4.8	7.2	9.6	12.1	14.5	16.9	19.3	21.7	24.1	26.6
88	4.6	7.0	9.3	11.6	14.0	16.3	18.6	21.0	23.3	25.6
87	4.5	6.7	9.0	11.2	13.5	15.7	18.0	20.2	22.5	24.7
86	4.3	6.5	8.6	10.8	13.0	15.1	17.3	19.5	21.6	23.8
85	4.1	6.2	8.3	10.4	12.5	14.6	16.6	18.7	20.8	22.9
84	4.0	6.0	8.0	10.0	12.0	14.0	16.0	18.0	20.0	22.0
83	3.8	5.7	7.6	9.6	11.5	13.4	15.3	17.2	19.1	21.1
82	3.6	5.5	7.3	9.1	11.0	12.8	14.6	16.5	18.3	20.1
81	3.5	5.2	7.0	8.7	10.5	12.2	14.0	15.7	17.5	19.2
80	3.3	5.0	6.6	8.3	10.0	11.6	13.3	15.0	16.6	18.3
79	3.1	4.7	6.3	7.9	9.5	11.1	12.6	14.2	15.8	17.4
78	3.0	4.5	6.0	7.5	9.0	10.5	12.0	13.5	15.0	16.5
77	2.8	4.2	5.6	7.1	8.5	9.9	11.3	12.7	14.1	15.6
76	2.6	4.0	5.3	6.6	8.0	9.3	10.6	12.0	13.3	14.6
75	2.5	3.7	5.0	6.2	7.5	8.7	10.0	11.2	12.5	13.7
74	2.3	3.5	4.6	5.8	7.0	8.1	9.3	10.5	11.6	12.8
73	2.1	3.2	4.3	5.4	6.5	7.6	8.6	9.7	10.8	11.9
72	2.0	3.0	4.0	5.0	6.0	7.0	8.0	9.0	10.0	11.0
71	1.8	2.7	3.6	4.6	5.5	6.4	7.3	8.2	9.1	10.1
70	1.6	2.5	3.3	4.1	5.0	5.8	6.6	7.5	8.3	9.4
69	1.5	2.2	3.0	3.7	4.5	5.2	6.0	6.7	7.5	8.2
68	1.3	2.0	2.6	3.3	4.0	4.6	5.3	6.0	6.6	7.3
67	1.1	1.7	2.3	2.9	3.5	4.1	4.6	5.2	5.8	6.4
66	1.0	1.5	2.0	2.5	3.0	3.5	4.0	4.5	5.0	5.5
65	0.8	1.2	1.6	2.1	2.5	2.9	3.3	3.7	4.1	4.6
64	0.6	1.0	1.3	1.6	2.0	2.3	2.6	3.0	3.3	3.6
63	0.5	0.7	1.0	1.2	1.5	1.7	2.0	2.2	2.5	2.7
62	0.3	0.5	0.6	0.8	1.0	1.1	1.3	1.5	1.6	1.8
61	0.1	0.2	0.3	0.4	0.5	0.6	0.6	0.7	0.8	0.9
60	0.0	0.0	0.0	0.0	0.0	0.0	0.0	0.0	0.0	0.0

Depuis 90° jusqu'a 60°

TABLE DE RÉDUCTION DES DEGRÉS
Table XLII

	60	65	70	75	80	85	90	95	100	105
90	30.0	32.5	35.0	37.5	40.0	42.5	45.0	47.5	50.0	52.5
89	29.0	31.4	33.8	36.2	38.6	41.1	43.5	45.9	48.3	50.7
88	28.0	30.3	32.6	35.0	37.3	39.6	42.0	44.3	46.6	49.0
87	27.0	29.2	31.5	33.7	36.0	38.2	40.5	42.7	45.0	47.2
86	26.0	28.1	30.3	32.5	34.6	36.8	39.0	41.1	43.3	45.5
85	25.0	27.0	29.1	31.2	33.3	35.4	37.5	39.6	41.6	43.7
84	24.0	25.9	28.0	30.0	32.0	34.0	36.0	38.0	40.0	42.0
83	23.0	24.9	26.8	28.7	30.6	32.6	34.5	36.4	38.3	40.2
82	22.0	23.8	25.6	27.5	29.3	31.1	33.0	34.8	36.6	38.5
81	21.0	22.7	24.5	26.2	28.0	29.7	31.5	33.2	35.0	36.7
80	20.0	21.6	23.3	25.0	26.6	28.3	30.0	31.6	33.3	35.0
79	19.0	20.6	22.1	23.7	25.3	26.9	28.5	30.1	31.6	33.2
78	18.0	19.5	21.0	22.5	24.0	25.5	27.0	28.5	30.0	31.5
77	17.0	18.4	19.8	21.2	22.6	24.1	25.5	26.9	28.3	29.7
76	16.0	17.3	18.6	20.0	21.3	22.6	24.0	25.3	26.6	28.0
75	15.0	16.2	17.5	18.7	20.0	21.2	22.5	23.7	25.0	26.2
74	14.0	15.1	16.3	17.5	18.6	19.8	21.0	22.1	23.3	24.5
73	13.0	14.1	15.1	16.2	17.3	18.4	19.5	20.6	21.6	22.7
72	12.0	13.0	14.0	15.0	16.0	17.0	18.0	19.0	20.0	21.0
71	11.0	11.9	12.8	13.7	14.6	15.6	16.5	17.4	18.3	19.2
70	10.0	10.8	11.6	12.5	13.3	14.1	15.0	15.8	16.6	17.5
69	9.0	9.7	10.5	11.2	12.0	12.7	13.5	14.2	15.0	15.7
68	8.0	8.6	9.3	10.0	10.6	11.3	12.0	12.6	13.3	14.0
67	7.0	7.6	8.1	8.7	9.3	9.9	10.5	11.1	11.6	12.2
66	6.0	6.5	7.0	7.5	8.0	8.5	9.0	9.5	10.0	10.5
65	5.0	5.4	5.8	6.2	6.6	7.1	7.5	7.9	8.3	8.7
64	4.0	4.3	4.6	5.0	5.3	5.6	6.0	6.3	6.6	7.0
63	3.0	3.2	3.5	3.7	4.0	4.2	4.5	4.7	5.0	5.2
62	2.0	2.1	2.3	2.5	2.6	2.8	3.0	3.1	3.3	3.5
61	1.0	1.1	1.1	1.2	1.3	1.4	1.5	1.6	1.6	1.7
60	0.0	0.0	0.0	0.0	0.0	0.0	0.0	0.0	0.0	0.0

Depuis 90° jusqu'à 60°

TABLE DE RÉDUCTION DES DEGRÉS
Table XLII

	110	115	120	125	130	135	140	145	150	155
90	55.0	57.5	60.0	62.5	65.0	67.5	70.0	72.5	75.0	77.5
89	53.1	55.6	58.0	60.4	62.8	65.2	67.6	70.0	72.5	74.9
88	51.3	53.6	56.0	58.3	60.6	63.0	65.3	67.6	70.0	72.3
87	49.5	51.7	54.0	56.2	58.5	60.7	63.0	65.2	67.5	69.7
86	47.6	49.8	52.0	54.1	56.3	58.5	60.6	62.8	65.0	67.1
85	45.8	47.9	50.0	52.1	54.1	56.2	58.3	60.4	62.5	64.6
84	44.0	46.0	48.0	50.0	52.0	54.0	56.0	58.0	60.0	62.0
83	42.1	44.1	46.0	47.9	49.8	51.7	53.6	55.6	57.5	59.4
82	40.3	42.1	44.0	45.8	47.6	49.5	51.3	53.1	55.0	56.8
81	38.5	40.2	42.0	43.7	45.5	47.2	49.0	50.7	52.5	54.2
80	36.6	38.3	40.0	41.6	43.3	45.0	46.6	48.3	50.0	51.6
79	34.8	36.4	38.0	39.6	41.1	42.7	44.3	45.9	47.5	49.0
78	33.0	34.5	36.0	37.5	39.0	40.5	42.0	43.5	45.0	46.5
77	31.1	32.6	34.0	35.4	36.8	38.2	39.6	41.0	42.5	43.9
76	29.3	30.6	32.0	33.3	34.6	36.0	37.3	38.6	40.0	41.3
75	27.5	28.7	30.0	31.2	32.5	33.7	35.0	36.2	37.5	38.7
74	25.6	26.8	28.0	29.1	30.3	31.5	32.6	33.8	35.0	36.1
73	23.8	24.9	26.0	27.1	28.1	29.2	30.3	31.4	32.5	33.6
72	22.0	23.0	24.0	25.0	26.0	27.0	28.0	29.0	30.0	31.0
71	20.1	21.1	22.0	22.9	23.8	24.7	25.6	26.0	27.5	28.4
70	18.3	19.1	20.0	20.8	21.6	22.5	23.3	24.1	25.0	25.8
69	16.5	17.2	18.0	18.7	19.5	20.2	21.0	21.7	22.5	23.2
68	14.6	15.3	16.0	16.6	17.3	18.0	18.6	19.3	20.0	20.6
67	12.8	13.4	14.0	14.6	15.1	15.7	16.3	16.9	17.5	18.1
66	11.0	11.5	12.0	12.5	13.0	13.5	14.0	14.5	15.0	15.5
65	9.1	9.5	10.0	10.4	10.8	11.2	11.6	12.1	12.5	12.9
64	7.3	7.6	8.0	8.3	8.6	9.0	9.3	9.6	10.0	10.3
63	5.5	5.7	6.0	6.2	6.5	6.7	7.0	7.2	7.5	7.7
62	3.6	3.8	4.0	4.1	4.3	4.5	4.6	4.8	5.0	5.1
61	1.8	1.9	2.0	2.1	2.1	2.2	2.3	2.4	2.5	2.6
60	0.0	0.0	0.0	0.0	0.0	0.0	0.0	0.0	0.0	0.0

Depuis 90° jusqu'à 60°

TABLE DE RÉDUCTION DES DEGRÉS
Table XLII

	160	165	170	175	180	185	190	195	200	205
90	80.0	82.5	85.0	87.5	90.0	92.5	95.0	97.5	100.0	102.5
89	77.3	79.7	82.1	84.6	87.0	89.4	91.8	94.2	96.6	99.1
88	74.6	77.0	79.3	81.6	84.0	86.3	88.6	91.0	93.3	95.6
87	72.0	74.2	76.5	78.7	81.0	83.2	85.5	87.7	90.0	92.2
86	69.3	71.5	73.6	75.8	78.0	80.1	82.3	84.5	86.6	88.8
85	66.6	68.7	70.8	72.9	75.0	77.1	79.1	81.2	83.3	85.4
84	64.0	66.0	68.0	70.0	72.0	74.0	76.0	78.0	80.0	82.0
83	61.3	63.2	65.4	67.1	69.0	70.9	72.8	74.7	76.6	78.6
82	58.6	60.5	62.3	64.1	66.0	67.8	69.6	71.5	73.3	75.1
81	56.0	57.7	59.5	61.2	63.0	64.7	66.5	68.2	70.0	71.7
80	53.3	55.0	56.6	58.3	60.0	61.6	63.3	65.0	66.6	68.3
79	50.6	52.2	53.8	55.4	57.0	58.6	60.1	61.7	63.3	64.9
78	48.0	49.5	51.0	52.5	54.0	55.5	57.0	58.5	60.0	61.5
77	45.3	46.7	48.1	49.6	51.0	52.4	53.8	55.2	56.6	58.1
76	42.6	44.0	45.3	46.6	48.0	49.3	50.6	52.0	53.3	54.6
75	40.0	41.2	42.5	43.7	45.0	46.2	47.5	48.7	50.0	51.2
74	37.3	38.5	39.6	40.8	42.0	43.1	44.3	45.5	46.6	47.8
73	34.6	35.7	36.8	37.9	39.0	40.1	41.1	42.2	43.3	44.4
72	32.0	33.0	34.0	35.0	36.0	37.0	38.0	39.0	40.0	41.0
71	29.3	30.2	31.1	32.1	33.0	33.9	34.8	35.7	36.6	37.6
70	26.6	27.5	28.3	29.1	30.0	30.8	31.6	32.5	33.3	34.1
69	24.0	24.7	25.5	26.2	27.0	27.7	28.5	29.2	30.0	30.7
68	21.3	22.0	22.6	23.3	24.0	24.6	25.3	26.0	26.6	27.3
67	18.6	19.2	19.8	20.4	21.0	21.6	22.1	22.7	23.3	23.9
66	16.0	16.5	17.0	17.5	18.0	18.5	19.0	19.5	20.0	20.5
65	13.3	13.7	14.1	14.6	15.0	15.4	15.8	16.2	16.6	17.1
64	10.6	11.0	11.3	11.6	12.0	12.3	12.6	13.0	13.3	13.6
63	8.0	8.2	8.5	8.7	9.0	9.2	9.5	9.7	10.0	10.2
62	5.3	5.5	5.6	5.8	6.0	6.1	6.3	6.5	6.6	6.8
61	2.6	2.7	2.8	2.9	3.0	3.1	3.1	3.2	3.3	3.4
60	0.0	0.0	0.0	0.0	0.0	0.0	0.0	0.0	0.0	0.0

Depuis 90° jusqu'à 60°

TABLE DE RÉDUCTION DES DEGRÉS
Table XLII

	210	215	220	225	230	235	240	245	250
90	105.0	107.5	110.0	112.5	115.0	117.5	120.0	122.5	125.0
89	101.5	103.9	106.3	108.7	111.1	113.6	116.0	118.4	120.8
88	98.0	100.3	102.6	105.0	107.3	109.6	112.0	114.3	116.6
87	94.5	96.7	99.0	101.2	103.5	105.7	108.0	110.2	112.5
86	91.0	93.1	95.3	97.5	99.6	101.8	104.0	106.1	108.3
85	87.5	89.6	91.6	93.7	95.8	97.9	100.0	102.1	104.1
84	84.0	86.0	88.0	90.0	92.0	94.0	96.0	98.0	100.0
83	80.5	82.4	84.3	86.2	88.1	90.1	92.0	93.9	95.8
82	77.0	78.8	80.6	82.5	84.3	86.1	88.0	89.8	91.6
81	73.5	75.2	77.0	78.7	80.5	82.2	84.0	85.7	87.5
80	70.0	71.6	73.3	75.0	76.6	78.3	80.0	81.6	83.3
79	66.5	68.1	69.6	71.2	72.8	74.4	76.0	77.5	79.1
78	63.0	64.5	66.0	67.5	69.0	70.5	72.0	73.5	75.0
77	59.5	60.9	62.3	63.7	65.1	66.6	68.0	69.4	70.8
76	56.0	57.3	58.6	60.0	61.3	62.6	64.0	65.3	66.6
75	52.5	53.7	55.0	56.2	57.5	58.7	60.0	61.2	62.5
74	49.0	50.1	51.3	52.5	53.6	54.8	56.0	57.1	58.3
73	45.5	46.6	47.6	48.7	49.8	50.9	52.0	53.1	54.1
72	42.0	43.0	44.0	45.0	46.0	47.0	48.0	49.0	50.0
71	38.5	39.4	40.3	41.2	42.1	43.1	44.0	44.9	45.8
70	35.0	35.8	36.6	37.5	38.3	39.1	40.0	40.8	41.6
69	31.5	32.2	33.0	33.7	34.5	35.2	36.0	36.7	37.5
68	28.0	28.6	29.3	30.0	30.6	31.3	32.0	32.6	33.3
67	24.5	25.1	25.6	26.2	26.8	27.4	28.0	28.6	29.1
66	21.0	21.5	22.0	22.5	23.0	23.5	24.0	24.5	25.0
65	17.5	17.9	18.3	18.7	19.1	19.6	20.0	20.4	20.8
64	14.0	14.3	14.6	15.0	15.3	15.6	16.0	16.3	16.6
63	10.5	10.7	11.0	11.2	11.6	11.7	12.0	12.2	12.5
62	7.0	7.1	7.3	7.5	7.6	7.8	8.0	8.1	8.3
61	3.5	3.6	3.6	3.7	3.8	3.9	4.0	4.1	4.1
60	0.0	0.0	0.0	0.0	0.0	0.0	0.0	0.0	0.0

Depuis 90° jusqu'à 60°

Table **XLIII**

	10	15	20	25	30	35	40	45	50	55
40	4.2	6.3	8.4	10.5	12.6	14.7	16.8	18.9	21.0	23.1
41	4.3	6.4	8.6	10.8	12.9	15.1	17.2	19.4	21.5	23.7
42	4.4	6.6	8.8	11.0	13.2	15.4	17.7	19.8	22.1	24.3
43	4.5	6.8	9.0	11.3	13.5	15.8	18.1	20.3	22.6	24.9
44	4.6	6.9	9.2	11.5	13.9	16.2	18.5	20.8	23.1	25.4
45	4.7	7.1	9.4	11.8	14.2	16.5	18.9	21.3	23.7	26.0
46	4.8	7.2	9.7	12.1	14.5	16.9	19.3	21.8	24.2	26.6
47	4.9	7.4	9.9	12.3	14.8	17.3	19.8	22.2	24.7	27.2
48	5.0	7.6	10.1	12.6	15.1	17.7	20.2	22.7	25.2	27.8
49	5.1	7.7	10.3	12.9	15.4	18.0	20.6	23.2	25.8	28.3
50	5.2	7.9	10.5	13.1	15.8	18.4	21.0	23.7	26.3	28.9
51	5.3	8.0	10.7	13.4	16.1	18.8	21.4	24.1	26.8	29.5
52	5.4	8.2	10.9	13.7	16.4	19.1	21.9	24.6	27.3	30.1
53	5.5	8.3	11.1	13.9	16.7	19.5	22.3	25.1	27.9	30.7
54	5.7	8.5	11.3	14.2	17.0	19.9	22.7	25.6	28.4	31.2
55	5.8	8.8	11.6	14.4	17.3	20.2	23.1	26.0	28.9	31.8
56	5.9	8.9	11.8	14.7	17 6	20.6	23.5	26.5	29.4	32.4
57	6.0	9.1	12.0	15.0	18.0	21.0	24.0	27.0	30.0	33.0
58	6.1	9.2	12.2	15.2	18.3	21.3	24.8	27.5	30.5	33.6
59	6.2	9.3	12.4	15.5	18.6	21.7	24.3	27.9	31.0	34.1
60	6.3	9.4	12.6	15.8	18.9	22.1	25.2	28.4	31.6	34.7

Table indiquant la quantité d'*alcool* qu'il faut mélanger à l'eau pour avoir une quantité déterminée à divers degrés depuis 30 jusqu'à 60 degrés inclusivement.

Table **XLIII**

	60	65	70	75	80	85	90	95	100	105
40	25.2	27.3	29.4	31.5	33.7	35.8	37.9	40.0	42.1	44.2
41	25.9	28.0	30.2	32.3	34.5	36.6	38.8	41.0	43.1	45.3
42	26.5	28.7	30.9	33.1	35.3	37.5	39.8	42.0	44.2	46.4
43	27.1	29.4	31.7	33.9	36.2	38.4	40.7	43.0	45.2	47.5
44	27.8	30.1	32.4	34.7	37.0	39.3	41.7	44.0	46.3	48.6
45	28.4	30.8	33.1	35.5	37.9	40.2	42.6	45.0	47.3	49.7
46	29.0	31.4	33.9	36.3	38.7	41.1	43.5	46.0	48.4	50.8
47	29.7	32.1	34.6	37.1	39.5	42.0	44.5	47.0	49.4	51.9
48	30.3	32.8	35.3	37.9	40.4	42.9	45.4	48.0	50.5	53.0
49	30.9	33.5	36.1	38.7	41.2	43.8	46.4	49.0	51.5	54.1
50	31.5	34.2	36.8	39.4	42.1	44.7	47.3	50.0	52.6	55.2
51	32.2	34.9	37.5	40.2	42.9	45.6	48.3	51.0	53.6	56.3
52	32.8	35.7	38.3	41.0	43.8	46.5	49.2	52.0	54.7	57.4
53	33.4	36.2	39.0	41.8	44.6	47.4	50.2	53.0	55.8	58.5
54	34.1	36.9	39.8	42.6	45.4	48.3	51.1	54.0	56.8	59.7
55	34.7	37.6	40.5	43.4	46.3	49.2	52.1	55.0	57.9	60.8
56	35.3	38.3	41.2	44.2	47.1	50.1	53.0	56.0	58.9	61.9
57	36.0	39.0	42.0	45.0	48.0	51.0	54.0	57.0	60.0	63.0
58	36.6	39.7	42.7	45.8	48.8	51.9	54.9	58.0	61.0	64.1
59	37.2	40.3	43.4	46.5	49.7	52.8	55.9	59.0	62.1	65.2
60	37.9	41.0	44.2	47.3	50.5	53.6	56.8	60.0	63.1	66.3

Table indiquant la quantité d'*alcool* qu'il faut mélanger à l'eau
pour avoir une quantité déterminée à divers degrés depuis 30 jusqu'à 60 degrés inclusivement.

Table XLIII

	110	115	120	125	130	135	140	145	150	155
40	46.3	48.4	50.5	52.6	54.7	56.8	58.9	61.0	63.1	65.2
41	47.4	49.6	51.8	53.9	56.1	58.2	60.4	62.5	64.7	66.9
42	48.6	50.8	53.0	55.2	57.4	59.7	61.9	64.1	66.3	68.5
43	49.8	52.0	54.3	56.5	58.8	61.1	63.3	65.6	67.9	70.1
44	50.9	53.2	55.5	57.9	60.2	62.5	64.8	67.1	69.4	71.8
45	52.1	54.4	56.8	59.2	61.5	63.9	66.3	68.7	71.0	73.4
46	53.2	55.7	58.1	60.5	62.9	65.3	67.8	70.2	72.6	75.0
47	54.4	56.9	59.3	61.8	64.3	66.8	69.2	71.7	74.2	76.7
48	55.6	58.1	60.6	63.1	65.7	68.2	70.7	73.2	75.8	78.3
49	56.7	59.3	61.9	64.4	67.0	69.6	72.2	74.7	77.3	79.9
50	57.9	60.5	63.1	65.8	68.4	71.0	73.6	76.3	78.9	81.5
51	59.0	61.7	64.4	67.1	69.8	72.4	75.1	77.8	80.5	83.2
52	60.2	62.9	65.7	68.4	71.1	73.9	76.6	79.3	82.1	84.8
53	61.3	64.1	66.9	69.7	72.5	75.3	78.1	80.9	83.7	86.4
54	62.5	65.3	68.2	71.0	73.9	76.7	79.5	82.4	85.2	88.1
55	63.7	66.5	69.4	72.3	75.2	78.1	81.0	83.9	86.8	89.7
56	64.8	67.8	70.7	73.6	76.6	79.5	82.5	85.4	88.4	91.3
57	66.0	69.0	72.0	75.0	78.0	81.0	84.0	87.0	90.0	93.0
58	67.1	70.2	73.2	76.3	79.3	82.4	85.4	88.5	91.6	94.6
59	68.3	71.4	74.5	77.6	80.7	83.8	86.9	90.0	93.1	96.2
60	69.4	72.6	75.8	78.9	82.1	85.2	88.4	91.5	94.7	97.9

Table indiquant la quantité d'*alcool* qu'il faut mélanger à l'eau pour avoir une quantité déterminée à divers degrés depuis 30 jusqu'à 60 degrés inclusivement.

Table **XLIII**

	160	165	170	175	180	185	190	195	200	205
40	67.3	69.4	71.5	73.7	75.8	78.0	80.0	82.1	84.2	86.3
41	69.0	71.2	73.3	75.5	77.7	79.8	82.0	84.1	86.3	88.4
42	70.7	72.9	75.1	77.3	79.5	81.8	84.0	86.2	88.4	90.6
43	72.4	74.7	76.9	79.2	81.4	83.7	86.0	88.2	90.5	92.8
44	74.1	76.4	78.7	81.0	83.3	85.7	88.0	90.3	92.6	94.9
45	75.8	78.1	80.5	82.9	85.2	87.6	90.0	92.3	94.7	97.1
46	77.5	79.9	82.3	84.7	87.1	89.5	92.0	94.4	96.8	99.2
47	79.1	81.6	84.1	86.5	89.0	91.5	94.0	96.4	98.9	101.4
48	80.8	83.3	85.9	88.4	90.9	93.4	96.0	98.5	101.0	103.5
49	82.5	85.1	87.7	90.2	92.8	95.4	98.0	100.5	103.1	105.7
50	84.2	86.8	89.4	92.1	94.7	97.3	100.0	102.6	105.2	107.9
51	85.9	88.6	91.2	93.9	96.6	99.3	102.0	104.6	107.3	110.0
52	87.5	90.2	93.0	95.8	98.5	101.2	104.0	106.7	109.4	112.2
53	89.2	92.0	94.8	97.6	100.4	103.2	106.0	108.8	111.5	114.3
54	90.9	93.8	96.6	99.4	102.3	105.1	108.0	110.8	113.7	116.5
55	92.6	95.5	98.4	101.3	104.2	107.1	110.0	112.9	115.8	118.7
56	94.3	97.2	100.2	103.1	106.1	109.0	112.0	114.9	117.9	120.8
57	95.9	99.0	102.0	105.0	108.0	111.0	114.0	117.0	120.0	123.0
58	97.7	100.7	103.8	107.0	110.0	112.9	116.0	119.0	122.1	125.1
59	99.3	102.4	105.5	108.7	111.7	114.9	118.0	121.1	124.2	127.3
60	101.0	104.2	107.3	110.5	113.6	116.8	120.0	123.1	126.3	129.4

Table indiquant la quantité *d'alcool* qu'il faut mélanger à l'eau pour avoir une quantité déterminée à divers degrés depuis 30 jusqu'à 60 degrés inclusivement.

Table **XLIII**

	210	215	220	225	230	235	240	245	250
40	88.4	90.5	92.6	94.7	96.8	98.9	101.0	103.1	105.2
41	90.6	92.8	94.9	97.1	99.2	101.4	103.5	105.7	107.9
42	92.8	95.0	97.2	99.4	101.7	103.9	106.1	108.3	110.5
43	95.0	97.3	99.5	101.8	104.1	106.3	108.6	110.9	113.1
44	97.2	99.5	101.9	104.2	106.5	108.8	111.1	113.4	115.8
45	99.7	101.8	104.2	106.5	108.9	111.3	113.7	116.0	118.4
46	101.7	104.1	106.5	108.9	111.3	113.8	116.2	118.6	121.0
47	103.9	106.3	108.8	111.3	113.8	116.2	118.7	121.2	123.7
48	106.1	108.6	111.1	113.7	116.2	118.7	121.2	123.8	126.3
49	108.3	110.9	113.4	116.0	118.6	121.2	123.8	126.3	128.9
50	110.5	113.1	115.8	118.4	121.0	123.6	126.3	128.9	131.6
51	112.7	115.4	118.1	120.8	123.4	126.1	128.8	131.5	134.2
52	114.9	117.7	120.4	123.1	125.9	128.6	131.3	134.1	136.8
53	117.1	119.9	122.7	125.5	128.3	131.1	133.9	136.7	139.4
54	119.3	122.2	125.0	127.9	130.7	133.5	136.4	139.2	142.1
55	121.5	124.4	127.3	130.2	133.1	136.0	138.9	141.8	144.7
56	123.8	126.7	129.6	132.6	135.5	138.5	141.4	144.4	147.3
57	126.0	129.0	132.0	135.0	138.0	141.0	144.0	147.0	150.0
58	128.2	131.2	134.3	137.3	140.4	143.4	146.5	149.6	152.6
59	130.4	133.5	136.6	139.7	142.8	145.9	149.0	152.1	155.2
60	132.6	135.8	138.9	142.1	145.2	148.4	151.5	154.7	157.9

Table indiquant la quantité d'*alcool* qu'il faut mélanger à l'eau pour avoir une quantité déterminée à divers degrés depuis 30 jusqu'à 60 degrés inclusivement.

Table **XLIV** (1)

	10	15	20	25	30	35	40	45	50	55
40	5.8	8.7	11.6	14.5	17.4	20.3	23.2	26.1	29.0	31.9
41	5.7	8.6	11.4	14.2	17.1	19.9	22.8	25.6	28.5	31.3
42	5.6	8.4	11.2	14.0	16.8	19.6	22.3	25.2	27.9	30.7
43	5.5	8.2	11.0	13.7	16.5	19.2	21.9	24.7	27.4	30.1
44	5.4	8.1	10.8	13.5	16.1	18.8	21.5	24.2	26.9	29.6
45	5.3	7.9	10.6	13.2	15.8	18.5	21.1	23.7	26.3	29.0
46	5.2	7.8	10.3	12.9	15.5	18.1	20.7	23.2	25.8	28.4
47	5.1	7.6	10.1	12.7	15.2	17.7	20.2	22.8	25.3	27.8
48	5.0	7.4	9.9	12.4	14.9	17.3	19.8	22.3	24.8	27.2
49	4.9	7.3	9.7	12.1	14.6	17.0	19.4	21.8	24.2	26.7
50	4.8	7.1	9.5	11.9	14.2	16.6	19.0	21.3	23.7	26.1
51	4.7	7.0	9.3	11.6	13.9	16.2	18.6	20.9	23.2	25.5
52	4.6	6.8	9.1	11.3	13.6	15.9	18.1	20.4	22.7	24.9
53	4.5	6.7	8.9	11.1	13.3	15.5	17.7	19.9	22.1	24.3
54	4.3	6.5	8.7	10.8	13.0	15.1	17.3	19.4	27.6	23.8
55	4.2	6.2	8.4	10.6	12.7	14.8	16.9	19.0	21.1	23.2
56	4.1	6.1	8.2	10.3	12.4	14.4	16.5	18.5	20.6	22.6
57	4.0	5.9	8.0	10.0	12.0	14.0	16.0	18.0	20.0	22.0
58	3.9	5.8	7.8	9.8	11.7	13.7	15.6	17.5	19.5	21.4
59	3.8	5.7	7.6	9.5	11.4	13.3	15.2	17.1	19.0	20.9
60	3.7	5.6	7.4	9.2	11.1	12.9	14.8	16.6	18.4	20.3

Table indiquant la quantité d'*eau* qu'il faut ajouter à l'alcool pour avoir une quantité déterminée à divers dégrés, depuis 30 jusqu'à 60 degrés inclusivement.

(1) Voir page 19, remarque V.

Table **XLIV**

	60	65	70	75	80	85	90	95	100	105
40	34.8	37.7	40.6	43.5	46.3	49.2	52.1	55.0	57.9	60.8
41	34.1	37.0	39.8	42.7	45.5	48.4	51.2	54.0	56.9	59.7
42	33.5	36.3	39.1	41.9	44.7	47.5	50.2	53.0	55.8	58.6
43	32.9	35.6	38.3	41.1	43.8	46.6	49.3	52.0	54.8	57.5
44	32.2	34.9	37.6	40.3	43.0	45.7	48.3	51.0	53.7	56.4
45	31.6	34.2	36.9	39.5	42.1	44.8	47.4	50.0	52.7	55.3
46	31.0	33.6	36.1	38.7	41.3	43.9	46.5	49.0	51.6	54.2
47	30.3	32.9	35.4	37.9	40.5	43.0	45.5	48.0	50.6	53.1
48	29.7	32.2	34.7	37.1	39.6	42.1	44.6	47.0	49.5	52.0
49	29.1	31.5	33.9	36.3	38.8	41.2	43.6	46.0	48.5	50.9
50	28.5	30.8	33.2	35.6	37.9	40.3	42.7	45.0	47.4	49.8
51	27.8	30.1	32.5	34.8	37.1	39.4	41.7	44.0	46.4	48.7
52	27.2	29.3	31.7	34.0	36.2	38.5	40.8	43.0	45.3	50.3
53	26.6	28.8	31.0	33.2	35.4	37.6	39.8	42.0	44.2	46.5
54	25.9	28.1	30.2	32.4	34.6	36.7	38.9	41.0	43.2	45.3
55	25.3	27.4	29.5	31.6	33.7	35.8	37.9	40.0	42.1	44.2
56	24.7	26.7	28.8	30.8	32.9	34.9	37.0	39.0	41.1	43.1
57	24.0	26.0	28.0	30.0	32.0	34.0	36.0	38.0	40.0	42.0
58	23.4	24.3	27.3	29.2	31.2	33.1	35.1	37.0	39.0	40.9
59	22.8	24.7	26.6	28.5	30.3	32.2	34.1	36.0	37.9	39.8
60	22.1	24.0	25.8	27.7	29.5	31.4	33.2	35.0	36.9	38.7

Table indiquant la quantité d'*eau* qu'il faut mélanger à l'alcool pour avoir une quantité déterminée à divers degrés, depuis 30 jusqu'à 60 degrés inclusivement.

Table **XLIV**

	110	115	120	125	130	135	140	145	150	155
40	63.7	66.6	69.5	72.4	75.3	78.2	81.1	84.0	86.9	89.8
41	62.6	65.4	68.2	71.1	73.9	76.8	79.6	82.5	85.3	88.1
42	61.4	64.2	67.0	69.8	72.6	75.3	78.1	80.9	83.7	86.5
43	60.2	63.0	65.7	68.5	71.2	73.9	76.7	79.4	82.1	84.9
44	59.1	61.8	64.5	67.6	69.8	72.5	75.2	77.9	80.6	83.2
45	57.9	60.6	63.2	65.8	68.5	71.1	73.7	76.3	79.0	81.6
46	56.8	59.3	61.9	64.5	67.1	69.7	72.2	74.8	77.4	80.0
47	55.6	58.1	60.7	63.2	65.7	68.2	70.8	73.3	75.8	78.3
48	54.4	56.9	59.4	61.9	64.3	66.8	69.3	71.8	74.2	76.7
49	53.3	55.7	58.1	60.6	63.0	65.4	67 8	70.3	72.7	75.1
50	52.1	54.5	56.9	59.2	61.6	64.0	66.4	68.7	71.1	73.5
51	51.0	53.3	55.6	57.9	60.2	62.6	64.9	67.2	69.5	71.8
52	49.8	52.1	54.3	56.6	58.9	61.1	63.4	65.7	67.9	70.2
53	48.7	50.9	53.1	55.3	57.5	59.7	61.9	64.1	66.3	68.6
54	47.5	49.7	51.8	54.0	56.1	58.3	60.5	62.6	64.8	66.9
55	46.3	48.5	50.6	52.7	54.8	56.9	59.0	61.1	63.2	65.3
56	45.2	47.2	49.3	51.4	53.4	55.5	57.5	59.6	61.6	63.7
57	44.0	46.0	48.0	50.0	52.0	54.0	56.0	58.0	60.0	62.0
58	42.9	44.8	46.8	48.7	50.7	52.6	54.6	56.5	58.4	60.4
59	41.7	43.6	45.5	47.4	49.3	51.2	53.1	55.0	56.9	58.8
60	40.6	42.5	44.2	46.1	47.9	49.8	51.6	53.5	55.3	57.1

Table indiquant la quantité d'*eau* qu'il faut mélanger à l'alcool pour avoir une quantité déterminée à divers degrés, depuis 30 jusqu'à 60 degrés inclusivement.

Table **XLIV**

	160	165	170	175	180	185	190	195	200	205
40	92.7	95.6	98.5	101.3	104.2	107.0	110.0	112.9	115.8	118.7
41	91.0	93.8	96.7	99.5	102.3	105.2	108.0	110.9	113.7	116.6
42	89.3	92.1	94.9	97.7	100.5	103.2	106.0	108.8	111.6	114.4
43	87.6	90.3	93.1	95.8	98.6	101.3	104.0	106.8	109.5	112.2
44	85.9	88.6	91.3	94.0	96.7	99.3	102.0	104.7	107.4	110.1
45	84.2	86.9	89.5	92.1	94.8	97.4	100.0	102.7	105.3	107.9
46	82.6	85.1	87.7	90.3	92.9	95.5	98.0	100.6	103.2	105.8
47	80.9	83.4	85.9	88.5	91.0	93.5	96.0	98.6	101.1	103.6
48	79.2	81.7	83.1	86.6	89.1	91.6	94.0	96.5	99.0	101.5
49	77.5	79.9	82.3	84.8	87.2	89.6	92.0	94.5	96.9	99.3
50	75.8	78.2	80.6	82.9	85.3	87.7	90.0	92.4	94.8	97.1
51	74.1	76.4	78.8	81.1	83.4	85.7	88.0	90.4	92.7	95.0
52	72.5	74.7	77.0	79.2	81.5	83.8	86.0	88.3	90.6	92.8
53	70.8	73.0	75.2	77.4	79.6	81.8	84.0	86.2	88.5	90.7
54	69.1	71.2	73.4	75.6	77.7	79.9	82.0	84.2	86.3	88.5
55	67.4	69.5	71.6	74.7	75.8	77.9	80.0	82.1	84.2	86.3
56	65.7	67.8	69.8	71.9	73.9	76.0	78.0	80.1	82.1	84.2
57	64.0	66.0	68.0	70.0	72.0	74.0	76.0	78.0	80.0	82.0
58	62.3	64.3	66.2	68.0	70.0	72.1	74.0	76.0	77.9	79.9
59	60.7	62.6	64.5	66.3	68.3	70.1	72.0	73.9	75.8	77.7
60	59.0	60.8	62.7	64.5	66.4	68.2	70.0	71.9	73.7	75.6

Table indiquant la quantité *d'eau* qu'il faut mélanger à l'alcool pour avoir une quantité déterminée à divers degrés, depuis 30 jusqu'à 60 degrés inclusivement.

Table XLIV

	210	215	220	225	230	235	240	245	250
40	121.6	124.5	127.4	130.3	133.2	136.1	139.0	141.9	144.8
41	119.4	122.2	125.1	127.9	130.8	133.6	136.5	139.3	142.1
42	117.2	120 0	122.8	125.6	128.3	131.1	133.9	136.7	139.5
43	115.0	117.7	120.5	123.2	125.9	128.7	131.4	134.1	136.9
44	112.8	115.5	118.1	120.8	123.5	126.2	128.9	131.6	134.2
45	110.6	113.2	115.8	118.5	121.1	123.7	126.3	129.0	131.6
46	108.3	110.9	113.5	116.1	118.7	121.2	123.8	126.4	129.0
47	106.1	108.7	111.2	113.7	116.2	148.8	121.3	123.8	126.3
48	103.9	106.4	108.9	111.3	113.8	116.3	118.8	121.2	123.7
49	101.7	104.1	106.6	109.0	111.4	113.8	116.2	118.7	121.4
50	99.5	101.9	104.2	106.6	109.0	111.4	113.7	116.1	118.4
51	97.3	99.6	101.9	104.2	106.6	108.9	111.2	113.5	115.8
52	95.1	97.3	99.6	101.9	104.1	106.4	108.7	110.9	113.2
53	92.9	95.1	97.3	99.5	101.7	103.9	106.1	108.3	110.6
54	90.7	92.8	95.0	97 1	99.3	101.5	103.6	105.8	107.9
55	88.5	90.6	92.7	94.8	96.9	99.0	101.1	103.2	105.3
56	86.2	88.3	90.4	92.4	94.5	96.5	98.6	100.6	102.7
57	84.0	86.0	88.0	90.0	92.0	94.0	96.0	98.0	100.0
58	81.8	83.8	85.7	87.7	89.6	91.6	93.5	95.4	97.4
59	79.6	81.5	83.4	85.3	87.2	89.1	91.0	92.9	94.8
60	77.4	79.2	81.1	82.9	84.8	86.6	88.5	90.3	92.1

Table indiquant la quantité d'*eau* qu'il faut mélanger à l'alcool pour avoir une quantité déterminée à divers degrés, depuis 30 jusqu'à 60 degrés inclusivement.

FIN DES TABLES

TABLE DES MATIÈRES

PREMIÈRE PARTIE

Tables d'augmentation des degrés

TABLE DES MATIÈRES

DEUXIÈME PARTIE

Tables de réduction des degrés

TABLE DES MATIÈRES

FIN DE LA TABLE DES MATIÈRES

LAVAL. — IMPRIMERIE L. BARNÉOUD ET Cⁱᵉ.